先进电化学能源存储与转化技术丛书

张久俊　李箐　丛书主编

金属燃料电池

Metal Fuel Cell

韩晓鹏　王嘉骏　胡文彬　等 编著

化学工业出版社

·北京·

内容简介

  《金属燃料电池》是"先进电化学能源存储与转化技术丛书"分册之一。本书围绕金属燃料电池这一新能源技术，总结国内外相关技术进展并结合编著者在电催化材料方面相关成果，详细介绍了金属燃料电池技术及其关键材料，对目前主流金属燃料电池体系进行了详细叙述。本书从原料、器件、性能、前沿多角度阐述了金属燃料电池的专业知识，学科领域涵盖矿物学、冶金学、材料学、电化学新能源技术等。

  本书可供电化学、新能源技术、材料学、矿物学、冶金学等相关学科领域的研究人员、技术人员参阅，也可作为高等院校相关专业研究生及高年级本科生的参考书。

图书在版编目（CIP）数据

  金属燃料电池 / 韩晓鹏等编著. -- 北京：化学工业出版社，2025.2. -- ISBN 978-7-122-47186-4

  Ⅰ. TM911.4

  中国国家版本馆 CIP 数据核字第 2025NB1201 号

责任编辑：成荣霞   装帧设计：王晓宇
责任校对：边　涛

出版发行：化学工业出版社
     （北京市东城区青年湖南街 13 号　邮政编码 100011）
印　　装：中煤（北京）印务有限公司
710mm×1000mm　1/16　印张 15¾　字数 280 千字
2025 年 4 月北京第 1 版第 1 次印刷

购书咨询：010-64518888   售后服务：010-64518899
网　　址：http://www.cip.com.cn
凡购买本书，如有缺损质量问题，本社销售中心负责调换。

定　　价：128.00 元   版权所有　违者必究

当前，用于能源存储和转换的清洁能源技术是人类社会可持续发展的重要举措，将成为克服化石燃料消耗所带来的全球变暖/环境污染的关键举措。在清洁能源技术中，高效可持续的电化学技术被认为是可行、可靠、环保的选择。二次（或可充放电）电池、燃料电池、超级电容器、水和二氧化碳的电解等电化学能源技术现已得到迅速发展，并应用于许多重要领域，诸如交通运输动力电源、固定式和便携式能源存储和转换等。随着各种新应用领域对这些电化学能量装置能量密度和功率密度的需求不断增加，进一步研发以克服其在应用和商业化中的高成本和低耐用性等挑战显得十分必要。在此背景下，"先进电化学能源存储与转化技术丛书"（以下简称"丛书"）中所涵盖的清洁能源存储和转换的电化学能源科学技术及其所有应用领域将对这些技术的进一步研发起到促进作用。

"丛书"全面介绍了电化学能量转换和存储的基本原理和技术及其最新发展，还包括了从全面的科学理解到组件工程的深入讨论；涉及了各个方面，诸如电化学理论、电化学工艺、材料、组件、组装、制造、失效机理、技术挑战和改善策略等。"丛书"由业内科学家和工程师撰写，他们具有出色的学术水平和强大的专业知识，在科技领域处于领先地位，是该领域的佼佼者。

"丛书"对各种电化学能量转换和存储技术都有深入的解读，使其具有独特性，可望成为相关领域的科学家、工程师以及高等学校相关专业研究生及本科生必不可少的阅读材料。为了帮助读者理解本学科的科学技术，还在"丛书"中插入了一些重要的、具有代表性的图形、表格、照片、参考文件及数据。希望通过阅读该"丛书"，读者可以轻松找到有关电化学技术的基础知识和应用的最新信息。

"丛书"中每个分册都是相对独立的，希望这种结构可以帮助读者快速找到感兴趣的主题，而不必阅读整套"丛书"。由此，不可避免地存在一些交叉重叠，反映了这个动态领域中研究与开发的相互联系。

我们谨代表"丛书"的所有主编和作者，感谢所有家庭成员的理解、大力支持和鼓励；还要感谢顾问委员会成员的大力帮助和支持；更要感谢化学工业出版社相关工作人员在组织和出版该"丛书"中所做的巨大努力。

如果本书中存在任何不当之处，我们将非常感谢读者提出的建设性意见，以期予以纠正和进一步改进。

张久俊

[中国工程院　院士（外籍）；

上海大学/福州大学　教授；

加拿大皇家科学院/工程院/工程研究院　院士；

国际电化学学会/英国皇家化学会　会士]

李　箐

（华中科技大学材料科学与工程学院　教授）

能源是当今经济社会的根本命脉。当前，能源匮乏与化石燃料消耗所引起的能源与环境问题日益加剧。面对正在深刻变革的世界能源格局，我国提出"2030碳达峰、2060碳中和"的"双碳"目标，强调加快推动清洁能源高效利用，促进能源结构转型升级。因此，大力发展新能源技术对于推动我国能源结构持续优化和实现"双碳"目标具有重大战略意义。金属燃料电池仅需消耗负极金属及空气中的氧气或二氧化碳即可实现电能输出，成本低廉且绿色环保，是一种极具前景的新能源技术。同时，金属燃料电池不仅能通过补充金属燃料来实现机械充电，部分体系也能对风力、光伏产生的电能进行直接储存，这对于摆脱化石能源限制并充分利用二次能源具有重要价值。此外，失效电池中残余的金属燃料及金属化合物产物能在矿冶过程中重新产生金属燃料并实现资源循环。因此，依托我国丰富的有色金属资源及完备的矿冶体系，发展金属燃料电池对于摆脱化石能源、助力"双碳"目标实现、平衡能源安全具有重大现实意义。

本书旨在提高读者对于金属燃料电池关键材料和器件设计的系统认识，协助培养金属燃料电池相关专业的科研人才和技术人才，并为我国金属燃料电池的生产、科研及相关学科发展、教学提供参考和指导。为此，本书从材料、器件、性能、前沿多角度阐述了金属燃料电池的专业知识，学科领域涵盖矿物学、冶金学、材料学、新能源技术等。本书同时聚焦前沿科学研究，基于目前最先进金属燃料电池基础研究领域现状，从科学研究角度提出金属燃料电池技术开发依据与准则，有助于加深相关领域研究人员对金属燃料电池的技术理解，推动我国相关技术研究与技术革新。

本书围绕金属燃料电池这一新能源技术，系统总结了国内外相关技术进展并结合编著者在电催化材料方面取得的成果，详细介绍了金属燃料电池技术及相关催化材料。本书共8章：第1章简要介绍新能源技术和电池技术发展背景，并介绍金属燃料电池技术特点与优势；第2章对金属燃料电池的基本原理与电池结构进行介绍，并重点介绍空气阴极的催化过程与研究进展；第3～6章从金属资源、基本原理、研究进展和技术应用等方面系统阐述了四种金属（铝、镁、锂、锌）燃料电池体系；第7、8章分别介绍了金属-CO_2电池和外场/流体辅助空气电池这两类新型电池的基本原理和研究进展。

本书基于编著者团队在电催化材料的可控制备及优化调控、构效关系与失效机制探究，以及金属燃料电池器件开发等方面多年的研究基础，多角度阐述金属燃料电池的专业知识，并对金属燃料电池未来发展方向进行总结与讨论，是团队的集体智慧结晶。诚挚感谢课题组各位老师同学的科研贡献，本书由姚敏杰负责统稿和核校，特别感谢张士雨、陈赞宇、崔鹏、任茜茜、苏文哲、王星凯、李金阳、高梦、汪鑫、陈文达、邹怡啸、廖康等在本书撰写、修改、核校过程中给予的大力支持与帮助。衷心感谢科技部、国家自然科学基金委员会和天津大学对相关研究的长期资助和对本书出版的大力支持。特别感谢化学工业出版社在本书出版过程中给予的大力帮助。

由于金属燃料电池涉及材料、物理和化学等多学科的概念和理论，是基础研究和应用技术的结合，同时金属燃料电池仍处在不断发展之中，新概念、新知识、新理论不断涌现，书中难免有不妥之处，诚恳期望读者批评指正。

编著者

第 3 章
铝燃料电池

第 4 章
镁燃料电池

第 5 章
锂燃料电池   106

第 6 章
锌燃料电池
136

第 1 章

绪　论

本章首先介绍了目前全球面临的能源危机与能源安全问题，并在此背景下介绍新能源的分类与发展概况，随后介绍了电池这一电化学储能核心技术的概况，包括电池的发展史、氢氧燃料电池的基本原理与分类以及金属燃料电池的概念与工作原理。

1.1
能源危机与能源安全

随着人类社会的快速发展，目前世界工业、农业及高新技术产业均处于人类历史上空前发展的阶段。社会的发展提高了人类的生活水平，大大提高了社会的生产力，同时人类对能源（如煤、石油）的需求也大幅提高。例如生火做饭、休闲娱乐、交通运输、工业生产等，无不依赖能源来实现。因此，目前人类对能源的需求已达到了无以复加的地步。

当前，能源安全逐渐与政治、经济安全紧密联系在一起。两次世界大战中，能源成为影响战争局势、决定国家命运的重要因素。20世纪70年代爆发的两次石油危机使能源安全进一步得到各国重视，西方国家逐步制定了以能源供应安全为核心的能源政策。此后的20多年里，由于能源的稳定供应，世界经济取得较大增长，然而能源短缺、资源争夺以及过度使用能源造成的环境污染等问题都威胁着人类的生存与发展。当前世界所面临的能源安全问题不仅仅是能源供应安全，还包括能源供应、能源需求、能源价格、能源运输、能源使用等安全问题在内的综合性风险与威胁。

我国是世界上最大的发展中国家，也是能源生产和消费大国。我国能源生产量居世界第三位，仅次于美国和俄罗斯；基本能源消费居世界第二位，仅次于美国，占世界总消费量的1/10。我国以煤炭为主要能源，经济发展与环境污染的矛盾比较突出。煤炭、电力、石油和天然气等能源都存在缺口，其中石油需求量大增以及由此引起的能源结构矛盾成为中国能源安全所面临的最大难题。在当前全球面临能源环境问题巨大挑战的情况下，我国亟须大力发展绿色可再生能源，推进能源结构转型升级。目前，我国已出台多项政策扶持和引导新能源产业的快速发展，为经济社会持续健康发展提供有力支撑，也为维护世界能源安全、应对全球气候变化、促进世界经济增长作出积极贡献。

1.2
新能源的分类与发展概况

新能源是与传统能源相对应的一类能源，其种类包括太阳能、风能、水能、核能、生物质能、海洋能、地热能及氢能等[1]。新能源可以实现对于传统能源的有效替代，从而极大缓解目前面临的能源危机并改善环境。与传统能源相比，新能源的优越性首先体现在其资源丰富、来源广泛，而传统能源的储量通常是有限的；另外，传统能源在消耗过程中常伴随着二氧化碳、氮氧化物等污染物的排放，而新能源是清洁能源，污染较小[2]。目前，我国新能源产业主要有以下几类。

1.2.1 太阳能

太阳能是由太阳内部持续不断进行的热核反应所产生的热量，它是一种清洁的、可持久供应的自然能源。开发利用太阳能是人类摆脱能源危机的重要途径。太阳辐射能的利用包括间接利用和直接利用两种。间接利用是指利用草木燃料、化石燃料、风力、水力、海洋热能等各种被固定的太阳辐射能中的能量；直接利用是直接利用太阳辐射的能量，主要是光-热转换、光-电转换和光-化学转换[3]。目前，太阳能已在我国得到较大范围的使用。例如，太阳能热水器已得到普及使用，而太阳能电池发电等许多技术也日臻成熟。

1.2.2 水能

水能是一种可再生的清洁能源，是指水体的动能、势能和压力能等能量资源。广义的水能资源包括河流水能、潮汐水能、波浪能、海流能等能量资源，狭义的水能资源指河流的水能资源。因此，水不仅可以直接被人类利用，还可以作为能量的载体。水能在我国已得到大规模使用，主要用途为发电。例如，早期的小浪底水电站、刘家峡水电站等，以及规模较大的三峡水电站，为我国的经济建设提供了能源保障。

1.2.3 风能

风能是太阳辐射造成地球各地受热不均匀而引起空气运动产生的能量，是人类最早加以利用的一种能量形式。开发风能，主要是利用风力发电。风力机的研制正朝着两个方向发展：一是大型化，大到数兆瓦，风轮直径长达 100m；二是小型化，小到风轮仅有 0.8m。风能是一种无污染、可再生的自然资源，应用潜力很大，已成为当今世界发展极为迅速的一种新能源。我国风能资源较为丰富，利用也比较成熟，在甘肃、内蒙古等风能资源丰富的地区，风电已有较大规模的应用。

1.2.4　地热能

地热能是地球内部原子反应时产生的热能。地球是一个大热库，蕴藏着无比巨大的热能。仅在地层下 4～6km 之间所储存的热能，就相当于 600 万亿吨标准煤燃烧时放出的热量。地热应用前景广阔，可以用来发电、供暖等。地热发电是利用地下喷出的高温高压蒸汽，推动汽轮机发电。现在世界上有 20 多个国家建有地热电站，全世界总装机容量已达 1100 万千瓦·时，约占全球发电量的 0.6％。我国地热资源丰富，已发现温泉有 3000 多处，如山东省商河县已经建成的温泉别墅利用地热供暖，效果良好。受资源的地域性限制，目前我国地热发电站主要集中在西藏地区。

1.2.5　潮汐能

潮汐能作为一种海洋能，是太阳、月球对地球的引力以及地球的自转导致海水潮涨和潮落形成的水的势能。潮汐能是清洁能源的一种，它主要有三个特点[3]：①可持续、可再生性。在沿海地区，潮汐能发电不仅能应对能源不足的问题，而且对生态影响非常小，还能成为沿海地区国防建设和人民生产生活的重要补充能源。②实用可靠。潮汐电站一般都是建设在海口港岸等人迹罕至的地方，不会造成移民、毁田等问题，还可促进水产养殖等企业落地，助力当地经济发展。③运行稳定。潮汐能基于天体运动产生，周期涨落，十分稳定。我国海岸线绵长，潮汐能丰富，主要集中在浙江、福建、广东和辽宁等沿海地区。我国潮汐能发展已有 40 多年的历史，建成并长期运行的潮汐电站八座，最大的是温岭市江厦潮汐试验电站。

1.2.6　生物质能

生物质能是太阳能以化学能形式储存在生物质中的能量形式，即以生物质为载体的能量，其利用形式包括直接燃烧、热化学转换和生物化学转换等 3 种途径[4]。我国生物质能储量丰富，储量和应用主要在农村地区，目前已有相当多地区正在推广和示范农村沼气技术。我国生物柴油研究同样发展快速，在福建、四川等地已经建有小规模的生物柴油生产基地。2009 年 12 月和 2010 年 3 月，中国海洋石油总公司先后建成年产 6 万吨和 27 万吨的生物柴油装置，生产的生物柴油可以按照 1：19 的比例与石油柴油混合，这是我国首个可加入到石油柴油中的生物柴油项目[5]。

1.2.7　核能

核能（又称原子能）是原子核结构发生变化时所释放出的能量。它包括重元素的原子核发生分裂反应（亦称裂变）和轻元素的原子核发生聚合反应（亦称聚变）时所放出的能量，分别称为裂变能和聚变能。核能是目前唯一现实的、可大规模代替化石燃料的能源。大规模发展核能是缓解能源短缺、改善能源构成、减轻环境污染的重要途径。目前，核裂变的能量主要用于发电。核能已成为全球能源不可缺少的组成部分。可控制的核聚变反应目前尚处在研究阶段。目前，中国核电在建规模居全球第一，在建核电机组 30 台，总装机容量 3281 万千瓦，占全球的 45.7%。

1.2.8　氢能

氢能是一种新型的清洁能源，是指通过氢气和氧气发生化学反应所产生的能量，属于二次能源。氢是宇宙中分布最广泛的物质，可以由水制取。氢能的主要用途是作为燃料和发电，每 1kg 液氢的发热量相当于汽油发热量的 3 倍，燃烧时只生成水，是优质、干净的燃料。氢能的开发与利用正在引发一场深刻的能源革命，氢能成为破解能源危机，构建清洁低碳、安全高效现代能源体系的"新密码"。我国十分重视氢能技术的开发和利用，将氢能确定为未来国家能源体系的重要组成部分和用能终端实现绿色低碳转型的重要载体，将氢能产业确定为战略性新兴产业和未来产业重点发展方向。目前，我国在氢能研究领域已经取得很多重要成果，燃料电池等技术日臻成熟。

1.3
电池概述与发展概况

电池能够进行能量储存并在适当条件下将储存的能量直接转化为电能。它不同于发电机，并没有机械运动部件。电池的基本原理是利用电解质溶液和电极产生电流，从而将化学能转化成电能，电极具有正极、负极之分。随着科技的进步，电池泛指能产生电能的小型装置，如太阳能电池、锌锰干电池、铅酸电池、锂离子电池、氢氧燃料电池等。电池的性能参数主要有电动势、容量、比能量和电阻。利用电池作为能量来源，可以实现具有电压、电流长时间稳定的供电，且电流受外界影响较小。另外，电池结构简单，携带方便，充放电操作简便易行，不受外界气候和温度的影响，性能稳定可靠，可在现代社会生活中的各个方面发挥很大作用。

电池的发展历史离不开科学家们的不断探索。1780 年，意大利解剖学家伽伐尼（Galvani）在做青蛙解剖时发现"生物电"现象。随后，意大利物理学家伏特（Volta）把两种不同的金属片浸在各种溶液中进行试验，并发现只要有一种金属片与溶液发生化学反应，金属片之间就能产生电流。1799 年，伏特成功制成了世界上第一个电池"伏特电堆"，串联的电池组为电堆。1836 年，英国的丹尼尔对"伏特电堆"进行了改良，陆续有"本生电池"和"格罗夫电池"等问世。当时的电池都需要在两金属板之间灌装液体，不利于搬运。

干电池于 19 世纪中期诞生。1860 年，法国的雷克兰士（George Leclanche）发明了碳锌电池，这种电池容易制造，且电解液由最初的流动液体转变为糊状，于是出现了"干"性的电池。1887 年，英国人赫勒森（Hellesen）发明了最早的干电池。相对于液体电池而言，干电池的电解液为糊状，由于不会溢漏而便于携带，因此获得了广泛应用。如今干电池已经发展成为一个庞大的家族，种类达100 多种。常见的有普通锌锰干电池、碱性锌锰干电池、镁锰干电池等。尽管干电池使用方便、价格低廉，但用完即废，无法重新利用[6]。另外，由于以金属为原料容易造成原材料浪费，废弃电池还会造成环境污染。于是，使用具有多次充电放电循环的蓄电池成为新的趋势。

蓄电池的出现同样可以追溯到 19 世纪。1860 年，法国人普朗泰（Plante）发明了用铅作电极的电池。这种电池的独特之处是当电池使用一段时间电压下降时，可以给它通以反向电流，使电池电压回升。因为这种电池能充电，并可反复使用，所以称之为"蓄电池"。1890 年，爱迪生发明可充电的铁镍电池；1910年，可充电的铁镍电池开始商业化生产。如今，充电电池的种类越来越丰富，形式越来越多样，从最早的铅蓄电池、铅晶蓄电池、铁镍蓄电池以及银锌蓄电池，发展到铅酸蓄电池、镍氢电池以及锂电池等。与此同时，蓄电池的应用领域也越来越广，电容越来越大，性能越来越稳定，充电越来越便捷。

从电池的发展历程来看，电池的发展史可以看作是尝试各种金属电极的历史[7]。目前，电池领域最受关注的是"锂电池"。锂电池具有质量能量密度高、电压高、自放电小、可长时间存放等优点，在近 30 年中取得了巨大发展[8]。目前计算机、计算器、照相机、手表中的电池都是锂电池。锂电池组装完成后电池即有电压，但这种电池的循环性能不好，在充放电循环过程中，容易形成锂枝晶，造成电池内部短路，所以一般情况下这种电池是禁止充电的。后来，索尼公司发明了以碳材料作负极，含锂的化合物作正极的锂电池，在充放电过程中，没有金属锂存在，只有锂离子，这就是锂离子电池。锂离子电池的优势十分明显，如工作电压高、体积小、质量轻、能量高、无记忆效应、无污染、自放电小、循环寿命长。这个领域最领先的技术是"层叠电池结构"，其特点为可以用很小的体积达到很高的效率[9]。目前，锂离子电池已经广泛应用于汽车、笔记本电脑、手机等行业。

除了锂离子电池，"燃料电池"被誉为人类下一代最伟大的电池，被认为是人类电池的终极目标，是一种将存在于燃料与氧化剂中的化学能直接转化为电能的发电装置[10]。其神奇之处在于可以将化学燃料不经过燃烧等热的过程直接高效地转化为电能，且几乎没有任何机械运动部件。燃料和空气分别送进燃料电池，电能就被生产出来。其能量密度比传统的锂离子电池高出数倍甚至几十倍。

1.3.1　氢氧燃料电池

氢氧燃料电池的负极以氢气为燃料，正极以空气中的氧气作为氧化剂，通过氢气的氧化反应将化学能转变为电能，其基本组成与一般电池相同[11]。传统电池的活性物质多储存在电池内部，限制了电池容量。而燃料电池的正、负极本身不包含活性物质，只是催化转换器件。因此燃料电池是名副其实的把化学能转化为电能的能量转换机器[12]。电池工作时，燃料和氧气由外部供给，进行反应，只要反应物不断输入，燃料电池就能连续发电，其原理如图1.1所示。这里以氢氧燃料电池为例来说明燃料电池。

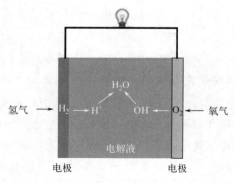

图 1.1　氢氧燃料电池原理示意图

氢氧燃料电池的反应原理是电解水的逆过程，其电极反应如下：

负极：
$$H_2 + 2OH^- \longrightarrow 2H_2O + 2e^-$$

正极：
$$\frac{1}{2}O_2 + H_2O + 2e^- \longrightarrow 2OH^-$$

总反应：
$$H_2 + \frac{1}{2}O_2 \longrightarrow H_2O$$

燃料电池通常由形成离子导电体的电解质板和其两侧配置的燃料极（阳极）、空气极（阴极）及两侧气体流路构成，气体流路的作用是使燃料气体和空气（氧化剂）能在流路中通过。

在实用的燃料电池中由于工作的电解质不同，经过电解质与反应相关的离子种类也不同。磷酸燃料电池（PAFC）[13] 和质子交换膜燃料电池（PEMFC）[14] 反应与氢离子相关，发生的反应如下：

燃料极：
$$H_2 \longrightarrow 2H^+ + 2e^-$$

空气极：
$$\frac{1}{2}O_2 + 2H^+ + 2e^- \longrightarrow H_2O$$

总反应：
$$H_2 + \frac{1}{2}O_2 \longrightarrow H_2O$$

相对于 PAFC 和 PEMFC，熔融碳酸盐燃料电池（MCFC）和固体氧化物燃料电池（SOFC）则不要催化剂，以 CO 为主要成分的煤气化气体可以直接作为燃料应用，而且还具有易于利用其高质量排气构成联合循环发电等特点。

MCFC 工作原理为空气极的 O_2（空气）和 CO_2 与电子相结合，生成 CO_3^{2-}（碳酸根离子），电解质将 CO_3^{2-} 移到燃料极侧，与作为燃料供给的 H_2 相结合，放出电子，同时生成 H_2O 和 CO_2，并释放电子，化学反应式如下[15]：

燃料极：
$$H_2 + CO_3^{2-} \longrightarrow H_2O + CO_2 + 2e^-$$

空气极：
$$CO_2 + \frac{1}{2}O_2 + 2e^- \longrightarrow CO_3^{2-}$$

总反应：
$$H_2 + \frac{1}{2}O_2 \longrightarrow H_2O$$

SOFC 是以陶瓷材料为主构成的，电解质通常采用 ZrO_2，它构成了 O^{2-} 的导电体 Y_2O_3，其作为稳定化的 YSZ（稳定化氧化锆）而被采用[16]。电极中燃料极采用 Ni 与 YSZ 复合多孔体构成金属陶瓷，空气极采用 $LaMnO_3$（氧化镧锰），隔板采用 $LaCrO_3$（氧化镧铬）。为了避免由于电池形状不同，电解质之间热膨胀差所造成的裂纹产生，科研人员开发了能够在较低温度下工作的 SOFC。电池形状除了同其他燃料电池一样的平板形外，还有为避免应力集中的圆筒形。SOFC 的反应式如下：

燃料极：
$$H_2 + O^{2-} \longrightarrow H_2O + 2e^-$$

空气极：
$$\frac{1}{2}O_2 + 2e^- \longrightarrow O^{2-}$$

总反应：
$$H_2 + \frac{1}{2}O_2 \longrightarrow H_2O$$

另外需要指出，燃料电池本体尚不能在运行中实现顺利工作，必须有一套相应的辅助系统，包括反应剂供给系统、排热系统、排水系统、电性能控制系统及安全装置等。因此，燃料电池涉及化学热力学、电化学、电催化、材料科学、电力系统及自动控制等学科的有关理论，具有发电效率高、环境污染少等优点[17]。总的来说，燃料电池具有以下一些特点：

① 能量转化效率高。直接将燃料的化学能转化为电能，中间不经过燃烧过程，因而不受卡诺循环的限制。燃料电池系统的燃料-电能转化效率在 45%～60%，而火力发电和核电在 30%～40%。

② 安装地点灵活。燃料电池电站占地面积小，建设周期短，电站功率可根据需要由电池堆组装，十分方便。燃料电池无论作为集中电站还是分布式电站，或是作为小区、工厂、大型建筑的独立电站都非常合适。

③ 负荷响应快，运行质量高。燃料电池在数秒内就可以从最低功率变换到额定功率。

由于燃料电池能将燃料的化学能直接转化为电能，因此它没有像通常的火力发电机那样通过锅炉、汽轮机、发电机的能量形态变化，可以避免中间转换的损失，达到很高的发电效率。同时还有以下一些特点：无论是满负荷还是部分负荷均能保持高发电效率；无论装置规模大小均能保持高发电效率；具有很强的过负载能力；通过与燃料供给装置的组合，可以适用的燃料来源广泛；发电出力由电池堆的出力和组数决定，机组容量的自由度大；电池本体的负荷响应性好，用于电网调峰优于其他发电方式；以天然气和煤气等为燃料时，NO_x 及 SO_x 等排出量少，环境相容性优。因此，由燃料电池构成的发电系统对电力工业具有极大的吸引力。在众多科技手段中，尚没有一项能源生成技术能如燃料电池一样将诸多优点集于一身。

氢氧燃料电池的缺点也非常明显，除了短期内难以解决燃料电池堆的成本和使用寿命的问题，氢气的来源、储存技术以及氢燃料基础建设不足等问题严重制约着氢氧燃料电池的长期发展[18]。

1.3.2　金属燃料电池

氢氧燃料电池是人类的终极理想，但是上述问题制约着其进一步发展，短期内还难以有实际的解决方案[19]。因此，科学家开始把目光转向与氢具有相同活泼化学属性并可以和氧气发生氧化还原反应的金属材料。

如果用常温下固态的金属来代替氢气，即使是能量密度有所降低，上述难题将迎刃而解。金属来源相当广泛，不存在存储问题，通过电解技术还可以实现其回收。因此，金属燃料电池受到极大关注。例如，将锌、铝等金属像氢燃料一样应用于电池体系，它们可以与氧一起构成一种连续的电能装置。此外，金属燃料电池具有资源丰富、成本低、环境友好、放电电压平稳、高能量密度和高功率密度等优点，而且比氢燃料电池结构简单，是极具应用前景的新型储能装置。

金属燃料电池与普通的燃料电池不同，它是以活泼固体金属（如铝、锌、铁、钙、镁、锂等）为燃料源，以碱性溶液或中性盐溶液为电解液。根据燃料源的不同，金属燃料电池分为铝、锌、镁、铁、钙和锂等金属燃料电池[20]。金属燃料电池的结构如图 1.2 所示，它由金属阳极、电解质、空气阴极构成，其构造与氢氧燃料电池基本相同。

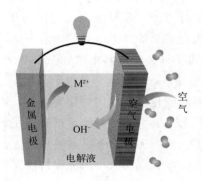

图 1.2 金属燃料电池结构示意图

电池中阳极为活泼金属消耗电极，阴极为空气扩散电极，电解质为中性盐溶液或碱性溶液。阴极即氧气还原反应的电极。在阳极，金属燃料电池的理论能量密度只取决于燃料电极，这是电池中传递的唯一活性物质，氧气则在放电过程中从空气中引入。金属电极上的放电反应取决于所使用的金属、电解质和其他因素，反应如下。

阴极：$\qquad O_2 + 2H_2O + 4e^- \longrightarrow 4OH^-$，$\quad E_0 = +0.401V$

阳极：$\qquad\qquad\qquad M \longrightarrow M^{n+} + ne^-$

电池放电总反应：$4M + nO_2 + 2nH_2O \longrightarrow 4M(OH)_n$

式中，M 是金属；n 是金属氧化过程中的价态变化值。大多数金属在电解质溶液中是不稳定的，会发生腐蚀或氧化，生成氢气。

金属燃料电池的性能明显优于传统的干电池、铅酸电池和锂离子电池。不同金属燃料电池的能量密度是不一样的，一般来说能量密度越高，其技术的复杂程度就越高（表 1.1）。当今学术界对锂-氧气电池[21]、铝-氧气电池、锌-氧气电池[22]、镁-氧气电池的研究方兴未艾，但正常投入商业化运作的只有锌-氧气电池，其在助听器电源上已经获得了良好的应用，而铝-氧气电池、镁-氧气电池还处于商业化的前期，高性能的锂-氧气电池仍处于实验室研究阶段。

表 1.1　氧电极与各种金属阳极匹配时的反应式、理论电压、理论容量和理论比能量

燃料	反应式	理论电压/V	理论容量/mA·h·g^{-1}	理论比能量/kW·h·kg^{-1}
Li	$2Li + \frac{1}{2}O_2 \longrightarrow Li_2O$	2.9	3.86	11.2
Al	$2Al + \frac{3}{2}O_2 \longrightarrow Al_2O_3$	2.71	2.98	8.1
Mg	$2Mg + O_2 \longrightarrow 2MgO$	3.09	2.2	6.8
Zn	$2Zn + O_2 \longrightarrow 2ZnO$	1.62	0.82	1.3
Fe	$2Fe + O_2 \longrightarrow 2FeO$	1.3	0.96	1.2

参考文献

[1]　Zheng R，Liu Z，Wang Y，et al. The Future of Green Energy and Chemicals：Rational Design of Catalysis Routes [J]. Joule，2022，6（6）：1148-1159.

[2]　Qazi A，Hussain F，Rahim N A，et al. Towards Sustainable Energy：A Systematic Review of Renewable Energy Sources，Technologies，and Public Opinions [J]. IEEE Access，2019，7：63837-63851.

[3]　李晓超，乔超亚，王晓丽，等.中国潮汐能概述 [J].河南水利与南水北调，2021，50（10）：81-83.

[4]　Guo M，Song W，Buhain J. Bioenergy and Biofuels：History，Status，and Perspective [J]. Renewable and Sustainable Energy Reviews，2015，42：712-725.

[5]　陈建萍.生物柴油产业化亟待提速 [N].人民政协报，2013-04-16（B01）.

[6]　伍健辉.细看电池"成长史"[J].发明与创新（综合科技），2010（06）：44-45.

[7]　Kim H，Jeong G，Kim Y U，et al. Metallic Anodes for Next Generation Secondary Batteries [J]. Chemical Society Reviews，2013，42（23）：9011-9034.

[8]　Xiao J，Shi F，Glossmann T，et al. From Laboratory Innovations to Materials Manufacturing for Lithium-Based Batteries [J]. Nature Energy，2023，8（4）：329-339.

[9]　尹蔚.电池 200 年发展简史 [J].今日科苑，2012（10）：68-70.

[10]　Xiao F，Wang Y C，Wu Z P，et al. Recent Advances in Electrocatalysts for Proton Exchange Membrane Fuel Cells and Alkaline Membrane Fuel Cells [J]. Advanced Materials，2021，33（50）：2006292.

[11] Zhao J，Tu Z，Chan S H. Carbon Corrosion Mechanism and Mitigation Strategies in a Proton Exchange Membrane Fuel Cell（PEMFC）：A Review ［J］. Journal of Power Sources，2021，488：229434.

[12] 苏克松，周成裕，廖刚. H_2-O_2 燃料电池催化剂的研制与活性评估 ［J］. 重庆科技学院学报，2008（03）：45-47.

[13] 孙百虎. 磷酸燃料电池的工作原理及管理系统研究 ［J］. 电源技术，2016，40（05）：1027-1028.

[14] 汪建锋，王荣杰，林安辉，等. 质子交换膜燃料电池退化预测方法研究 ［J/OL］. 电工技术学报，2024：1-12 ［2024-02-28］.

[15] 夏雪，臧庆伟，薛祥，等. 熔融碳酸盐体系于新能源中的应用 ［J］. 当代化工，2021，50（10）：2412-2417.

[16] 张纪豪，权蒙豪，孙凯华，等. 集流体对平板型固体氧化物燃料电池性能的影响机制 ［J］. 硅酸盐学报，2024，52（01）：19-29.

[17] 刘建国，孙公权. 燃料电池概述 ［J］. 物理，2004（02）：79-84.

[18] 邵志刚，衣宝廉. 氢能与燃料电池发展现状及展望 ［J］. 中国科学院院刊，2019，34（04）：469-477.

[19] Lubitz W，Tumas W. Hydrogen：An Overview ［J］. Chemical Reviews，2007，107（10）：3900-3903.

[20] Chen Y，Xu J，He P，et al. Metal-Air Batteries：Progress and Perspective ［J］. Science Bulletin，2022，67（23）：2449-2486.

[21] Luntz A C，McCloskey B D. Nonaqueous Li-Air Batteries：A Status Report ［J］. Chemical Reviews，2014，114（23）：11721-11750.

[22] Wang Q，Kaushik S，Xiao X，et al. Sustainable Zinc-Air Battery Chemistry：Advances，Challenges and Prospects ［J］. Chemical Society Reviews，2023，52（17）：6139-6190.

第 2 章

金属燃料电池概述

本章首先介绍了金属燃料电池的基本原理与电池结构，包括金属阳极、空气阴极和电解质；随后详细介绍了空气阴极及催化材料，包括空气阴极的基本结构和工作原理、电催化过程和空气阴极的性能评价；之后介绍了催化材料的相关研究进展；最后介绍了空气阴极催化材料的挑战与发展。

2.1
金属燃料电池的基本原理与电池结构

金属燃料电池是一种以空气电极为阴极，以金属或合金作为阳极，在特定电解质中进行电极反应的清洁高效的燃料电池。以锌燃料电池为例，其工作原理如图 2.1 所示。

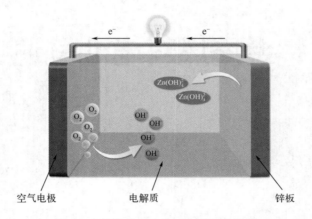

图 2.1　锌燃料电池的工作原理示意图

该电池以金属锌（如锌板、锌箔、锌颗粒等）作为阳极燃料，以空气中的氧作为阴极氧化剂。在电池放电过程中，金属电极中的金属锌首先失去电子，发生氧化反应生成锌离子（Zn^{2+}），然后与碱性电解质中的氢氧根离子（OH^-）结合，生成四羟基合锌离子 $[Zn(OH)_4^{2-}]$。当 OH^- 含量不足或 $Zn(OH)_4^{2-}$ 溶解饱和时，发生 OH^- 脱离和脱水反应，进一步形成氧化锌（ZnO）。空气电极以空气中的氧气作为活性物质，得到电子并在催化剂作用下发生还原反应，同时与水结合生成 OH^-。在这个过程中，电子从阳极经过外电路（导线和载荷）到达阴极，形成电流[1]。

金属燃料电池通常包括空气阴极、金属阳极、电解质三个重要组成部分，下面分别进行介绍。

（1）空气阴极

由于金属燃料电池基于金属和氧气间的氧化还原反应实现能量转化，因此，不同金属燃料电池均存在相同的阴极反应，即氧气还原反应（ORR）。通常情况下，氧气还原反应过程较为缓慢，直接限制了金属燃料电池实际的能量密度[2]。因此，开发高效、低能耗的氧还原电催化剂，是该类燃料电池研究的核心。

典型金属燃料电池的空气电极包含三层结构：气体扩散层、集流层和催化层。扩散层为疏水性多孔结构，保证氧气顺利穿透并向内传递；集流层是一种金属网状结构，位于扩散层和催化层之间，是电子转移的主要场所；催化层则是由氧还原催化剂组成，是接收电子并发生氧还原反应的场所。此外，空气电极应具有一定的防水透气性，保证氧气顺利通过而阻止水透过。空气电极是影响金属燃料电池性能的关键，其多层结构不仅可以有效缓解电解液中的水分流失，还促进电极内部形成电解液、催化剂和氧气的三相界面，即氧还原反应的发生场所。

空气阴极将在本章2.2节进行详细介绍，此处不过多赘述。

（2）金属阳极

金属燃料电池一般采用纯金属或金属合金作为阳极，常见阳极材料的电化学性能如表2.1所示。

表 2.1　金属燃料电池阳极材料电化学性能[3]

阳极材料	体积能量 /kW·h·L^{-1}	理论电压/V	理论比能量 /kW·h·kg^{-1}
锂	7.989	2.96	5.928
钾	1.913	2.37	1.187
钠	2.466	2.30	1.680
镁	9.619	3.09	5.238
铝	10.347	2.71	5.779
锌	6.136	1.66	1.218
铁	3.244	1.28	1.080

以锌-空气电池为例，在许多商用电池中，金属电极材料通常是50～200目范围内的颗粒状金属粉的凝胶混合物，并掺杂一些添加剂。原则上，金属颗粒的形状或形态对于实现更好的颗粒间接触和降低阳极组中的内部电阻非常重要，要优选高表面积的金属颗粒以获得更好的电化学性能。因此，含有大量细颗粒锌粉（>200目），或是粗颗粒和细颗粒的混合金属粉料锌电极，已被证实具有更优高速放电的特性[4]。除粉末外，研究人员还探索了其他高比表面积金属电极材料，例如球体、薄片、带状、纤维、枝晶和泡沫。例如，纤维电极具有良好的导电

性、机械稳定性和设计灵活性，便于控制金属的质量分布、孔隙率和有效表面积，因此适用于大型碱性氢燃料电池或金属燃料电池系统。与使用凝胶粉末电极的电池相比，使用纤维锌电极的电池在高放电电流下提供的容量和能量分别增加了约40%和50%，活性材料利用率提高了约30%[5]。

然而，目前金属阳极仍面临以下两个关键问题：首先，暴露在空气中的金属表面易发生氧化反应，产生的钝化膜一旦覆盖金属表面后将降低表面利用率，从而导致燃料电池的放电电压下降；其次，镁、铝等金属阳极电化学活性高，在电解液中析氢自腐蚀较为严重，进一步降低阳极利用效率。为解决上述问题，目前对金属阳极的研究主要方向为金属的自放电过程与机制、金属的腐蚀钝化机理及其抑制方法，以及二次金属电池在多次循环后金属电极的枝晶问题等[6]。

（3）电解质

电解质作为金属燃料电池中连接正负电极的桥梁，同样参与电池的氧化还原反应，对金属燃料电池的能量密度、功率密度、工作寿命、安全性和力学性能均起到重要作用。因此，理想的电解质应具有以下特点：①高的离子电导率，促进反应活性物质的快速迁移和扩散；②低的电子电导率，有效抑制电池的自放电现象；③对空气阴极和金属阳极的腐蚀性较低；④良好的热力学稳定性，在低温环境中不易冻结，在高温干旱环境中不易脱水；⑤制备工艺简单、成本低、环境友好等。

常见的金属燃料电池电解质主要分为碱性电解质和中性电解质，从而将电池分为中性电池和碱性电池。碱性电池的放电性能优异，但由于金属燃料电池是一种半封闭电池，在电池工作的过程中需要长时间与空气接触，碱性电解质更容易吸收空气中的二氧化碳而产生碳酸化，导致性能持续下降。如果没有及时更换电解质或是采取其他措施，最终将导致电池失效。除此之外，由于碱性电池采用强碱性电解质，其腐蚀性可能会产生严重的安全问题。相较于碱性电池，中性电池价格低廉、腐蚀性小，并且能够有效解决碱性电池中电解质碳酸化的问题，但其在工作电压和放电电流密度方面的性能低于碱性电池[7]。最新的研究表明，在空气进入电池之前先经过过滤设备将二氧化碳成分去除，可以延长电解质以及电池的使用时间[8]。

根据电解质的状态，还可以将电解质分为水溶液电解质、凝胶电解质、固态电解质和离子液体电解质等。水溶液电解质是最常用的一种电解质，具有离子电导率高、成本低等优势。但水溶液电解质自身存在的易蒸发、泄漏、碳酸化等问题，依然是燃料电池面临的挑战。凝胶电解质可实现柔性电子器件的弯曲或折叠，在电池智能设计和使用安全性上都具有显著优势。凝胶电解质通常是将液体增塑剂、含有合适溶剂和化合物的离子导电电解质溶液混合而成的聚合物基体，尤其是水凝胶电解质具备机械强度高、离子导电性好、制备方法简便、成本低廉等优势。固态电解质从根本上解决了电解质的挥发、易燃问题，还可以隔绝外界的空气和水分，起到保护金属阳极的效果等。但固态电解质在电导率上远低于前者，目前研究主要集中在锂燃料电池中。就离子液体电解质而言，相关金属燃料电池的实验研究表明，由于离子液体具有较高的黏度，不易进入空气电极，导致电池在开始放电后电压迅速下降。到目前为止，关于离子液体作为金属燃料电池电解液的研究成果仍然较少。

此外，为了防止电池内部发生短路，通常会在阴阳两极之间放置一层隔板或隔膜，不仅允许离子交换，还可以防止阴阳极之间发生直接的物理接触。为满足应用需求，隔板或隔膜应能在宽工作电位窗口内保持电化学稳定，在强碱性电解液中保持完整，并具有电阻小、离子电导率高的特点。它还应具备选择性的离子导通功能，允许 OH^- 而有效阻挡可溶性金属盐离子通过。与隔膜相比，隔板除具备上述功能外，还可以避免循环过程中产生的枝晶刺穿，但在质量、厚度等方面不占优势。尽管该组件是金属燃料电池的一个基本构成单元，但与电池的其他部分器件相比，这部分的针对性研究较少，尚需得到科研工作者的进一步重视。

2.2
金属燃料电池的空气阴极及催化材料

2.2.1　空气阴极的基本结构

空气中的氧在电极参加反应时，首先通过扩散溶入溶液，然后在液相中扩散，并在电极表面进行化学吸附，最后在催化层进行电化学还原。空气电极反应是在气、液、固三相界面上进行的，电极内部能否形成尽可能多的有效三相界面，将直接影响催化剂的利用效率和电极表面的传质过程。制备高效的空气阴极时，必须保证电极中拥有大量的薄液膜，使得气体容易到达并且与整体溶液较好连通。满足这类要求的一般是较薄的三相多孔电极，电极中包含足够的"气孔"，使反应气体容易传递到电极内部各处，又有大量的覆盖在催化剂表面上的薄液膜，这些薄液膜通过"液孔"与电极外侧的溶液连通，以促进液相反应粒子（包括产物）的迁移。由于气体活性物质在发生反应时的消耗以及产物的及时移除都需要通过扩散来实现，因而物质扩散成为氧催化电极的重要问题，这种电极通常又被称为"气体扩散电极"。

气体扩散电极通常由疏水的气体扩散层和多孔的催化层组成，并通过高导电的集流层进行电子传输，如图 2.2 所示。气体扩散层通常由聚四氟乙烯（PTFE）改性，并包含具有一定机械强度的疏水层，允许气体进入到电极内部并阻止碱性电解液渗漏。催化层由催化剂、碳载体和黏结剂组成。其中，较亲水的碳和催化剂与疏水性的聚四氟乙烯结合，并在多孔催化层的微孔中形成大量的薄液膜层和三相界面。多孔催化层中主要包括两种区域：一种是"干区"，由疏水物质及其构造的气孔构成；另一种是"湿区"，由电解液以及被润湿的催化剂团粒和碳微孔构成。这些微孔可以被液体充满或润湿，这两种区域的微孔相互交错形成连续的网络结构，而氧还原反应则在覆盖有薄液膜的微孔壁上进行。

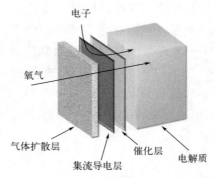

图 2.2　气体扩散电极示意图

（1）催化层

催化剂作为空气电极必不可少的组成部分，与气体扩散层一起作为氧还原过程中气体与电解质之间反应的桥梁。因此，催化剂的活性和耐久性会直接影响到空气电池的充放电效率和循环稳定性。在传统催化剂中，铂基催化剂具有催化活性高、对反应条件要求低等优点，是最理想的催化剂之一[9]。但受限于铂金属的稀缺性，其始终难以大规模应用。于是科研人员逐渐将研究重点转向非贵金属催化剂，例如过渡金属铁、钴、镍等。目前，催化剂的种类主要包括过渡金属基材料、杂原子掺杂的碳纳米材料以及由它们组成的复合材料[10]。良好的催化剂应具有以下三个重要特征：①高催化活性，即具有高本征活性和丰富的活性位点，使反应中间体与活性位点具有合适的吸/脱附能，降低氧化还原反应中的电荷转移电阻；②高催化反应选择性，可以使氧气尽可能多地通过 $4e^-$ 转移路径产生 OH^-，减少反应副产物以及自由基的产生；③高电化学稳定性，可以承受氧化还原电势且不发生腐蚀或分解。

为了优化电荷的转移以及物质扩散过程，通常需要辅助材料以在空气电极中构建多孔且连续的离子/电子传输网络。碳材料具有良好的导电性和高的化学稳定性，是一种理想的导电载体。炭黑由于其高比表面积（约 $250m^2 \cdot g^{-1}$）和低成本的特点，成为应用最为广泛的载体之一。但炭黑在高电位［$>1.2V$ (*vs.* SHE)］和高温环境中易发生氧化，导致活性表面积降低和孔结构坍塌[11]。为解决这一问题，碳纳米管、碳纤维、介孔碳、石墨烯和氧化还原石墨烯等新兴碳材料受到广泛关注并展现出良好的应用前景，由于它们具有更高的协同催化活性、比表面积和合适的孔结构，可以进一步提高电子转移能力和反应活性。例如，Jordan 等[12] 人发现用乙炔黑代替 Vulcan XC-72R 炭黑后，电池性能有所提升。这可能与碳形态及烧结效果有关，即使用乙炔黑可以得到更高的比表面积和孔体积以及合适的孔径分布。Trogadas 等人总结了不同类型的碳在催化剂载体中的应用和发展，为碳材料的选择和优化提供了重要的理论指导[13]。到目前为止，尽管各种类型的碳载体都表现出十分优异的电催化活性，但其长循环稳定性仍然不能完全满足实际应用的需求。

（2）气体扩散层

对于金属燃料电池来说，理想的气体扩散层应具有高的机械强度、优异的导电性、快速的气体扩散性、高的电解液排斥性以及电化学稳定性。良好的机械强度可以为催化层提供物理支撑，而高电导率可优化用于电子集流层电流收集的导电路径。为了更好地促进空气或氧气传输，气体扩散层应厚度较薄且多孔，并具有一定的疏水性。因此，可以通过材料改性来进一步提高气体扩散层的疏水性，如使用聚四氟乙烯和聚偏氟乙烯进行浸渍或煅烧[14]。此外，为了提高金属燃料电池性能，气体扩散层还应具备缓解电解液蒸发和在极端条件下抵抗电解质浸没的能力。

气体扩散层主要分为两大类：金属基和碳基。目前金属基气体扩散层主要有金属泡沫和金属网，其比表面积大、导电性高，并具有一定的柔韧性。通常情况下，与碳基气体扩散层相比，金属基气体扩散层可以在更宽的电压范围内提供更高的电导率和更好的电化学稳定性，这是因为金属基气体扩散层可以通过更高的还原电势，或通过形成薄氧化物/氢氧化物层进行表面钝化。例如，Liu 等人将泡沫镍作为气体扩散层，在其上均匀涂覆 $NCNT/Co_xMn_{1-x}O$ 催化剂和 PTFE 黏合剂的混合物，并通过压片机将其压至 $700\mu m$[15]。由于比表面积和导电性增加，催化剂的催化性能和电池的效率得到显著提升，但金属在使用过程中会发生缓慢的腐蚀和老化，长时间使用后易发生硬化或断裂。

相比于金属基气体扩散层，碳基气体扩散层在柔韧性和稳定性方面表现更加优秀。此外，碳材料本身具有一定的催化性能，或与催化剂形成协同作用，能够大幅提升空气电极的催化效率并优化反应过程。碳基气体扩散层通常具有双层结构，包括作为背衬的大孔层和表面的薄微孔层，如图 2.3 所示[16]。大孔层由高度疏水的石墨化碳纤维阵列组成，用以提供气体快速扩散的孔道，而薄微孔层则是相对亲水的碳层，用于支撑并调控催化活性材料的孔隙率，有助于在整个催化剂层中有效地分配空气，并最大限度地减少大孔层和催化剂层之间的接触电阻。目前，商业应用的碳基气体扩散层为碳纸和碳布。其中，碳纸具有质量轻、表面平整、耐腐蚀、孔隙率均匀等特点，且厚度可根据使用要求调整，因而更适应耐久性要求高的金属燃料电池。但碳纸强度较低，容易折弯或断裂，在电堆组装过程中易被压断。相较于碳纸，碳布在强度、柔韧度和抗折能力等方面更具有优势。但碳布厚度较大，表面平整度差，在其表面制作微孔层时难以保证厚度均匀，从而影响电池体积功率密度和运行耐久性。

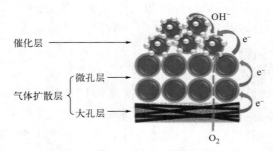

图 2.3　催化层和气体扩散层[16]

目前，尽管这些较为先进的碳基气体扩散层在金属燃料电池实际应用中具有很多优点，但它们在较高的氧化析氧电位中稳定性差，特别是在这种高电位和强碱环境共同作用下易发生碳腐蚀，导致氧电化学反应的活性表面积损失，并造成整个空气阴极中电流分布不均，甚至是电解液的严重泄漏[17]。因此，对于金属燃料电池的长期运行而言，研发高度耐腐蚀的气体扩散层仍是一个重要方向。

在空气电极中，催化层与电解液接触，气体扩散层与空气接触。具体为氧气由气体扩散层进入催化层，并与电解液形成气、液、固三相界面，进而在三相界面上发生还原反应，反应所产生的电子通过集流层收集并输出到外接电路，从而产生电流。目前普遍认为氧气通过气体扩散层达到催化层形成三相界面的过程中主要包括以下几个步骤：①氧气通过空气电极扩散到电解液中；②氧分子溶解在气-液界面；③溶解氧扩散至包围催化剂液膜的分子层；④扩散氧在催化剂表面发生还原反应；⑤离子在电解质液膜中的传导；⑥电极骨架上的电子传递。这个过程可以简要地表示为：

$$O_2 \xrightarrow{溶解} O_{2溶} \xrightarrow{扩散} O_2 \xrightarrow{反应} OH^- \xrightarrow{脱附} OH^- \xrightarrow{扩散} OH^- \tag{2.1}$$

根据上述过程，空气电极对于氧气的气相传质速度要求较高，因此在气体扩散层中引入大量的气孔可以及时补充在三相界面反应消耗的氧，提高空气电极的性能。研究发现，在制备气体扩散层时加入适量的造孔剂可以提高氧的气相传质速度，减小其浓差极化带来的不利影响，以提高空气电极的性能[18]。常用的造孔剂主要分为水溶型、热分解型和酸溶型。常见的水溶型造孔剂有 Na_2SO_4、K_2SO_4 等，这类造孔剂的特点是可以直接在 $70 \sim 80$℃的沸水中除去，但是由沸水除去造孔剂容易破坏防水透气层的表面形貌，使其致密性降低，从而降低空气电极的性能。热分解型造孔剂的特点是加热到一定程度之后会分解成气体，从而在防水透气层中形成微小的气孔。常用的热分解型造孔剂有草酸铵、硝酸铵等，这类造孔剂不会破坏防水透气层的表面形貌。酸溶型造孔剂是将含有造孔剂的防水透气层置于过量的稀盐酸或硝酸中浸泡，从而除去造孔剂形成的微孔。但是在浸泡过程中，酸容易对防水透气层的表面形貌造成一定的破坏，导致空气电极的性能降低。Chebbi 等人将碳酸锂当作造孔剂，研究了孔径分布对气体传输的影响[19]。该工作提出双峰分布是最优的孔径分布，其中大孔利于水通过，小孔利于气体传输。此外，Selvarani 等人引入蔗糖作为造孔剂，并通过调控气体扩散层中造孔剂的含量实现高效气体传输[20]。

2.2.2 空气阴极的工作原理及电催化过程概述

空气电极的反应包括氧气的还原反应（ORR）和还原态氧的析出反应（OER）。根据金属燃料电池所使用的不同种类电解液，对空气电极上发生的电催化反应分别进行讨论。

（1）在水系电解液中 O_2 的电化学反应

由于酸性电解液会和金属阳极发生剧烈反应，导致阳极严重腐蚀，因而不适用于作金属燃料电池电解液。为保证金属阳极的稳定性，水系金属燃料电池常使用碱性溶液作为电解液。但以空气作为燃料时，空气中的 CO_2 在碱性电解液中溶解度较大，长时间使用会造成碳酸根离子在电解液中累积而导致其他副反应的发生，进而降低电池性能。金属-空气电池实际应用时不可避免会面临以上问题，克服这些问题的方法主要有两种：一是使用纯 O_2 作燃料；二是研发使用 O_2 选择透过膜的新型空气电极[21]。

在水溶液中，如果没有适当的催化剂，O_2 的电化学反应速率通常很缓慢，通常引入合适的氧电催化剂有效提高 ORR 和 OER 速率。在催化剂作用下，金属燃料电池中 ORR 大致经历以下几步过程：O_2 从外界空气向催化剂表面扩散；催化剂表面吸附 O_2；O_2 的电子被还原；O-O 键弱化断裂；产物脱附。充电时，OER 过程与之相反。实际的 O_2 电化学反应过程相当复杂，且通常不可逆，反应历程包含一系列复杂的多步电子传递过程，使 O_2 电化学反应历程较难准确描述。

不同的氧电催化剂通常具有不同的催化反应机理，目前对金属和金属氧化物催化剂的催化机理研究较为广泛。根据 O_2 分子在金属催化剂表面的吸附类型不同，ORR 催化反应历程可分为两种情况：四电子反应路径和两电子反应路径。四电子反应路径对应于 O_2 在催化剂表面的双齿螯合吸附（两个 O 同时吸附在催化剂表面），而两电子反应路径对应于 O_2 在催化剂表面的头碰头单齿螯合吸附（单个 O 垂直吸附在催化剂表面）。

四电子反应路径（双齿螯合吸附）可以用以下反应方程简单描述：

$$O_2 + 2H_2O + 2e^- \longrightarrow 2OH_{ads} + 2OH^- \tag{2.2}$$

$$2OH_{ads} + 2e^- \longrightarrow 2OH^- \tag{2.3}$$

总反应为：

$$O_2 + 2H_2O + 4e^- \longrightarrow 4OH^- \tag{2.4}$$

两电子反应路径（头碰头单齿螯合吸附）可以用以下反应方程简单描述：

$$O_2 + H_2O + e^- \longrightarrow O_2H_{ads} + OH^- \tag{2.5}$$

$$O_2H_{ads} + e^- \longrightarrow O_2H^- \tag{2.6}$$

总反应为：

$$O_2 + H_2O + 2e^- \longrightarrow O_2H^- + OH^- \tag{2.7}$$

双电子反应路径得到的 O_2H^- 可以继续得电子被还原成 OH^-，或发生歧化反应生成 OH^- 和 O_2。

O_2 在金属氧化物催化剂表面吸附的历程相似，但中间产物电荷分布有所不同。金属氧化物表面通常存在大量的氧空位，在水溶液中，这些空位通常被水分子中的氧原子占据，因此催化剂从外电路中得到电子后会形成质子化氧配位化合物，其历程可以用以下反应方程表示：

$$M^{m+} - O^{2-} + H_2O + e^- \longrightarrow M^{(m-1)+} - OH^- + OH^- \tag{2.8}$$

$$O_2 + e^- \longrightarrow O_{2ads}^- \tag{2.9}$$

$$M^{(m-1)+} - OH^- + O_{2ads}^- \longrightarrow M^{m+} - O - O^{2-} + OH^- \tag{2.10}$$

$$M^{m+} - O - O^{2-} + H_2O + e^- \longrightarrow M^{(m-1)+} - O - OH^- + OH^- \tag{2.11}$$

$$M^{(m-1)+} - O - OH^- + e^- \longrightarrow M^{m+} - O^{2-} + OH^- \tag{2.12}$$

催化剂材料及其电子结构的不同可能导致不同的 ORR 催化路径和机理。最新研究表明，σ^* 轨道和 M-O 键的共价化是 ORR 过程的速控步骤[22]。由此可见，金属氧化物催化剂的活性很大程度上依赖于催化剂本身的电子结构特点。

金属氧化物催化 OER 历程同样复杂，其催化机理可能随着电极材料和金属阳离子的几何位点的不同而不同。金属阳离子化学价可变是催化 OER 的关键，通过化学价的改变，诱发其与氧中间体相互作用并形成新的化学键。金属阳离子的几何位点也可以影响催化反应历程，这种影响不仅改变 O_2 在催化剂表面的吸附能，还会影响金属阳离子的活化能及配位数。

在碱性溶液中，OER 历程的反应式如下：

$$M^{m+}-O^{2-}+OH^- \longrightarrow M^{(m-1)+}-O-OH^-+e^- \tag{2.13}$$

$$M^{(m-1)+}-O-OH^-+OH^- \longrightarrow M^{m+}-O-O^{2-}+H_2O+e^- \tag{2.14}$$

$$2M^{m+}-O-O^{2-} \longrightarrow 2M^{m+}-O^{2-}+O_2 \tag{2.15}$$

（2）在非水电解液中 O_2 的电化学反应

当前，由于高能量密度锂-氧气电池的大量研发，非水系电解液中的 ORR 和 OER 研究得到广泛的关注，其反应机理研究对空气电池研发至关重要。例如，Laoire 等提出非水电解液中 ORR 和 OER 过程的阳离子效应，发现在有大阳离子基团存在的非水电解液中，如四丁基铵根（TBA$^+$）和四乙基铵根（TEA$^+$），O_2 可以还原成超氧酸根离子（O_2^-），即阴极反应为 O_2/O_2^-，且为单电子可逆反应；而在仅含锂离子的电解液中，O_2 逐步还原为一系列非可逆产物，且这些反应均为动力学不可逆过程[23]。这种大阳离子和较小金属阳离子对 ORR 热力学过程的不同效应可以用软硬酸碱理论（HSAB）解释。根据 HSAB 理论，TBA$^+$ 是一种软酸，可以有效地和软碱 O_2^- 形成稳定的化合物，从而保护 O_2^- 不再进一步反应，并且 TBA$^+$ 可溶于电解液，使得该反应可逆。相反地，碱金属阳离子（如 Li$^+$）是硬酸，不能有效稳定 O_2^-，因此溶液中有 Li$^+$ 存在时，LiO$_2$ 容易发生歧化反应生成 Li$_2$O$_2$。Li$^+$ 和 O_2^- 之间形成的离子键较强，会在电极表面沉积而钝化电极，使反应终止，导致反应不可逆。通过研究一系列不同路易斯酸度的金属阳离子（TBA$^+$＜PyR$^+$＜EMI$^+$＜K$^+$＜Na$^+$＜Li$^+$）在 ORR 和 OER 过程中的作用，发现 O_2^- 可以被 TBA$^+$、PyR$^+$、EMI$^+$ 和 K$^+$ 有效稳定而不会发生歧化，反应过程为单电子可逆过程；而硬酸阳离子，如 Na$^+$ 和 Li$^+$ 会促使 O_2^- 发生歧化反应，进一步生成金属过氧化物，使得反应转变成双电子不可逆过程。进一步研究发现，K-O$_2$ 和 Na-O$_2$ 电池的可逆性高于 Li-O$_2$[24]。另外，由于酸碱相互作用，非水体系中的 ORR 过程同样存在明显的溶剂效应，溶剂极化对 ORR 过程具有显著的影响。

在金属燃料电池中，使用水系和非水系电解液最明显的区别是：在水溶液中，O_2 还原产物倾向于生成 OH$^-$ 或 H$_2$O$_2$；而在非水溶液中，O_2 还原产物倾向于生成超氧化物，不涉及 O-O 键的断裂。O-O 键断裂需要的能量较大，通常需要贵金属作催化剂[25]。另一个显著特点是，O_2^- 是弱吸附基团且具有较高的溶解性，此时含大阳离子基团的电解液仅作为电子传输的中介，对 ORR 过程没有明显的催化作用。因此，这种情况下的 ORR 过程对贵金属（Pt、Au、Hg）和碳电极表现出催化迟钝现象。例如，相比于需要使用催化剂的水溶液体系，在非水溶液体系中加入 Li^+，只用碳电极就可以实现氧气还原反应。

在实际金属燃料电池应用中，O_2 的电化学反应是一个复杂的过程。电解液、电极材料、氧分压等都会对 ORR 和 OER 过程产生显著影响。同时，阴极反应产生的中间产物不溶于有机溶剂而堆积在阴极，也会造成透气膜空气通道堵塞，导致空气无法有效扩散到催化剂表面，阻碍电极反应的顺利进行，从而降低电池性能。此外，阴极界面上电荷传递等传质过程也是限制电池性能的重要因素。因此，金属燃料电池的性能在很大程度上依赖于空气阴极的性能。另外，阴极 O_2 还原反应产生的中间体都具有较高的反应活性，会导致有机溶剂分解，这些副反应也会影响可充金属燃料电池的循环性能。

2.2.3 空气阴极的性能评价及催化材料研究进展

如图 2.4 所示，根据 Wroblowa 等人提出的多电子 ORR 经典模型，O_2 可以通过 $4e^-$ 途径直接还原为 H_2O，或 $2e^-$ 途径还原为 H_2O_2[26]。其中，$4e^-$ 途径具有高的能量转换效率，同时不受 H_2O_2 的有害影响。因此，对大多数催化剂，$4e^-$ 路径的选择性是评价 ORR 催化剂活性的重要标准之一。

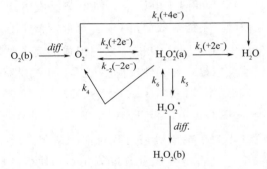

图 2.4　ORR 的 Wroblowa 模型图[26]

通常，ORR 过程包括氧的吸附、质子和电子的转移、键的裂解/形成等几个步骤。在大多数情况下，催化剂表面的结合模式和对含氧物种的吸附能力决定了 ORR 的反应途径和选择性。如图 2.5（a）所示，参与 $4e^-$ 和 $2e^-$ 过程的中间体的结合能变化显示，在 Pt（111）和 $PtHg_4$ 的活性位点上分别有相当大的反应能垒，因此必须施加过电位以克服该反应能垒，才能使反应顺利进行。一般来说，催化剂的本征催化活性在这个过程中起着重要作用。根据 Sabatier 理论，反应的关键中间体与催化剂之间的结合方式既不能太强也不能太弱，才能使催化剂发挥最佳作用[27]。Nørskov 等人将含氧物种的吸附能作为研究内容，构建了 ORR 活性的火山曲线 [图 2.5（b）]。ORR 火山图由两个电位决定步骤划定，即两端的最高热力学过电位[28]。在该图的左侧区域，中间产物的吸附较强，不仅使产物的解吸变得困难（$^*OH \rightarrow H_2O$），而且还减少了用于吸附 O_2 的催化位点的表面覆盖度，从而阻碍 ORR 过程。相比之下，右侧区域的结合较弱，会限制 O_2 的质子化（$O_2 \longrightarrow {}^*OOH$）和 O-O 键的进一步裂解，可能会降低反应动力学，甚至诱发不利的 $2e^-$ 反应途径。

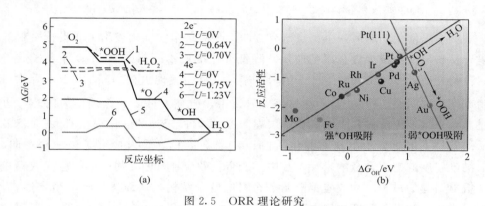

图 2.5　ORR 理论研究

（a）不同反应路径的自由能[27]；（b）不同金属的 ORR 活性与 $^*OH$ 结合的自由能[28]

在所有金属中，贵金属催化剂最接近活性火山图的峰值。基于此，研究人员提出多种贵金属催化剂的设计策略。其中，合金化、纳米化和结构优化等技术手段可以提高贵金属催化剂的本征催化活性和活性中心的暴露度。据报道，ORR催化剂的活性与材料的配体、材料应变效应以及二者的协同作用密切相关。将Pt 与其他金属进行合金化或构造其他金属被 Pt 包覆的核壳结构，已被证明是提高其 ORR 性能的一种有效手段。这不仅能提高 Pt 的利用率，还可以通过配体和应变效应提高 ORR 催化活性。例如，Pt-Pd 合金或 Pd@Pt 核壳结构已被证明具有高的 ORR 催化活性。如图 2.6（a）、（b）所示，Lu 等人通过简单的热还原方法制备一种具有 Pd 核及不同暴露面的超薄 Pt 壳构成的 Pd@Pt 合金催化剂[29]。通过在合金中选择性蚀刻 Pd，可以进一步合成具有低含量 Pd 的 Pt 基多孔纳米结构或纳米笼。Xia 等人通过在具有明确晶面（111 或 100）的 Pd 核上进行 Pt 壳层的沉积，然后选择性蚀刻 Pd 核来获得空心的 Pt-Pd 纳米笼，并结合密度泛函理论（density functional theory，DFT）证明其 ORR 活性提高的原因是Pt-Pt 原子间距离缩短和多孔结构之间的协同作用[30]。不仅如此，纳米笼的内外双表面进一步增加了活性位点的暴露度。在后续工作中，他们使用同样的方法合成了二十面体的 Pt 基纳米笼 [图 2.6（c）、（d）]。

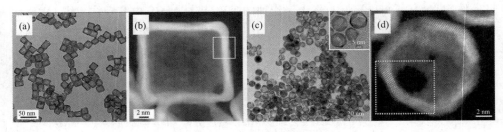

图 2.6　Pt 合金催化材料

（a）、（b）Pd@Pt 核壳结构 TEM 图像[29]；（c）、（d）Pt 基二十面体纳米笼 TEM 图像[30]

贵金属催化剂的另一个重点研究方向，是制备中空结构或引入非贵金属制备复合材料，从而减少贵金属的使用，降低催化剂成本。例如，Chen 等人报道了一种具有高度开放结构的 Pt_3Ni 纳米框架，该材料表现出相当高的 ORR 活性和耐久性，如图 2.7 所示[31]。在另一个研究中，研究人员以碳化钨作为内芯，通过高温自组装方法在其表面沉积一层超薄 Pt 层，所得到的催化剂在 Pt 负载量很低的条件下也能显示出高的催化活性[32]。此外，Luo 等人报道了一种高弯曲、亚纳米厚度的钯钼合金纳米片，其中，合金化效应、弯曲几何引起的应变效应和薄板材引起的量子尺寸效应都能调节材料的电子结构，从而优化氧的结合形式，有望应用于锌燃料和锂燃料电池[33]。

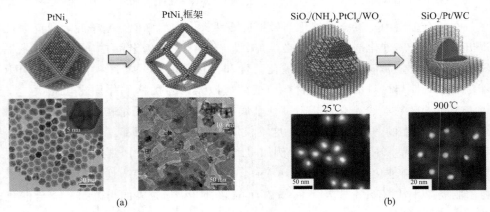

图 2.7　中空贵金属 Pt 基催化剂

（a）$PtNi_3$ 纳米框架[31]；（b）超薄 Pt 多层结构[32]

通常情况下，尽管配体和应变效应会在大多数催化体系中共存，但应变效应往往具有比配体效应更强的作用程度，因此更具影响力。Wang 等人报道了一种通过控制 Pt 的晶格应变来调节 ORR 催化活性的策略，分别证明了该催化剂在拉伸和压缩应变下，ORR 活性的提高或降低机制[34]。此外，研究人员还合成了一种具有高 ORR 活性和耐久性且包含应变的 Pt-Pb/Pt 核/壳纳米片[35]。研究表明，Pt（110）晶面上存在的拉伸应变可以明显提高催化剂的 ORR 活性，如图 2.8 所示。另外，Bu 等人制备了一种一维锯齿状 Pt 纳米线并获得了较高的 ORR 活性，其高活性归因于具有高度应变和配位缺陷的表面特性会导致 Pt-O 的相互作用减弱[36]。在此研究基础上，该团队通过进一步调整应变特性，在 Pd（110）纳米片上实现了更高的 ORR 催化活性。

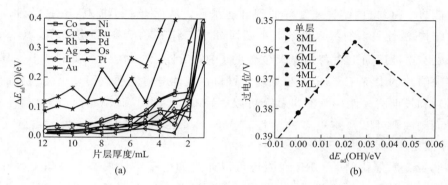

图 2.8　吸附能和催化活性与本征应变的关系

（a）原子氧的吸附能位移与纳米片厚度关系；（b）不同厚度单晶和
应变纳米片的吸附能和过电位的理论计算[35]

　　虽然贵金属催化剂具有优异的 ORR 催化活性，并且这方面的研究已经取得了长足的进步，但是高昂的成本和有限的储量严重阻碍了其商业化进程。此外，尽管贵金属催化剂的 ORR 活性在持续增强，但其耐久性仍需进一步提高。基于以上原因，研究人员已将更多的研究精力投入到非贵金属氧还原催化剂领域。

　　与贵金属催化剂相比，非贵金属催化剂的显著优点为自然储量大、成本低廉和易于大批量制备，并且经过研究人员的不懈努力，非贵金属催化剂已经显示出与贵金属催化剂持平甚至更高的 ORR 活性。基于此，作为非贵金属催化剂的过渡金属化合物，包括其氧化物和硫化物等，已被广泛研究。但这些材料仅在碱性介质中表现出相对更好的 ORR 活性，在酸性环境中的催化性能较差，而且在更高的工作电位下易溶解或氧化腐蚀[37]。与其他过渡金属化合物相比，过渡金属-碳复合材料具有较高的电化学稳定性，可以在酸性介质中表现出更好的 ORR 性能。通常，金属原子和缺陷结构的碳是催化活性位点，因此碳基体的缺陷工程和金属-碳复合材料的特殊结构设计可能是提高催化性能的有效策略。通过具有特定几何形状和形态特征的材料结构设计，可以最大限度地暴露活性位点来改变过渡金属-碳催化剂的表观性质，而杂原子掺杂可以进一步改变其内在性质[38]。目前仍需深入了解此类材料活性位点的催化剂性质和反应机制，以提高非贵金属催化剂的整体效率。

通常情况下，过渡金属氮化物的理化性质相对更稳定，由于 N 原子和金属原子之间的三键具有更高的结合能。然而，即便在旋转圆盘电极（rotating disk electrode，RDE）测试时，它们在酸性环境中的 ORR 活性也不理想。为改善这一现状，研究人员将 Ni 掺杂到 TiN 纳米晶体中合成二元氮化钛镍，其在酸性电解质中显示出高的 ORR 活性，几乎与碱性环境中 Pt/C 催化剂的活性相当，同时也能将 Ti-O 键的结合强度降低到合适水平，从而有助于提高 ORR 活性。随着对结构-活性关系的深入理解，由超薄 $Ti_{0.8}Co_{0.2}N$ 纳米片构建的 $Ti_{0.8}Co_{0.2}N$ 纳米管在电池层面上表现出显著改善的 ORR 活性[39]。在另一项工作中，具有丰富缺陷的 N 掺杂 Co_9S_8/石墨烯复合材料在碱性电解液中也展现出相当好的催化活性和长期耐久性，由于 N 掺杂可以更好调节 Co_9S_8 和 GO 之间的电荷性质，而表面刻蚀则可以暴露更多的活性位点，二者之间的协同效应大大增强了其 ORR 催化性能[40]。

非贵金属催化剂的 ORR 性能还可以通过如电子结构调节、缺陷工程和载体优化等多种策略进行调节。如图 2.9 所示，Sun 等人研究发现通过调节配位数可以有效调控材料的 d 带中心，即配位结构越饱和，d 带中心负位移越大，因此通过减弱 *OH 的吸附，可以有效提高 ORR 活性[41]。Han 等人通过调控钴基催化剂活性位点构型，发现八面体 Co^{3+} 对氧的键合强度适中，能够同时平衡催化剂对氧物种的吸附和脱附过程，其氧析出活性甚至超越 Ru 基贵金属材料[42]。但过渡金属氧化物自身较低的电导率很大程度上限制了其 ORR 活性，因此通常需要使用碳基材料作为载体来提高催化剂整体的电导率和电荷转移能力。

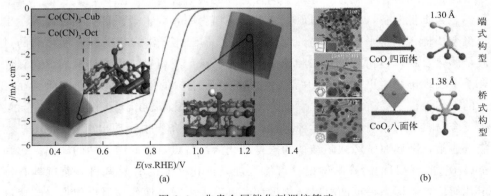

图 2.9　非贵金属催化剂调控策略

(a) $Co(CN)_3$ 结构调控[41]；(b) Co 基尖晶石结构调控[42]

此外，大多数非贵金属催化剂在酸性条件下的耐久性和稳定性不太理想，设计在酸性介质中具有高 ORR 耐久性和稳定性的催化剂材料仍存在一定困难。但基于成本效益和资源储量等方面的考虑，这类材料仍是极具发展潜力的 ORR 催化剂。

2.2.4 空气阴极催化材料的挑战与发展

近年来，金属燃料电池空气阴极催化材料的研究取得了长足进展，尤其是双功能氧催化材料得到大量关注，加速了氧化还原反应的动力学过程，实现了高的能源转化效率。这些策略不仅可以为先进的电极设计提供思路，并且为更合理的双功能氧催化剂设计奠定基础。然而，空气阴极催化材料仍然存在一些关键挑战，可以进一步从以下方面进行优化：

① 针对金属燃料电池反应动力学缓慢的问题，除了提到的解决措施外，利用外场（热、光、电、磁场等能量场）调控空气阴极以增强反应动力学，也被证明是极具希望的研究策略。目前，关于外场辅助提高金属燃料电池反应动力学的研究正在逐渐增加，本书第 8 章将对相关研究进行详细介绍。

② 迫切需要建立对各种缺陷碳或金属基催化剂 OER/ORR 性能全面评价的客观标准。例如，特定缺陷位点在碳基材料上的作用有待得到量化的解释；有必要对含单一缺陷的碳材料进行严格的控制实验；明确金属掺杂量和掺杂位置对缺陷状态的影响。

③ 空气电极的电催化机理可以采用更多原位测试手段加以研究，从而指导催化剂设计和保护处于变化过程中的活性位点。由于传统表征方法无法检测到催化剂在反应过程中活性位点的结构变化，原位表征技术的发展能够为监测复杂的氧催化反应过程提供实时的重要信息。此外，结合理论建模和第一性原理计算有助于揭示氧催化剂在原子水平上的反应特性，指导高性能电催化剂的合理设计。

④ 非贵金属氮掺杂碳基催化材料具备高导电性和良好的结构可控性，但其在催化活性和稳定性上仍有很大的改进空间。考虑到比表面积对活性位点暴露的显著影响，可以进一步优化碳基底与非贵金属之间的耦合，以获得更高的有效比表面积。

⑤ 除了空气电极，碳基材料的研究还可以应用到针对金属燃料电池的整体解决方案中。目前，柔性电子设备显示出广阔的应用前景，柔性的锌空气电池已成为研究的热点。传统的凝胶聚合物电解质和金属板阳极等重要部件亟须引入新型碳基材料，以实现更高的能效和提高阳极材料的利用率，最终提高金属燃料电池的整体能量密度。特别地，阳极问题应引起重视，相关内容已成为当今研究的一个热点领域。

⑥ 微孔在碳基催化剂中的作用还有待进一步阐明，包括对催化活性组分的限制效应、对催化活性位点分布的贡献以及对传质的促进作用。虽然其中某一种作用可以提高空气电极的性能，但也可能会抑制其他作用产生的效果，整体对金属燃料电池带来负面影响。同时，对孔隙结构的了解有助于减少不必要的复杂合成过程，从而更加有效地设计空气阴极。

参考文献

［1］ Peng L，Shang L，Zhang T，et al. Recent Advances in the Development of Single-atom Catalysts for Oxygen Electrocatalysis and Zinc-Air Batteries ［J］. Advanced Energy Materials，2020，10（48）：2003018.

［2］ Shinde S S，Lee C H，Jung J Y，et al. Unveiling Dual-linkage 3D Hexaiminobenzene Metal-organic Frameworks Towards Long-lasting Advanced Reversible Zn-air Batteries ［J］. Energy & Environmental Science，2019，12：727-738.

［3］ Fu J，Cano Z P，Park M G，et al. Electrically Rechargeable Zinc-air Batteries：Progress，Challenges，and Perspectives ［J］. Advanced Materials，2017，29（7）：1604685.

［4］ Yang J，Xu X，Gao Y，et al. Ultra-Stable 3D-printed Zn Powder-based Anode Coated with a Conformal Ion-conductive Layer ［J］. Advanced Energy Materials，2023，13（40），2301997.

［5］ Li Y，Fu J，Zhong C，et al. Recent Advances in Flexible Zinc-based Rechargeable Batteries ［J］. Advanced Energy Materials，2019，9（1）：1802605.

［6］ Peng Y，Lai C，Zhang M，et al. Zn-Sn Alloy Anode with Repressible Dendrite Grown and Meliorative Corrosion Resistance for Zn-air Battery ［J］. Journal of Power Sources，2022，526：231173.

［7］ Wu W，Yan X，Zhan Y. Recent Progress of Electrolytes and Electrocatalysts in Neutral Aqueous Zinc-air Batteries ［J］. Chemical Engineering Journal，2023，451：138608.

［8］ Zhao S，Liu T，Wang J，et al. Anti-CO_2 Strategies for Extending Zinc-air Batteries' Lifetime：A Review ［J］. Chemical Engineering Journal，2022，450：138207.

［9］ Bing Y，Liu H，Zhang L，et al. Nanostructured Pt-alloy Electrocatalysts for PEM Fuel Cell Oxygen Reduction Reaction ［J］. Chemical Society Reviews，2010，39：2184-2202.

［10］ Martinez U，Komini B S，Holby E F，et al. Progress in the Development of Fe-Based PGM-Free Electrocatalysts for the Oxygen Reduction Reaction ［J］. Advanced Materials，2019，31（31）：1806545.

［11］ Shao M，Merzougui B，Shoemaker K，et al. Tungsten Carbide Modified High Surface Area Carbon as Fuel Cell Catalyst Support ［J］. Journal of Power Sources，2011，196（18）：7426-7434.

［12］ Jordan L R，Shukla A K，Behrsing T. Diffusion Layer Parameters Influencing Optimal Fuel Cell Performance ［J］. Journal of Power Sources，2000，86（1-2）：250-254.

［13］ Trogadas P，Fuller T F，Strasser P. Carbon as Catalyst and Support for Electrochemical Energy Conversion ［J］. Carbon，2014，75：5-42.

［14］ Montfort H，Li M，Irtem E，et al. Non-invasive Current Collectors for Improved Cur-

rent-density Distribution During CO_2 Electrolysis on Super-hydrophobic Electrodes [J].
Nature Communications，2023，14：6579.

[15] Liu X，Park M，Kim M G，et al. High-performance Non-spinel Cobalt-manganese Mixed
Oxide-based Bifunctional Electrocatalysts for Rechargeable Zinc-air Batteries [J]. Nano
Energy，2016，20：315-325.

[16] Li H，Zhao H，Tao B，et al. Pt-based Oxygen Reduction Reaction Catalysts in Proton
Exchange Membrane Fuel Cells：Controllable Preparation and Structural Design of Cata-
lytic Layer [J]. Nanomaterials，2022，12（23）：4137.

[17] Wu J，Liu B，Fan X，et al. Carbon-based Cathode Materials for Rechargeable Zinc-air
Batteries：From Current Collectors to Bifunctional Integrated Air Electrodes [J]. Carbon
Energy，2020，2（3）：370-386.

[18] Zlotorowicz A，Jayasayee K，Dahl P I，et al. Tailored Porosities of the Cathode Layer
for Improved Polymer Electrolyte Fuel Cell Performance [J]. Journal of Power Sources，
2015，287：472-477.

[19] Chebbi R，Beicha A，Daud W R W，et al. Surface Analysis for Catalyst Layer（PT/PT-
FE/C）and Diffusion Layer（PTFE/C）for Proton Exchange Membrane Fuel Cells Sys-
tems（PEMFCs）[J]. Applied Surface Science，2009，255（12）：6367-6371.

[20] Selvarani G，Sahu A K，Sridhar P，et al. Effect of Diffusion-layer Porosity on the Per-
formance of Polymer Electrolyte Fuel Cells [J]. Journal of Applied Electrochemistry，
2008，38（3）：357-362.

[21] Xie M，Huang Z，Lin X，et al. Oxygen Selective Membrane Based on Perfluoropoly-
ether for Li-air Battery with Long Cycle Life [J]. Energy Storage Materials，2018，20：
307-314.

[22] Suntivich J，Gasteiger H A，Yabuuchi N，et al. Design Principles for Oxygen-reduction
Activity on Perovskite Oxide Catalysts for Fuel Cells and Metal-air batteries [J]. Nature
Chemistry，2011，3：546-550.

[23] Laoire C O，Mukerjee S，Abraham K M. Influence of Nonaqueous Solvents on the Elec-
trochemistry of Oxygen in the Rechargeable Lithium-Air Battery [J]. The Journal of
Physical Chemistry C，2010，114（19）：9178-9186.

[24] Qin L，Schkeryantz L，Zheng J，et al. Superoxide-Based K-O_2 Batteries：Highly Re-
versible Oxygen Redox Solves Challenges in Air Electrodes [J]. Journal of the American
Chemical Society，2020，142（27）：11629-11640.

[25] Li H，Kelly S，Guevarra D，et al. Analysis of the Limitations in the Oxygen Reduction
Activity of Transition Metal Oxide Surfaces [J]. Nature Catalysis，2021，4：463-468.

[26] Halina S W，Pan Y C，Razumney G. Electroreduction of Oxygen：A New Mechanistic
Criterion [J]. Journal of Electroanalytical Chemistry and Interfacial Electrochemistry，
1976，69（2）：195-201.

[27] Wang Y，Wang D，Li Y. A Fundamental Comprehension and Recent Progress in Ad-
vanced Pt-based ORR Nanocatalysts [J]. SmartMat，2021，2（1）：56-75.

[28] Kulkarni A，Siahrostami S，Patel A，et al. Understanding Catalytic Activity Trends in
the Oxygen Reduction Reaction [J]. Chemical Reviews，2018，118（5）：2302-2312.

[29] Lu N, Wang J, Xie S, et al. Aberration Corrected Electron Microscopy Study of Bime-tallic Pd-Pt Nanocrystal: Core-shell Cubic and Core-frame Concave Structures [J]. Journal of Physical Chemistry C, 2014, 118 (49): 28876-28882.

[30] Zhu J, Lang X, Lyu Z, et al. Janus Nanocages of Platinum-group Metals and Their Use as Effective Dual-electrocatalysts [J]. Angewandte Chemie International Edition, 2021, 60 (18): 10384-10392.

[31] Chen C, Kang Y, Huo Z, et al. Highly Crystalline Multimetallic Nanoframes with Three-dimensional Electrocatalytic Surfaces [J]. Science, 2014, 343 (6177): 1339-1343.

[32] Hunt S T, Milina M, Alba-Rubio A C, et al. Self-assembly of Noble Metal Monolayers on Transition Metal Carbide Nanoparticle Catalysts [J]. Science, 2016, 352 (6288): 974-978.

[33] Luo M, Zhao Z, Zhang Y, et al. PdMo Bimetallene for Oxygen Reduction Catalysis [J]. Nature, 2019, 574: 81-85.

[34] Wang H, Xu S, Tsai C, et al. Direct and Continuous Strain Control of Catalysts with Tunable Battery Electrode Materials [J]. Science, 354 (6315): 1031-1036.

[35] Wang L, Zeng Z, Gao W, te al. Tunable Intrinsic Strain in Two-dimensional Transition Metal Electrocatalysts [J]. Science, 2019, 363 (6429): 870-874.

[36] Bu L, Shao Q, Pi Y, et al. Coupled s-p-d Exchange in Facet-Controlled Pd_3Pb Tripods Enhances Oxygen Reduction Catalysis [J]. Chem, 2018, 4 (2): 359-371.

[37] Cui P, Zhao L, Long Y, et al. Carbon-Based Electrocatalysts for Acidic Oxygen Reduction Reaction [J]. Angewandte Chemie International Edition, 2023, 62 (14): e202218269.

[38] Wan K, Chu T, Li B, et al. Rational Design of Atomically Dispersed Metal Site Electrocatalysts for Oxygen Reduction Reaction [J]. Advanced Science, 2023, 10 (11): 2203391.

[39] Tian X, Wang L, Chi B, et al. Formation of a Tubular Assembly by Ultrathin $Ti_{0.8}Co_{0.2}N$ Nanosheets as Efficient Oxygen Reduction Electrocatalysts for Hydrogen-/Metal-Air Fuel Cells [J]. ACS catalysis, 2018, 8 (10): 8970-8975.

[40] Dou S, Tao L, Huo J, et al. Etched and doped Co_9S_8/graphene hybrid for oxygen electrocatalysis [J]. Energy & Environmental Science, 2016, 9: 1320-1326.

[41] Sun K, Dong J, Sun H, et al. Co $(CN)_3$ Catalysts with Well-defined Coordination Structure for the Oxygen Reduction Reaction [J]. Nature Catalysis, 2023, 6: 1164-1173.

[42] Han X, He G, He Y, et al. Engineering Catalytic Active Sites on Cobalt Oxide Surface for Enhanced Oxygen Electrocatalysis [J]. Advanced Energy Materials, 2017, 8 (10): 1702222.

第 3 章

铝燃料电池

铝是地壳中含量最丰富的金属元素，铝燃料电池具有理论能量密度高（约 $8100\mathrm{W \cdot h \cdot kg^{-1}}$）、成本低和环境友好的特点，被认为是理想的新一代能量储存和转换装置。铝燃料电池是以铝为阳极，以空气为氧化介质，以海水、食盐水或碱性溶液为电解液构成的一种电池体系。本章从铝矿产资源角度出发，介绍了铝的基本性质、国内分布、铝的制备技术以及应用；而后进一步介绍了铝燃料电池的基本结构、性能和特点、国内外研究进展；最后对铝燃料电池的未来发展做出展望，包括铝燃料电池的绿色回收和实际应用。

3.1
铝资源

3.1.1 铝的性质

铝是一种化学元素，属于硼族元素，其化学符号是 Al，原子序数是 13，位于元素周期表中第 3 周期ⅢA 族，原子量为 26.98。铝是一种质地较软、易延展的银白色金属，重量轻，易于变形。铝有许多理想的特性，已广泛应用于工商业。铝在 4K 至熔点的条件下结晶成为一种稳定的面心网格结构，配位数为 12。

（1）物理性质

铝的常见物理性质如表 3.1 所示，从中可以看出铝的特点。其中，高纯铝的铝含量为 99.996%，熔点为 933.4K，纯度越高，熔点相应越高。金属铝的沸点也与纯度有关，纯度越高，沸点越低。金属铝的密度随纯度变化的情况相对复杂，元素 Fe、Cu、Mn、V、Cr、Ti 和 Pb 等使金属铝密度增加，元素 B、Ca、Mg、Li 和 Si 等则相反。金属铝的热导率与杂质含量有关，大多数铝合金的热导率只有纯铝的 40%～50%。除此之外，铝还具有优良导电性、高反射性等特性。

（2）化学性质

铝离子具有较高的电荷/半径比率，可以和富含电子的氯化物和氟化物形成复合物。铝的化学特性类似于铍和硅，其二重性的特征决定了铝可以与无机酸及强碱发生反应。当铝与氧气、水，或其他氧化剂相接触时，其表面会迅速形成一层连续的氧化铝薄膜，使其具有高度的耐腐蚀性。但这层氧化铝薄膜可溶解于酸性或碱性溶液中，从而使铝裸露并发生进一步的化学反应。金属铝在 180℃ 以上的温度条件下可与水发生反应，产生氢氧化铝和氢，并可与许多金属氧化物反应生成三氧化二铝和其他金属。这一反应可用于生产特定的金属材料，如锰和铁钛合金。

由于铝及其合金高的导电和导热性、低密度和高度耐腐蚀性，其应用广泛。纯铝质地柔软，强度差，但当与少量的铜、镁、硅、锰及其他元素形成合金后，可大大改善其强度，扩大其适用范围。合金铝的质地轻、坚固，且易于加工成不同的形状。

表3.1 高纯金属铝和普通纯度铝的物理性质

物理性质		高纯金属铝(99.996%)	普通纯度铝(99.5%)
原子量		26.9815	—
晶格常数(面心立方,20℃)/nm		$\alpha = 0.40494$	$\alpha = 0.404$
固体密度(20℃)/(g·cm^{-3})		2.698	2.71
液体密度/(g·cm^{-3})	700℃	2.357	2.373
	900℃	2.304	—
熔点/℃		660.2	约650
沸点/℃		2372	—
比热容(100℃)/(J·g^{-1}·℃$^{-1}$)		0.932	—
热传导率(25℃)(CGS)[①]		0.56	0.53(软状态)
电导率(相对于标准铜)/%		64.94	59(软状态)57(硬状态)
电阻率/($\mu\Omega$·cm)	60℃	24	20
	20℃	2.6548	2.922(软状态)
	20℃	—	3.025(硬状态)
电阻温度系数/℃$^{-1}$		4.2×10^{-3}	4.0×10^{-3}

① CGS是国际通用的单位制式，即Centimeter-Gram-Second（system of units）厘米-克-秒单位制。

3.1.2 铝资源概况

铝是地壳中分布最广、含量最多的元素之一，仅次于氧和硅，排名第三。因为铝的化学活性较高，所以在自然界中以化合物的形式存在。地壳中有270种铝矿物，其中约40%为各种铝硅酸盐，可作为提取铝的矿物。其中，铝土矿是生产氧化铝和氢氧化铝的最佳原料。目前，中国是世界上最大的铝生产国和消费国，铝土矿开采量也逐年增加。但是我国铝土矿可开发利用的储量资源严重不足，对国外的依赖性较大。铝土矿已成为中国主要紧缺矿产资源之一，被列入中国战略性矿产目录。

3.1.3 铝的制备技术

原铝由霍尔-埃鲁法生产，即以氧化铝为原料、冰晶石及添加剂为电解质，熔盐电解得到原铝。所得到的原铝中会掺杂硅、铁、钛等杂质元素，这些杂质的存在会影响铝的理化性质和力学性能，因此必须通过精炼手段去除杂质。高纯铝的提取方法有三层液电解法、偏析法、区域熔炼法和有机物溶液电解法，当前应用最广的是三层液电解法和偏析法，85％以上的高纯铝都是通过这两种方法制备得到的。

3.1.3.1　三层液电解法

三层液生产的主要设备就是精铝槽，我国三层液铝精炼电解槽的电流已经达到 $85kA$，电流密度与电解槽容量有关，现代大容量电解槽的电流密度为 $0.50 \sim 0.60A \cdot cm^{-2}$。铝的电解精炼基于在阳极合金的各种金属元素只有铝在阴极上溶解，而硅、铜、铁和其他活性低于铝的元素不溶解并留在合金中这一原理。阳极上的电化学溶解反应为：

$$Al - 3e^- \longrightarrow Al^{3+} \tag{3.1}$$

因此，电解液中除了原有的 Na^+、Ba^{2+}、Al^{3+}、F^-、AlF_4^-、Cl^- 和 AlF_6^{3-} 之外，仅增加了上述反应中产生的 Al^{3+}。这些迁往阴极的各种阳离子中，铝的电极电位较高，因此 Al^{3+} 优先在阴极上获得电子并以金属铝的形式析出，反应式为：

$$Al^{3+} + 3e^- \longrightarrow Al \tag{3.2}$$

其余的阳离子如 Ba^{2+} 和 Na^+ 的电位较低，不易析出，而电解液本身含有的比铝电位更高的元素，如 Si 和 Fe，它们在阴极上的沉积会降低铝的纯度。因此，电解液应选用纯原料，并在母槽中进行预电解以去除杂质。电解精炼的最终结果是铝从阳极合金中溶出并沉积在阴极上，从而得到纯度为 99.99％的铝。

3.1.3.2　偏析法

三层液电解精炼法生产精铝耗电量较大，相比之下，产量大、能耗低、成本低的偏析法在铝工业中得到了更多的应用。通常，当原铝从熔融状态缓慢冷却并达到其初始结晶点时，高纯铝颗粒出现结晶，然后将铝颗粒从剩余的液态铝中分离出来，得到所需的偏析产物，其杂质含量远低于原铝中的杂质含量。在工业生产中，从 99.8％的原铝中可提取纯度为 99.95％的铝，提取率为 5％～10％。偏析熔炼法根据采用的具体工艺不同，又分为分步结晶法和定向凝固提纯法，定向凝固提纯装置如图 3.1 所示。

3.1.3.3　区域熔炼法

区域熔炼法是将高纯铝棒放入专用加热炉中，沿同一方向缓慢移动加热区

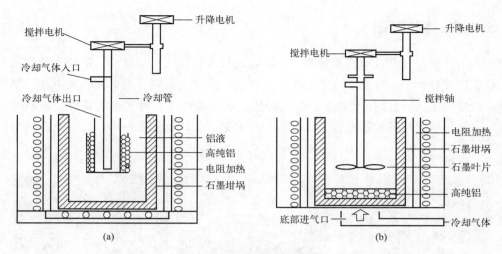

图 3.1　定向凝固提纯装置

（a）冷却管凝固法提纯装置；（b）底部凝固法提纯装置[1]

域，形成熔融带，在铝的凝固过程中，杂质在固相中的溶解度小于在熔融金属中的溶解度，因此当金属凝固时，大部分杂质将汇集在熔区内，随着熔区逐渐移动，杂质会跟着转移，最后富集在铝棒的尾部，其提纯示意图如图 3.2 所示。目前区域熔炼法的生产效率很低，无法实现工业化生产，其超纯铝制品多用于高精度领域。

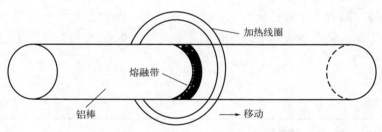

图 3.2　区域熔炼提纯示意图[1]

3.1.3.4　有机溶液精炼法

铝的电位比氢更低，不能采用电解含铝水溶液的方法制取或精炼铝，而只能用熔盐电解的方法。熔盐电解过程一般在高于铝熔点的条件下进行，在该条件下，一些杂质也会进入阴极铝中，难以获得纯度 99.999% 或更高的高纯铝。相比之下，有机溶液电解法则可以在低的电解温度下进行，可避免杂质进入阴极铝中而能获得高纯铝。

3.1.4　铝的应用

铝及铝合金是目前应用最广泛、成本较低的材料之一。目前，铝的产量和消费量（按吨计算）仅次于钢铁，是人类应用的第二大金属。铝资源非常丰富，铝矿储量占地壳成分的 8% 以上。铝的轻质和耐腐蚀性是其两大突出特性。虽然纯铝质地较软，但各种铝合金，如硬铝、超硬铝、防锈铝和铸铝等，已广泛应用于飞机、汽车、火车、船舶等制造业（图 3.3）。

图 3.3　铝合金应用实例（来源：轻研课堂｜铝合金在民用领域的应用）

在汽车制造行业中，使用量最大的材料是铸造铝合金，其工艺包括重力铸造、低压铸造、压铸等。铸造铝合金具有较好的导热性和耐腐蚀性，主要用于制造发动机气缸体、变速器、油缸等汽车构件；而变形铝合金拥有组织致密、成分性能均匀、强度高、塑性好等特点，主要用于制造车门、保险杠、座位、各种器件保护罩等。随着汽车轻量化成为必然趋势，铝合金以力学性能优异、成本低、加工方式多样的特点成为汽车轻量化的主要选材，铝合金将以更多的产品形式出现在大众视野。

3.2
铝燃料电池概述

3.2.1　铝燃料电池的基本原理

铝燃料电池由金属铝阳极、空气阴极和电解液组成，根据电解液不同，可分为碱性和盐性铝燃料电池。盐性条件下（电解液为 $NaCl$、NH_4Cl 水溶液或者海水）的化学反应如下：

阳极：　　　　　　　$Al + 3OH^- \longrightarrow Al(OH)_3 + 3e^-$ 　　　　　（3.3）

$$\text{阴极：} \qquad O_2 + 2H_2O + 4e^- \longrightarrow 4OH^- \qquad\qquad (3.4)$$

$$\text{总反应：} \qquad 4Al + 3O_2 + 6H_2O \longrightarrow 4Al(OH)_3 \qquad\qquad (3.5)$$

在碱性条件下（电解液为 NaOH、KOH 水溶液）的化学反应如下：

$$\text{阳极：} \qquad Al + 4OH^- \longrightarrow Al(OH)_4^- + 3e^- \qquad\qquad (3.6)$$

$$\text{阴极：} \qquad O_2 + 2H_2O + 4e^- \longrightarrow 4OH^- \qquad\qquad (3.7)$$

$$\text{总反应：} \qquad 4Al + 3O_2 + 6H_2O + 4OH^- \longrightarrow 4Al(OH)_4^- \qquad\qquad (3.8)$$

在两种条件下都会发生的腐蚀反应：

$$2Al + 6H_2O \longrightarrow 2Al(OH)_3 + 3H_2\uparrow \qquad\qquad (3.9)$$

铝燃料电池的电解液可以是中性溶液，也可以是碱性溶液。由于盐溶液中会形成凝胶状放电产物，导致电阻增大，从而降低电池效率，而碱性溶液中则不会出现这种情况，所以从电池效率考虑，优先选用碱性溶液作为电解液。

3.2.2 铝燃料电池的结构

铝燃料电池是以高纯铝（含铝 99.99%）或者铝合金为负极，以空气中的氧气为正极，以海水、食盐水、碱性溶液为电解液构成的一种燃料电池体系。铝燃料电池结构如图 3.4 所示，在放电过程中，空气中的氧气通过扩散的方式进入空气阴极并与金属铝发生化学反应而释放出电能。由于氧气直接来自大气，不需要额外的储氧空间，铝燃料电池的能量密度主要取决于铝电极。

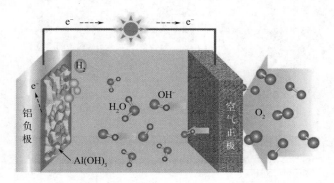

图 3.4 铝燃料电池的结构[2]

对于空气电极来说，ORR 效率低下是铝燃料电池应用的主要障碍。铝燃料电池中铝阳极面临的关键挑战包括自腐蚀（寄生析氢）和钝化（在电极上形成钝化氢氧化物层）。为了克服这些问题，本章将介绍几种抑制铝基阳极自腐蚀、克服钝化氢氧化物层和实现高能量密度的原理和策略。铝燃料电池的电解质可以是基于水和非水体系的液态或凝胶电解质，常用的水系电解质包括碱性氢氧化物

（NaOH 或 KOH）和中性盐水（NaCl）。碱性铝燃料电池的能量密度为 400W·h·kg^{-1}，远高于中性铝燃料电池（220W·h·kg^{-1}），由于碱性溶液具有比中性溶液更强的溶解铝阳极和钝化产物 Al(OH)$_3$ 的能力以及更高的离子电导率。但暴露的铝会与羟基离子发生剧烈反应，随着氢气的过量释放，铝阳极会发生严重的极化和自腐蚀。因此，各种电解质添加剂被开发用来调节碱性铝燃料电池的性能。

3.2.3 铝燃料电池的特点

铝具有高的理论容量（2980A·h·kg^{-1}），铝燃料电池的实际能量密度可达 450W·h·kg^{-1}，功率密度为 50～200W·kg^{-1}。铝反应时每个原子释放 3 个电子，而锌、镁仅释放 2 个，锂释放 1 个，因此铝成为金属燃料电池阳极材料的最佳选择之一。铝燃料电池的特点总结如图 3.5 所示。

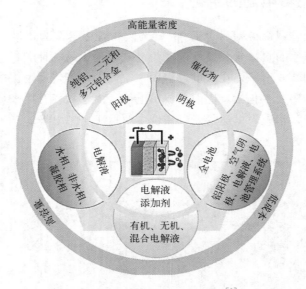

图 3.5　铝燃料电池特点总结[2]

表 3.2 给出当前常见电池的性能参数，可以看出，与锂离子电池相比，铝燃料电池具有更高的能量密度。对于电动车而言，可以像燃油车加油一样，通过补充铝"燃料"使其持续行驶。除了铝燃料电池，其他金属燃料电池，如锂-氧气电池、镁-氧气电池、钙-空气电池也已经被研究，但是在实际工作中，铝燃料电池只消耗空气中的氧气，仅需要补充电解液和高纯铝或者铝合金即可。相比于其他电池，铝燃料电池优势显著。

表 3.2　常见电池性能参数

电池类型	能量密度/W·h·kg^{-1}	功率密度/W·kg^{-1}	循环寿命	充电时间/h
铅酸电池	30～40	200～400	500 次	8～12
镍镉电池	50～60	200～400	1000 次	4～8
镍氢电池	70～80	400～1200	1000 次	4～8
锂离子电池	100～120	400～1000	1000 次	6～8
锌燃料电池	180～220	100～200	>1000h	0.3
铝燃料电池	500～650	300～500	>1000h	0.3

3.3
铝燃料电池研究进展

19 世纪末，科研人员开始尝试使用金属铝作为负极组装电池，但铝电极表面富含一层在中性电解液中难以溶解的氧化膜，导致负极极化严重。尽管该氧化膜在碱性电解液中易于溶解，但铝电极的腐蚀却非常严重，制约了铝基电池的研究和应用。

铝燃料电池的研究始于 20 世纪 60 年代，1962 年 Zaromb 报道了铝燃料电池的相关研究工作，表明铝燃料电池的可行性，并指出该电池高的能量密度和功率密度使其在储能领域具有良好的应用前景。随后，铝燃料电池受到越来越多关注，逐渐被研发并应用于应急电源、电动汽车、潜艇供能系统等[3]。20 世纪 80 年代末至 90 年代初，国内也开始开展铝燃料电池的相关研究，代表性的研究单位包括重庆西南铝厂、天津大学、哈尔滨工业大学、中南大学、北京航空航天大学、武汉大学等。目前，我国已研制出 3kW 中性盐溶液铝燃料电池和 1kW 碱性铝燃料电池组以及船用大功率中性电解液铝燃料电池组，而高性能铝燃料电池对阳极、阴极及电解液提出了更高要求（图 3.6）。

3.3.1　铝金属阳极

铝燃料电池采用高纯铝或铝合金作为电池阳极。铝本质上是耐侵蚀的，接触水和空气后其表面会形成一层 Al_2O_3 氧化膜，抑制了铝的氧化反应，使其处于钝化状态。不仅如此，铝的大部分电势也会因阳极极化而损失。在碱性条件下，铝阳极很容易发生化学腐蚀，腐蚀速率会随着阳极的溶解而逐渐增大。另

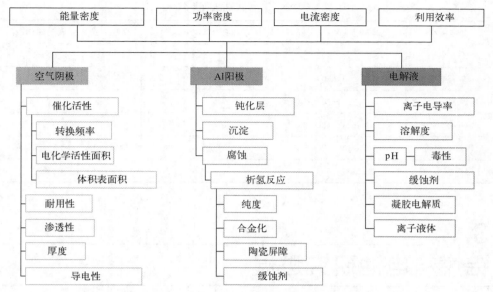

图 3.6　铝燃料电池的发展对空气阴极、铝阳极和电解液的要求[4]

外，铝在水溶液中的腐蚀反应会产生氢气，存在安全问题。因此，当应用于燃料电池时，铝必须在电池反应中表现低的腐蚀速率以及低的阳极过电势和腐蚀电势。

早在 20 世纪 50 年代，铝合金阳极的重要价值已被人们所认识，主要是用于阴极保护的牺牲阳极材料。电池用铝合金阳极的开发始于二元合金，但是其电流效率低等电化学性能方面的缺陷不能满足实际应用的需要。相比之下，三元合金的研制使得铝合金的电流效率大大提高，促进了铝合金阳极的应用快速发展，同时对铝合金的溶解机理也进行了相关研究[5]。为了进一步提高其电流效率、溶解性及电化学性能，科研人员又在三元的基础上添加了第四种、第五种甚至多种合金元素，从而形成一系列具有较好电化学性能的多元铝合金阳极材料[6]。

3.3.1.1　二元合金

MacDonald 通过在纯铝中分别添加 Te、In、Ga、Zn、Bi 和 Ti 元素，制备一系列二元合金，并研究了这些合金在 $4mol \cdot L^{-1}$ KOH 中 50℃ 条件下的腐蚀行为，发现 Al-0.1Te、Al-0.1Zn、Al-0.01Ga 和 Al-0.01In 合金的耐腐蚀性较好。一般而言，Sn、Ga 和 In 用于活化 Al，这些元素的百分比对合金的耐腐蚀性至关重要[7]。相应的 Al-Sn、Al-Ga 和 Al-In 二元合金及其活化机制已经被深入研究[8-13]，但是它们仍不能满足作为电池材料的要求。

表 3.3 总结了文献中基于超纯铝制备的二元铝合金阳极组装的碱性铝燃料电池的性能。其中，Ga、In 和 Sn 的研究居多，对超纯 Al 阳极的活化效果较好。早期报道的半电池实验表明，在碱性和中性介质中添加少量 Ga、In 或 Sn，阳极电流都会显著增加。例如，以 Al-0.1% Ga 为阳极的铝燃料电池在 $1mol \cdot L^{-1}$ KOH 条件下以 $40mA \cdot cm^{-2}$ 放电时，阳极效率为 84.7%，工作电压高达 0.86V，远高于 5N（5N 为分析纯，纯度为 99.7%）级纯铝电池的 0.18V[8,9]。第一性原理计算成功地预测了四种固溶体二元铝合金（Al＜Al-Mn＜Al-Mg＜Al-Zn＜Al-Ga）的开路电位[14]，解释了 Ga 是最适用的铝合金活化剂的原因。即便如此，在低电流密度下，阳极效率仍仅约 6%。该结果与早期的研究结果一致，即 Ga 在碱性溶液（50℃）中使 4N（纯度 99.99%）纯铝的自腐蚀加重 20 倍[7]。

表 3.3　超纯铝制备的二元铝合金阳极用于碱性铝燃料电池的性能研究

阳极	电解液	工作电压/V	阳极效率/%	能量密度/$W \cdot h \cdot kg^{-1}$	参考文献
5N Al	$4mol \cdot L^{-1}$ NaOH	1.04	84.0	2603	[9]
Al-0.5In		1.39	32.0	1326	
5N Al	—	1.22	49.4	1790	[15]
Al-0.1Li		1.26	54.0	2032	
Al-0.1Sn	—	1.41	67.2	2824	[16]
5N Al	$1mol \cdot L^{-1}$ KOH	0.71	85.6	1810	[8]
Al-0.1Ga		1.19	77.3	2741	
Al-0.1In		1.31	79.8	3115	
Al-0.1Sn		1.01	87.4	2630	
5N Al	$4mol \cdot L^{-1}$ KOH	1.30	53.2	2061	[17,18]
Al-Mn		1.28	60.0	2280	
Al-0.06Sb		1.40	90.0	3781	
Al-0.1Sn	—	约 0.8	86.2	2056	[19]
Al-1.0Mg	—	约 0.92	91.4	2505	[20]
Al$_{60}$Zn$_{40}$	$6mol \cdot L^{-1}$ KOH	约 1.25	—	—	[21]
Al-12.5Si	Emim(HF)$_{2.3}$	1.30	53.2	2061	[22]

3.3.1.2　三元合金

由于二元合金阳极难以平衡活化和自腐蚀，多组分铝阳极进一步被研究。部分商业阳极，如 AB50（Al-Sn-Ga）、EB50V（Al-Mg-Sn）和 BDW（Al-Mg-Mn-

In），由早期的制造商开发。

在诸多三元合金中，研究者已经证明 Al-0.01In-0.01Ga 阳极具有高活性和良好的腐蚀稳定性[23]；Al-0.8Mg-0.04Ga 阳极在 60℃ 4mol·L^{-1} NaOH 中表现出比超纯铝和商业纯铝更多的负阳极电位；而高镓含量的 RX-808 合金（Al-0.815Mg-0.67Ga）的腐蚀速率是 4N Al 的 13 倍[7]。另外，在 0.5mol·L^{-1} NaCl 溶液中，Ga 使 Al-Zn 阳极（相对于 SCE 为 -0.97~-1.27V）和 Al-In 阳极（相对于 SCE 为 -1.64~-1.78V）的腐蚀电位向低电位方向移动[24]，两种合金的受腐蚀情况如图 3.7 所示。

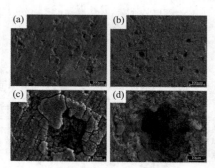

图 3.7　合金表面受攻击区域的 SEM 图像[24]

3.3.1.3　四元合金

报道表明，在 Al-Mg-Ga-Sn 阳极中添加 1％（质量分数）的 Zn，阳极效率可以从 22.3％提高到 36.7％[25]，由于锌能有效降低铝的阳极极化，而 Mg 可以作为铝基阳极的晶粒细化剂，因此这两种元素是提高放电活性的关键成分。同时，如图 3.8 所示，添加 Mn 和 Sb 可显著降低铝阳极极化，其电压和峰值功率密度分别达到 1.21V 和 96mW·cm^{-2}[18]，这是由于析出物激活了晶界。

铝基四元合金还包括 Al-1.5Bi-1.5Pb-0.035Ga[26]。在 KOH 溶液中，由于 Bi、Pb 和 Ga 在 Al 表面的沉积，其 HER（析氢反应）过电位升高，自腐蚀延缓。该阳极的功率密度为 253.4mW·cm^{-2}，远高于 4N Al。

3.3.1.4　五元及以上合金

Al-Pb-In-Ga-X 系列合金在 25％KOH 与 3.5％NaCl 介质中、电流密度为 800mA·cm^{-2} 时的开路电位可达 -1.45V（vs. Hg/HgO）。研究表明，Al 合金的腐蚀速率随 Ga 含量的增加而同步增加，析氢速率随时间的推移而增大，说明 Ga 使铝阳极表面反应活性位点增多，提高了析氢速率。制备的 Al-0.6Mg-

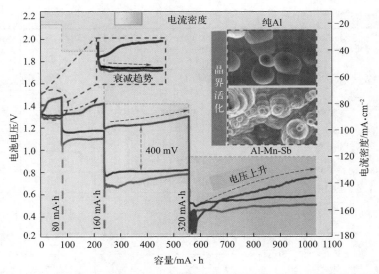

图 3.8　Al-Mn-Sb 阳极在碱性电解液中的放电曲线（插图为 SEM 图像对比）[18]

0.05Ga-0.1Sn-0.1In 合金在 4mol·L^{-1} KOH 电解液中、在更高的电流密度下表现出更高的工作电压、能量密度和功率密度[27]。

表 3.4 总结了目前典型铝阳极的电化学性能。

表 3.4　目前典型铝阳极电化学性能[25,28-30]

合金	电解液	工作电压/V	利用效率/%
Al	2mol·L^{-1} NaCl	0.565	81.4
Zn	2mol·L^{-1} NaCl	0.759	68.1
Al-0.5Mg-0.02Ga-0.1Sn	2mol·L^{-1} NaCl	1.185	63.2
Al-0.5Mg-0.02Ga-0.1Sn-0.5Mn	2mol·L^{-1} NaCl	1.236	85.3
	2mol·L^{-1} NaCl	1.116	83.7
	4mol·L^{-1} NaOH	1.355	4.6
Al-0.5Mg-0.02Ga-0.1Sn-0.5Mn	4mol·L^{-1} NaOH+0.2mol·L^{-1} ZnO	1.304	5.9
	7mol·L^{-1} KOH	1.471	2.85
	7mol·L^{-1} KOH+0.2mol·L^{-1} ZnO	1.178	5.02
	2mol·L^{-1} NaCl	1.09	73.5
Al-1Mg-0.1Ga-0.1Sn	4mol·L^{-1} NaOH	1.56	22.3
	7mol·L^{-1} KOH	1.49	20.9
	2mol·L^{-1} NaCl	1.17	74.3
Al-1Mg-1Zn-0.1Ga-0.1Sn	4mol·L^{-1} NaOH	1.60	36.7
	7mol·L^{-1} KOH	1.50	30.8

合金	电解液	工作电压/V	利用效率/%
Al-0.5Mg-0.1Sn-0.02In	2mol·L^{-1} NaCl	0.43	85.4
	4mol·L^{-1} NaOH	1.22	4.6
	4mol·L^{-1} NaOH+10%乙醇	1.15	42.7
Al-0.5Mg-0.1Sn-0.02In	2mol·L^{-1} NaCl	0.23	83.7
	4mol·L^{-1} NaOH	1.22	4.6
Al-0.5Mg-0.1Sn-0.02Ga	2mol·L^{-1} NaCl	1.07	67.8
	4mol·L^{-1} NaOH	1.19	18.4
Al-0.5Mg-0.1Sn-0.02In-0.1Si	2mol·L^{-1} NaCl	0.46	85.4
	4mol·L^{-1} NaOH	1.47	29.2
Al-0.5Mg-0.1Sn-0.02Ga-0.1Si	2mol·L^{-1} NaCl	1.13	78.1
	4mol·L^{-1} NaOH	1.57	22.4

3.3.2 铝燃料电池的电解液及添加剂

铝燃料电池电解质可以分为水系电解质和非水系电解质两种，水系电解质可根据 pH 值分为中性电解质和碱性电解质。铝燃料电池最常用的碱性电解质，如氢氧化钾和氢氧化钠溶液，浓度在 1~10mol·L^{-1} 不等。

3.3.2.1 水系电解液

在水系中性电解液中，由于纯铝表面会自动形成一层氧化膜，导致铝的反应活性显著降低，其输出电压远小于理论值。因此，中性电解液铝燃料电池一般应用在小功率用电方面。

20 世纪 70 年代初，科研人员研究了中性盐溶液电解质的可行性。根据报道，纯铝在氯化钠溶液中反应，其电压值为 $-0.65~-1.1V$。该电压取决于 NaCl 溶液的浓度和温度，NaCl 溶液的浓度和温度越高其电压值越大。不同地，Al-In 合金在中性盐溶液中的电压值为 $-1.4~-1.7V$，且合金的腐蚀速率比高纯铝较低。铝在 NaCl 溶液中发生的电化学反应如下：

$$Al+H_2O \longrightarrow AlOH+H^+ +e^- \tag{3.10}$$

$$AlCl_3 +Cl^- \longrightarrow [AlCl_4]^- \tag{3.11}$$

$$AlOH+Cl^- \longrightarrow AlOHCl+e^- \tag{3.12}$$

之后，研究人员又对 Al-Mg 合金在不同 pH 下的 NaCl 溶液中的腐蚀行为进行了研究，解释了在阻抗谱（EIS）低频部分出现的感抗弧是铝的点蚀行为。利用 EIS 进一步研究了纯铝在 NaCl 溶液中的活化溶解行为，发现 Zn^{2+}、In^{3+} 等离子的添加使铝表面氧化膜的状态发生改变，所形成的不完整氧化膜使铝电极得以活化[31]。

碱性溶液中，铝电极表面的氧化膜可以被电解液溶解，且铝的活性较高，因此表现出高的能量密度和功率密度。铝阳极在碱性电解液中的放电反应如下：

$$Al+4OH^- \longrightarrow Al(OH)_4^- +3e^-, \quad E_{阳}=-2.35V(vs.SHE) \quad (3.13)$$

$$O_2+2H_2O+4e^- \longrightarrow 4OH^-, \quad E_{阴}=0.4V(vs.SHE) \quad (3.14)$$

铝阳极在碱性电解液中的总电池反应为：

$$2Al+\frac{3}{2}O_2+2OH^-+3H_2O \longrightarrow 2Al(OH)_4^-, \quad E_{cell}=2.75V(vs.SHE)$$

$$(3.15)$$

随着放电反应进行，铝阳极附近的氢氧根离子不断被消耗，使得电解液中的铝酸盐浓度逐渐趋于饱和，当达到过饱和后，便生成氢氧化铝沉淀，并且生成氢氧根离子：

$$AlOH_4^- \longrightarrow AlOH_3+OH^- \quad (3.16)$$

除了上述电化学反应外，铝阳极还会和碱性电解液发生自腐蚀反应而生成氢气，并且降低了电极的阳极利用率：

$$Al+3H_2O \longrightarrow Al(OH)_3+\frac{3}{2}H_2 \quad (3.17)$$

20 世纪就有科研人员系统分析了铝燃料电池专用的碱性电解质，测试了一系列不同浓度的碱性盐溶液，包括锡酸盐、石榴酸盐、没食子酸盐、锰酸盐以及其混合物[32]。其中，含有柠檬酸盐、锡酸盐和钙复合物的碱性电解质对铝金属的溶解度最高，腐蚀速率最低，对铝阳极的耐受范围宽，开路电位也最高[33]。然而，碱性水电解质存在的主要问题是水的蒸发、低能量密度和电解质的碳酸化，这些都会阻碍空气进入阴极，从而影响阴极反应。中性电解质则以电位范围为 0.65~1.1V 的电解液为主，但在中性电解质中，铝阳极钝化程度较高，导致铝燃料电池的能量密度较低，约为碱性电解质的 1/3[34]。酸性电解质对阳极枝晶和阴极碳酸盐的形成有显著的抑制作用，且随着 pH 值的下降，电池的开路电压也会下降[35]。例如，在 3mol·L^{-1} H_2SO_4 和 0.041mol·L^{-1} HCl 的混合电解液中，铝燃料电池的工作电压为 1.3V，低于在 4mol·L^{-1} NaOH 和 7.5mol·L^{-1} KOH 中的 1.85V。然而，铝阳极在大多数酸性电解质中不稳定，会导致严重的阳极腐蚀问题。

3.3.2.2 非水系电解液

非水电解质（非水系电解液）能够克服水体系的缺点，以提供更高的能量密度和电池电压，抑制阳极腐蚀并提高电极反应的可逆性。同时，非水电解质还能减少电池中的沉淀反应，进而降低离子电导率损失。非水电解质可分为非质子电解质和聚合物电解质。其中，非质子电解质的代表为离子液体，在各种金属燃料电池中已经有广泛的应用。这种类型的电解质可以减少副反应，进而减少电极溶解而产生的氢气。

[Emim]Cl 是一种常见的离子液体，在许多金属燃料电池中都有应用[36]。此外，如图 3.9 所示，1-丁基-3-甲基咪唑三氟甲磺酸盐（[Bmim][TfO]）与相应的铝盐（Al[TfO]₃）混合，可以作为一种无腐蚀性、水稳定的离子液体，该离子液体电解质具有较高的氧化电压 [3.25V（$vs.$ Al^{3+}/Al）] 和离子电导率，同时具有良好的电化学性能[37]。但和水系电解质一样，非质子溶剂型电解质中也会消耗电解质并形成堵塞电极孔隙的碳酸盐。目前，常见的传统非质子溶剂型电解质是碳酸盐、醚类和酯类。当使用这种类型的电解质时，ORR机制有利于氧的单电子还原为超氧离子，然后再经历另一个单电子还原为过氧化物离子。

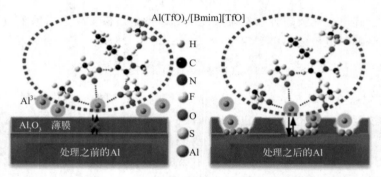

图 3.9　1-丁基-3-甲基咪唑三氟甲磺酸盐和 Al[TfO]₃ 的混合离子液体电解质[36]

聚合物导体电解质在铝燃料电池中的主要优点是能够避免泄漏，增强高压下的电化学稳定性和提高热稳定性，因此在铝燃料电池中的应用潜力更大。Corbo等人使用黄原胶和 k-卡拉胶制备的碱性水凝胶可用作铝燃料电池电解质，组装的电池表现出了高离子电导率、高放电容量和高能量密度，就铝离子电导率而言，其性能顺序为黄原胶＋1mol·L^{-1}KOH 溶液＜黄原胶＋8mol·L^{-1} KOH 溶液＜k-卡拉胶＋8mol·L^{-1} KOH 溶液[38]。此外，Peng 等基于 PVA（聚乙烯醇）/PEO（聚环氧乙烷）电解质组装了一种全固态线状铝燃料电池，其比容量为 35mA·h·g^{-1}，能量密度为 11768W·h·kg^{-1}（图 3.10）。同时，该改性电解质可以有效减少铝阳极的腐蚀，提升了电池的稳定性、安全性以及柔韧性和可拉伸性[39]。

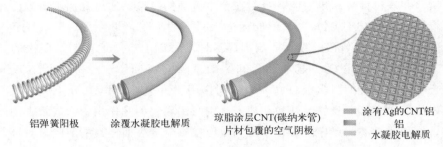

铝弹簧阳极　　　涂覆水凝胶电解质　　　琼脂涂层CNT(碳纳米管)　　　涂有Ag的CNT铝
　　　　　　　　　　　　　　　　　　　　　　　　片材包覆的空气阴极　　　　　　铝
　　　　　　　　　　　　　　　　　　　　　　　　　　　　　　　　　　　　　　水凝胶电解质

图 3.10　PVA-PEO 制成的全固态铝氧电池聚合物电解质[39]

熔盐铝电池应用最广泛的电解质是二元 NaCl-AlCl 和三元 NaCl-KCl-AlCl。20 世纪 70 年代开始便有了以 AlCl 为基础的化学和电化学的相关报道。此后，对于 NaCl-AlCl 体系，系统的密度、电位、电导率、蒸气压、相平衡和硫及硫化物性质的研究越来越多。在酸性熔盐中，$Al_2Cl_7^-$ 是主要的阴离子，随着熔盐的酸性减弱，$AlCl_4^-$ 变为主要离子。这些系统中的溶解平衡如下：

$$Al_2Cl_7^- + Cl^- \longrightarrow 2AlCl_4^- \tag{3.18}$$

3.3.2.3　电解液添加剂

铝和铝合金阳极在应用于铝燃料电池时要求其具有最低限度的钝化，以便可以轻松发生溶解，但是这种脱钝化会导致铝的自发降解。此外，在碱性介质中，铝的自腐蚀反应与氢的释放导致燃料损失。因此，在电解质中添加缓蚀剂成为缓解这些问题的最有效方法之一。

在中性盐条件下，研究最多的离子添加剂主要包括 In^{3+}、Sn^{3+} 和 Zn^{2+}。在碱性条件下，氧化锌（ZnO）和锡酸钠（Na_2SnO_3）抑制剂的应用较为广泛。目前，碱性电解质由于可以有效去除铝表面的氧化膜并提高电池的放电电流密度而被广泛应用。但碱性环境中 Al 阳极会发生自腐蚀反应，导致了库仑效率和放电稳定性降低。同时，析氢问题也会影响电池的安全性。除了对铝阳极的组成成分进行调节，科研人员还使用了一系列电解质添加剂来减少阳极的自腐蚀。电解质添加剂主要分为两大类：第一类是无机添加剂，常见的有氧化锌[40] 和亚硒酸钠[41]；第二类是有机缓蚀剂，主要是含有 S、N、O 等原子的有机分子[42]，包括表面活性剂[43]、氨基酸[44] 以及生物质提取物[45] 等。

当下更为主流的添加剂则是兼顾有机和无机抑制剂优点的杂化抑制剂，它们通常具有协同作用，即小剂量即可达到高抑制效率。例如，Kang 等人开发了一种含醋酸铈和 L-谷氨酸（Glu）的电解质添加剂，通过抑制析氢反应和形成致密平坦的复合 $Ce(OH)_3$-L-Glu 膜来实现降低腐蚀速率和抑制合金不均匀腐蚀的目的。实验和理论计算结果表明，吸附在合金表面的醋酸铈通过几何覆盖效应在碱性电解质中形成 Ce(OH)$_3$，其形成促进 L-Glu 的吸附，最终形成 Ce(OH)$_3$/L-Glu 和 Al/L-Glu 复合膜，在不影响阳极活性的基础上有效地抑制了阳极的自腐蚀[46]。Xiang 团队发现 4-氨基-6-羟基-2-巯基嘧啶（AHMP）和氧化锌（ZnO）的混合物同样具有抑制阳极自腐蚀的协同作用。其中，AHMP 分子可以在不同的吸附位点通过其自身的巯基和杂环氮分别与铝和锌相互作用，形成致密的双功能膜。这种通过"位点导向桥接"协同效应在铝合金表面构建的薄膜具有抑制铝阳极析氢自腐蚀和激活铝阳极电极反应的双重功能[47]，其作用机理如图 3.11。

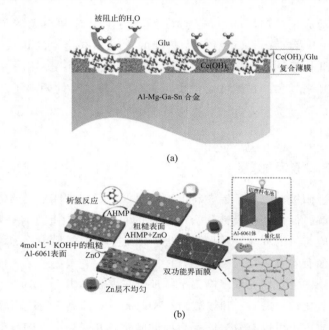

图 3.11 电解质添加剂应用实例

(a) 复合 Ce(OH)$_3$-L-Glu 膜[46]；(b) 致密的双功能膜形成示意图[47]

此外，研究表明各种芳香羧酸是碱性溶液中铝腐蚀的有效抑制剂。例如，Mahmoud 等人研究了咪唑衍生物在 0.5mol·L^{-1} HCl 中对铝的缓蚀作用，发现所有咪唑类衍生物均能通过氮原子和咪唑环上的电子在铝表面吸附，具有较高的缓蚀效率[48]。另外，他们也研究了聚乙二醇（PEG）在 1.0mol·L^{-1} HCl 中对铝表面的缓蚀作用，发现其缓蚀效果可归功于阳极和阴极混合型缓蚀。

3.3.3 铝燃料电池的阴极及催化材料

阴极主要由催化活性层、集流体层和防水透气层组成。目前，已报道的阴极材料有多种类型，每一类型都有其特点和优势。本节主要总结了铝燃料电池的两大类阴极材料，分别是氧化物和非氧化物材料。

3.3.3.1 氧化物材料

氧化物是一种由氧元素和金属元素组成的具有特定性能和结构的材料，具有来源广泛、价格低廉和种类丰富的特点。在众多氧化物材料中，过渡金属氧化物具有成本低、丰度高、环境友好等突出的优点。位于Ⅶ和Ⅷ主族，具有多重化合价的前过渡金属元素（如 Ni、Fe、Mn 和 Co），可以形成多种氧化物。例如，锰可以以 Mn（Ⅱ）、Mn（Ⅲ）和 Mn（Ⅳ）等不同价态存在，对应于各种结构的锰氧化物，包括 MnO、Mn_3O_4、Mn_5O_8、Mn_2O_3、MnOOH 和 MnO_2[49]。研究表明，这些锰氧化物在碱性条件下对 ORR 具有电催化活性。一种可能的解释是，Mn-O-O 络合物团簇在自然界中是光系统中氧演化的催化活性中心，此外，锰氧化物还存在不同的晶型（图 3.12）[50]。过渡金属氧化物丰富的价态和结构很大程度上促进了非贵金属催化剂的开发。例如，不同结构 MnO_2 的催化活性表现为 α-MnO_2＞δ-MnO_2＞γ-MnO_2＞λ-MnO_2＞β-MnO_2，这可归因于其固有隧道尺寸和电导率的综合影响；不同形貌的 MnO_2，如 MnO_2 空心球、MnO_2 纳米片、MnO_2 纳米棒、MnO_2 纳米线等，也是 ORR 的有效催化剂，由于其形貌、结构多样性和表面高度暴露的 Mn^{3+}[49]。

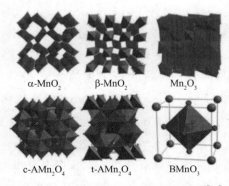

图 3.12　锰氧化物的晶体结构示意图[50]

以缺陷工程二氧化锰为例，其缺陷位点促进了氧的吸附和 O-O 键的激活，使铝燃料电池显示出更高的电压（1.14V），而原始催化剂的电压为 0.92V，这一结果可经 DFT 计算证实[51]。另外，Liu 等人通过原位化学气相沉积（CVD）和水热法制备了 $CoMn_2O_4$（CMO）纳米针负载的氮掺杂碳纳米管/3D 石墨烯（N-CNT/3D 石墨烯）复合材料 ［图 3.13（a）］。该材料具有三维连续网络结构、高的孔隙率、大的比表面积、高度暴露的 M-N_x 基团和 C-N 活性位点，以及

CMO 纳米针与 NCNT/3D 石墨烯之间的协同效应，使其表现出优异的催化活性，相对电流高达 94.7%（0.5mA·cm^{-2}），高于商用 Pt/C 的相对电流（75.6%），如图 3.13（b）、（c）所示[52]。

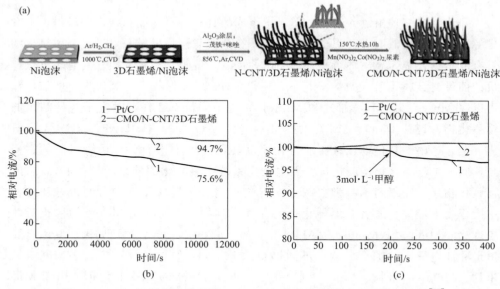

图 3.13　（a）材料合成示意图；（b）、（c）铝空气硬币电池的放电曲线[52]

Xue 采用了改进的固液法制备了（La$_{1-x}$Sr$_x$）$_{0.98}$MnO$_3$ 粉体材料，该材料平均颗粒直径小于 200nm，具有较高的氧含量，同时还具有十分出色的氧还原催化活性和吸附能力，其耐久性更是优于工业 Pt 催化剂，该材料良好的催化性能源于 A 位点缺陷，使其成为一种很有前途的金属-空气电池氧还原催化剂材料[53]。Chen 等采用水热法制备了 α-MnO$_2$/N-KB 复合催化剂材料，其内部较高的 Mn^{3+}/Mn 比例和 MnO 与 N-KB 之间的协同效应使其具有优异的氧还原活性，在碱性条件下具有与商业 Pt/C 相当的性能[54]。

除了锰氧化物，其他过渡金属氧化物，如铜氧化物、钛氧化物、镍氧化物、氧化铁、钴氧化物、铈氧化物等，也是常见的 ORR 电催化材料。在这些氧化物中，Co$_3$O$_4$ 因其成本低、环境友好、催化活性高而被认为是一种很有前途的电催化材料[49]。许多研究都致力于探究不同的 Co$_3$O$_4$ 结构对 ORR 活性的影响。Xiao 等研究了表面结构对 ORR 活性的影响，可控地合成了均匀负载于石墨烯片上（110）、（100）和（111）晶面暴露的 Co$_3$O$_4$ 纳米棒、纳米立方和纳米八面体，结果表明了催化活性与 Co$_3$O$_4$ 纳米晶体表面结构的关系，其增加顺序为（111）＞（100）＞（110）[55]。尖晶石（AB$_2$O$_4$）是一种由氧化阴离子排列的立方密排晶格，尖晶石氧化物具有价态丰富、环境友好、成本低、电催化活性高等特点，是目前广泛应用的阴极电催化剂之一。尖晶石氧化物作为电催化剂的主要问题是其低导电性，各种纳米碳载体如碳纳米管、石墨烯、活性炭等已经被开发出来以提升材料导电性。

3.3.3.2 非氧化物基材料

除氧化物以外，非氧化物基催化材料寿命较长，稳定性好。相比于氧化物，金属硫化物具有更高的内在氧亲和力和导电性，被认为是很有前景的 ORR 催化剂。Hong 等人采用有效的合成方法来制备多孔 N、S 共掺杂碳结构，并将 Ni-Co 基硫化物纳米颗粒包裹在石墨层中，作为铝燃料电池的高性能 ORR 电催化剂。双相封装法（DPEA）使客体前驱体在金属有机框架（MOF）孔内高度分散，随后的炭化导致固定在独特碳纳米结构内的活性物质均匀分布。合成的 Ni-Co-S@G/NSC 纳米复合材料在 RDE（旋转圆盘电极）过程中表现出与最先进的 Pt/C 催化剂相当的 ORR 活性[56]。

常用的贵金属催化剂有铂（Pt）、钯（Pd）、金（Au）和银（Ag）。该类材料在催化领域相对于非贵金属材料往往具有更好的性能，因此受到研究者的青睐。比如，Li 等采用一步水热法成功制备了 Ag/Fe_3O_4-N-KB 复合材料，该材料中添加较低含量的 Ag，使其在碱性溶液中表现出优于商业 Pt/C 的氧还原活性和稳定性，这是由于催化剂组分间的相互协同作用促使其具有优异的氧还原性能[57]。此外，科研人员分别采用电化学沉积法和化学沉积法在 NiFe 金属网表面生长 Ag 催化剂，结果表明，采用电化学沉积法制备的材料具有更加优异的铝燃料电池输出性能[58]。另外，还可以通过将 Pt 与其他合适的贵金属或过渡金属合金化来优化其催化性能并降低成本。例如，铂金属合金（PtM）的催化活性远高于纯铂纳米颗粒，可归因于压缩应变和电子配体效应，但是小尺寸过渡金属原子被引入 Pt 晶格结构会导致 Pt 晶格参数降低。此外，由于 PtM 合金体系中过渡金属与 Pt 之间电负性的差异，电荷从过渡金属向 Pt 转移会改变 Pt 的 d 轨道填充[59]。PtM 合金的电催化活性与其粒度、成分和性能密切相关。因此，利用尺寸、成分和结构控制合金纳米晶来优化其 ORR 催化活性一直是研究人员关注的焦点。目前，表面电子结构（d 波段中心）与 Pt_3M（M 为 Ni、Co、Fe、Ti、V）表面的 ORR 电催化趋势之间的关系已经建立，Pt_3M 合金催化性能与电子结构的关系如图 3.14[60]。

在各种电催化剂中，碳质纳米材料具有优异的 ORR 耐久性和活性，已被证明是一种有前景的无金属催化剂。碳纳米材料，包括石墨、石墨烯和碳纳米管等，具有大比表面积、高电子导电性、耐腐蚀性和环境可接受性，被广泛用作载体和催化剂。石墨烯是一种由 sp^2 键碳原子组成的单原子层厚度的平面薄片，具

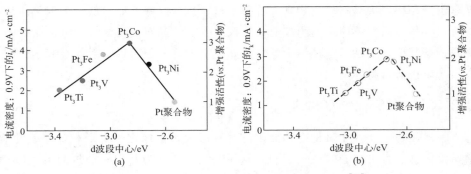

图 3.14 Pt₃M 合金催化性能与电子结构的关系[60]

有以下优势：①石墨烯纳米片的柔韧性和固定性可以为催化剂提供较大的容纳空间，并防止其团聚；②石墨烯良好的表面特性增加了固气接触效率，使得大量氧气吸附在石墨烯上；③石墨烯的高导电性有助于提高催化剂整体的电子传递速率；④单层石墨烯的结构缺陷有助于激发其电催化活性，并提供更多的活性位点[61]。碳纳米管具有高的拉伸模量、大的比表面积、稳定的介孔结构和良好的电学性质，使其同样可以作为良好的催化剂载体应用于金属燃料电池中。科研人员通过氨处理来调整由铁、聚苯胺和碳纳米管（CNT）衍生的电催化剂的结构和活性，制备出一种很有前途的热处理铁-聚苯胺-碳基非贵金属催化剂（图3.15），该催化剂可以取代铂基 ORR 催化剂用于 PEMFC（质子交换膜燃料电池），并可以通过控制 NH_3 的反应条件调整氮的掺杂量和掺杂位点。半电池测试结果显示其半波电位为 0.81V，所组装的 H_2 燃料电池在 0.8V 下实现 $77mA \cdot cm^{-2}$ 的电流密度以及 $335mW \cdot cm^{-2}$ 的最大功率密度[62]。

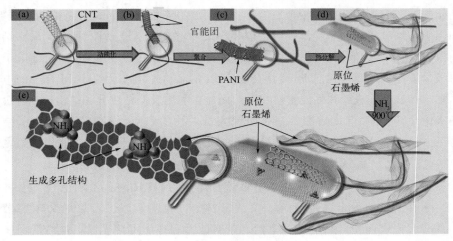

图 3.15 催化剂的合成过程示意图[62]

由于原始碳材料的电化学性能较差，碳基催化剂通常与其他元素结合，如金属 Co、Ag、Ni 和 Fe 等，共同构成碳基复合材料以提高其 ORR 催化活性，此类材料具有成本低、催化活性高等优点。例如，Zhu 等人通过简单的两步法在柔性碳布（HCA-Co）上合成了一种嵌入微小 Co 纳米颗粒的新型空心碳纳米管阵列［图 3.16（a）］[63]，所组装的铝燃料电池提供了与 Pt/C 基电池（1.6V 和 8.75h）相匹配的放电电压和容量时间，分别为 1.5V 和 8.66h，如图 3.16（b）和（c）所示。

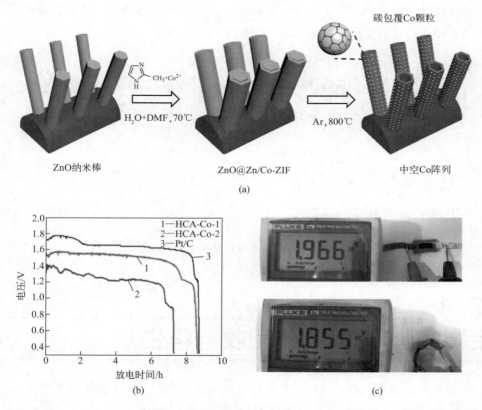

图 3.16　（a）HCA-Co 纳米阵列的制备流程图；（b）HCA-Co-1、HCA-Co-2 和 Pt/C 基固态铝燃料电池的放电曲线；（c）基于 HCA-Co-1 阴极的平板（高）和弯曲（低）固态铝燃料电池的开路电压光学照片[63]

另外，Wang 等采用 MOF 热解法制备了多孔 Ni-Co-S@G/NSC 材料，发现碳的石墨化程度越高，其导电性能越好，反应速率越快[56]。这是因为碳基材料具有高表面积、高空隙度等优点，材料中碳的石墨化程度与其氧还原性能有关，石墨化程度越高氧还原性能越出色，发展潜力越大。同时，Liu 等人系统研究了不同 Fe 源对 Fe-N/C 催化剂材料的氧还原性能的影响，发现含有自由 Fe 离子的 Fe 源制备的 Fe-N/C 催化剂相对于 Fe 复合物具有更加优异的氧还原性能和电池性能[64]。此外，Li 等人研究了采用 Cu 取代部分 Fe 制备的 Cu-Fe-N-C 催化剂材料，结果表明 Cu 取代后催化剂的氧还原性能有了明显提升，而且组装的铝燃料电池展示出优于商业 Pt/C 的放电电压和稳定性[65]。

不仅如此，科研人员还通过调控活性位点开发出不同的催化材料，包括在 750℃下热解碳负载的掺铁石墨氮化碳（Fe-g-C$_3$N$_4$@C）制备的一种新型 Fe-N-C 复合材料（图 3.17）[66]，基于 Cu-MOF 材料制备的 Cu N$_x$C$_y$/KB 催化剂[67] 以及采用水热法制备的绣球状 NiCo$_2$S$_4$ 微米球[68] 等。

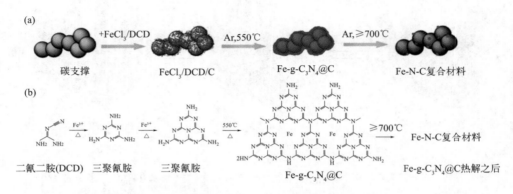

图 3.17　Fe-N-C 复合材料合成策略示意图[66]

3.4
铝燃料电池燃料的回收与再生

再生铝的成本包括了电解成本和煅烧成本。电解铝时，如果能源的消耗仍是 15kW·h·kg^{-1} Al，则电解铝的费用大约是 0.90 美元·kg^{-1} Al（不包括其他材料的成本、劳动力成本等）。在回收利用的过程中，煅烧的成本大约是直接煅烧成本的 22% 或者是 0.20 美元。因此，循环过程阳极的总费用大约是 1.10 美元·kg^{-1} Al。

如今，利用重熔技术回收铝废料会降低铝的质量，而这低品质回收铝的最终归宿是铝铸造合金。随着电动汽车走进市场，预计对高档铝的需求将增加，而对低等级再生铝的需求将下降，这种铝主要用于内燃机的生产。为了满足未来对高档铝的需求，需要一种新的铝回收方法，能够将废料升级到与原铝相似的水平。

如图 3.18 所示，研究人员新提出了一种使用熔盐进行铝废料升级回收的固态电解（SSE）工艺。

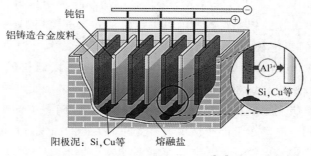

图 3.18　SSE 过程示意图[69]

　　其中，铝从铝废料中溶解并沉积在阴极上，而典型的合金元素作为阳极泥被除去，所生产的铝纯度与铝铸造合金生产的原铝相当[69]。此外，工业 SSE 的能源消耗估计不到原铝生产过程的一半。通过有效地回收铝废料，有可能持续满足对高档铝的需求。使用这种高效、低能耗的工艺，铝循环的真正可持续性是可以预见的。在 SSE 工艺中，铝废料以固态形式精炼。为了确保铝废料保持固态，熔盐电解质的熔点必须低于铝合金，典型的 Al-Si-Cu 基铝铸造合金的熔点约为 $580℃$[70]。此外，熔盐电解质还具有电导率高、电化学电位窗口宽、操作方便、成本低等优点。碱氯化物、碱土金属氯化物或它们的混合物是很有前景的 SSE 电解质，特别是因为它们具有宽的电化学电位窗口和相对较低的成本。

3.5
铝燃料电池的应用与发展

3.5.1　铝燃料电池的应用

3.5.1.1　电动车的电源

　　电动车的动力系统是制约电动车产业发展的主要因素，这里说的动力系统也就是电池系统。铅蓄电池的能量密度低，在很大程度上限制了电动车的续航里程，因此世界各国也积极研究新能源，新的高比能电池，以使电动车的续航里程能够接近或达到汽油车的水平。目前正在研究开发或者已进行装车试验的电池有镍铬电池、锂离子电池、燃料电池、金属燃料电池等，然而从金属燃料电池的性能和发展状态来看，铝燃料电池具有极大的优势[71]。就铝燃料电池而言，首先，其具有 $300\sim400\mathrm{W\cdot h\cdot kg^{-1}}$ 高比能量，是电动车行驶距离得以跟汽油车相比拟的基本保证；其次，铝燃料电池可以采取机械式"充电"，只要几分钟就可以方便地更换新的铝电极，从而继续行驶，这是任何二次电池做不到的。根据 Voltek 对铝燃料电池的最新研究成果，电池的寿命可以延长近 10 倍，使"充电"次数由 200 次提高到 3000 次，降低了电池使用成本。此外，氧电极催化剂成本下降，铝电极利用率提高，促使电池成本大幅度下降[71]。电池成本才是它能否大范围应用于电动车、能否被市场接受的最关键的因素。目前世界各国均在大力开发研究铝燃料电池，促进电动车行业的发展，图 3.19 给出铝燃料电池在电动汽车中的应用实例。

图 3.19　铝燃料电池应用于电动汽车中（来源：无敌汽车网）

3.5.1.2　潜艇 AIP 系统的能源

潜艇是海军的必备武器，能发射导弹或者鱼雷来攻击其他船只。它在水上航行时由柴油发电机提供动力，而在水下时由铅蓄电池提供动力。当铅蓄电池放完电后，需浮出水面由柴油发电机组进行充电，这时潜艇很容易被发现，因此希望尽可能缩短其浮在水面上的时间[71]。要想延长一次性水下航行的里程，就需要在原始的铅蓄电池和柴油机组的条件下，添加一个不依靠空气的动力系统——AIP（air independent propulsion）系统。

德国利用 120kW 质子交换膜氢氧燃料电池组成潜艇 AIP 系统，完成一次性水下潜行之后，返回码头上加装燃料和液氧，然后可以再次潜水。该燃料电池的最大优点是能量转换效率高达 60% 以上，比其他热机要高出一倍。这意味着燃料电池需要带的燃料和氧化剂的量只是其他热机的一半；或者说，在装载同样重量的燃料和氧化剂的条件下，燃料电池可使潜艇水下一次航行里程延长 1 倍[71]。

Altek 公司对铝燃料电池的应用表明，阳极铝的利用率可以达到 90％，大于燃料电池的能量转换效率。此外，铝是一种轻金属，它的重量小于氢和氢源设备的总重量。因此，AIP 系统的体积和重量都会减小，这增加了 AIP 系统的能量密度，延长了潜艇的一次性水下航行里程。

3.5.1.3　水下机器人的动力电源

开发海洋资源和海底石油开采都需要一个能够较长时间在大海工作的作业平台。为了确保安全，水下机器人成为深海作业中不可替代的一部分。水下机器人的重力必须等于它的浮力，意味着机器人的平均密度要等于周围海水的密度，并尽量降低整体重量，比如减轻电池的重量，使机器人可以携带更多设备。水下机器人航速不高，没有因加速而对动力系统提出短时大电流放电的要求，但从使用角度来看，仍需要高比能的动力电源。针对水下机器人的工作条件和特点，铝燃料电池是一种理想的选择。虽然铅酸电池和锌银电池目前仍应用于一些水下机器人中，但可以预见，不久它们将会被高比能的铝燃料电池所代替。

3.5.1.4　质优价廉的电源

山区、牧区和林区所占面积大，这些地区中相当一部分是无电区或供电不足的地区，居民照明、收看电视或收听广播得不到保障，在这种情况下低功率铝燃料电池恰好满足需求。另外，铝燃料电池还可以用于矿井采矿作业的照明电源。在海底油井或气井探测和生产过程中，非常需要长寿命高能量密度的电源，铝燃料电池低成本和充电方便的优点刚好符合这一需求。

3.5.2　铝燃料电池的发展

铝燃料电池是一种很有前途的电化学系统，可以根据需要储存和输送能量。然而，铝基阳极严重的自腐蚀和迟缓的 ORR 动力学过程严重制约着铝燃料电池的规模化应用。一些电极性能调节难题，包括抑制腐蚀和提升催化活性等，需要精准设计铝燃料电池的关键材料来平衡电极性能。同时，电池的主要部件（铝阳极、空气阴极和电解液）和扩展系统的性能方面仍继续优化。此外，为了促进铝燃料电池电极材料和电解质的发展，有必要建立包括电解质浓度和体积、电极面积和催化剂在内的电池评价体系的标准协议。

晶界微纳相（如 AlSb）有希望平衡铝阳极的活化和缓蚀问题，由于适当的微观结构处理可以消除粗相的负面影响。针对铝阳极的研究现状，未来的工作需要重点关注以下问题：①通过理论计算（DFT）和（准）原位实验技术加强对活化和缓蚀机制的理解；②为了实现室温下阳极效率（＞90%）和输出功率密度（＞250mW·cm^{-2}）之间的理想平衡，需要新的合金策略，包括有效的活化（去极化）机制；③大批量生产的商业铝基阳极的性能亟待提高。此外，未来应进一步深入研究如何通过微观结构设计来提高阳极性能，例如：①通过合金化学和晶界工程相结合的方法开发高性能铝基阳极；②探索含有低固溶合金元素（如Bi、Pb和Te）的新型Al基阳极；③精准调节商业纯度铝基阳极（低至微纳米尺度），以达到与超纯铝相当的性能，用商业纯度纯铝（2.9美元·kg^{-1}）取代超纯铝（约30美元·kg^{-1}），阳极材料的成本可降低90%。

空气阴极侧ORR动力学缓慢，严重制约了燃料电池的性能。贵金属是最有效的ORR催化剂，但对于铝燃料电池的商业化来说，其价格难以接受。非贵金属催化剂（过渡金属氧化物、硫化物或碳基杂化材料等）可以大大降低铝燃料电池的成本。其中，过渡金属（Co、Mn、Fe等）氧化物及其衍生物是取代贵金属最有希望的候选者；碳基材料（石墨烯、碳纳米管和生物质衍生材料等）可以补偿金属氧化物的低导电性；金属硫化物具有比氧化物更高的内在氧亲和性和导电性，也是ORR催化剂有利的候选者。另外，缺陷工程是提高ORR催化活性的可行方法，未来可以继续探索新的氧缺陷金属硫化物基催化剂和缺陷工程工艺（如热处理、元素掺杂、化学还原）来提高ORR性能。此外，生物质衍生材料具有来源丰富、价格低廉等优点，是未来ORR催化剂载体的理想选择。在未来研究工作中，铝燃料电池空气阴极仍面临以下挑战：①需要从原子和电化学层面揭示催化机理；②进一步加强对催化剂活性与微观结构和缺陷工程之间构效关系的研究；③未来生物质衍生催化剂的制备和纯化工艺有待优化；④为实现产业化，需解决合成工艺复杂、成本高等问题。

电解质的研究可分为水性、非水性、凝胶和全固态电解质，以及电解质添加剂。目前，碱性铝燃料水电池能量密度高，但自放电问题严重。非水电解质具有避免严重自腐蚀的优点，但电导率较低。因此电解质添加剂，包括缓蚀剂和活化剂，被设计以抑制自腐蚀，而不影响铝基阳极的电极反应过程。凝胶和全固态电解质适用于柔性和便携式铝燃料电池，对于凝胶或固态电解质来说，最大的难题是高耐用铝燃料电池的导电性和机械降解。未来围绕电解质及添加剂的工作可以集中在以下几个方面：①需要更详细的基础实验来研究类金属氧阴离子对铝基阳极自腐蚀的影响；②有机添加剂的缓蚀机理有待进一步探究，可以借助理论计算（DFT）和（准）原位实验技术。因此，铝燃料电池电解质在未来的研究工作中仍面临以下挑战：①电池运行过程中电解质添加剂持续消耗，需不断引进添加剂以保持电解液的理想浓度；②非水电解质的稳定性和吸湿性对铝燃料电池的长期运行至关重要；③放电产物在电极/凝胶-电解质界面上的积累问题有待解决。

此外，凝胶电解质的成本在实验室规模和实际应用之间存在很大差距。实验室规模的铝燃料电池仅由电极和电解质等主要部件组成，而辅助换热器、CO_2洗涤器和结晶器是铝燃料电池在实际应用中持久运行所必需的。此外，电池管理系统（BMS）包括传感器、模块设计和实时管理软件在实际应用中也很重要。因此，实用型铝燃料电池的高能效不仅依赖于高效的电极，而且还极大地取决于轻量化和紧凑的电池结构设计。例如，铝燃料电池（55kg，270W·h·kg^{-1}）每减少 1kg 质量，能量密度就会增加 5W·h·kg^{-1}。因此，未来需要进一步强调先进技术（如增材制造）和轻量化电池系统的设计。

由于铝阳极可以通过工业一次铝还原工艺完全回收，因此在持续的电池循环过程中，铝燃料电池的成本将大大降低。未来，铝燃料电池仍有许多发展方向，如先进电极材料的快速合成以及新型电极结构、固态电解质和电解质添加剂的开发。

参考文献

[1] 莫文彬，黄奎，吴剑，等.偏析法制备高纯铝研究进展［J］.特种铸造及有色合金，2021，41（04）：434-438.

[2] Liu X，Jiao H，Wang M，et al. Current Progresses and Future Prospects on Aluminium-Air Batteries［J］. International Materials Reviews，2022，67（7）：734-764.

[3] 刘小锋.铝空气动力电池发展现状及存在问题［J］.新材料产业，2013，000（007）：61-65.

[4] Ryu J，Park M，Cho J. Advanced Technologies for High-Energy Aluminum-Air Batteries［J］. Advanced Materials，2019，31（20）：1804784.

[5] 李学海，王为，吕霖娜，等.电解液组成对 Al/AgO 电池性能的影响［J］.电源技术，2006，30（9）：761-763.

[6] 张盈盈.齐公台，刘斌，等.Al-Ga-Mg 合金组织与阳极性能研究［J］.中国腐蚀与防护学报，2005，25（6）：336-339.

[7] Macdonald D D，Lee K H，Moccari A，et al. Evaluation of Alloy Anodes for Aluminum-Air Batteries：Corrosion Studies［J］. Corrosion，1988，44（9）：652-657.

[8] Sun Z，Lu H，Fan L，et al. Performance of Al-Air Batteries Based on Al-Ga，Al-In and Al-Sn Alloy Electrodes［J］. Journal of The Electrochemical Society，2015，162（10）：A2116.

[9] Sun Z，Lu H. Performance of Al-0.5In as Anode for Al-Air Battery in Inhibited Alkaline Solutions［J］. Journal of The Electrochemical Society，2015，162（8）：A1617-A1623.

[10] Smoljko I，Gudić S，Kuzmanić N，et al. Electrochemical Properties of Aluminium Anodes for Al/Air Batteries with Aqueous Sodium Chloride Electrolyte［J］. Journal of Applied Electrochemistry，2012，42（11）：969-977.

[11] Park I J, Choi S R, Kim J G. Aluminum Anode for Aluminum-Air Battery-Part Ii: Influence of in Addition on the Electrochemical Characteristics of Al-Zn Alloy in Alkaline Solution [J]. Journal of Power Sources, 2017, 357: 47-55.

[12] Nestoridi M, Pletcher D, Wood R J K, et al. The Study of Aluminium Anodes for High Power Density Al/Air Batteries with Brine Electrolytes [J]. Journal of Power Sources, 2008, 178 (1): 445-455.

[13] Ilyukhina A V, Zhuk A Z, Kleymenov B V, et al. The Influence of Temperature and Composition on the Operation of Al Anodes for Aluminum-Air Batteries [J]. Fuel Cells, 2016, 16 (3): 384-394.

[14] Yi Y, Huo J, Wang W. Electrochemical Properties of Al-Based Solid Solutions Alloyed by Elements Mg, Ga, Zn and Mn under the Guide of First Principles [J]. Fuel Cells, 2017, 17 (5): 723-729.

[15] Xiong H, Wang Z, Yu H, et al. Performances of Al-Xli Alloy Anodes for Al-Air Batteries in Alkaline Electrolyte [J]. Journal of Alloys and Compounds, 2021, 889: 161677.

[16] Wu Z, Zhang H, Tang S, et al. Effect of Calcium on the Electrochemical Behaviors and Discharge Performance of Al-Sn Alloy as Anodes for Al-Air Batteries [J]. Electrochimica Acta, 2021, 370: 137833.

[17] Liu X, Zhang P, Xue J. The Role of Micro-Naoscale Alsb Precipitates in Improving the Discharge Performance of Al-Sb Alloy Anodes for Al-Air Batteries [J]. Journal of Power Sources, 2019, 425: 186-194.

[18] Liu X, Zhang P, Xue J, et al. High Energy Efficiency of Al-Based Anodes for Al-Air Battery by Simultaneous Addition of Mn and Sb [J]. Chemical Engineering Journal, 2021, 417: 128006.

[19] Ren J, Ma J, Zhang J, et al. Electrochemical Performance of Pure Al, Al-Sn, Al-Mg and Al-Mg-Sn Anodes for Al-Air Batteries [J]. Journal of Alloys and Compounds, 2019, 808: 151708.

[20] Wu Z, Zhang H, Zheng Y, et al. Electrochemical Behaviors and Discharge Properties of Al-Mg-Sn-Ca Alloys as Anodes for Al-Air Batteries [J]. Journal of Power Sources, 2021, 493: 229724.

[21] Lee H, Listyawan T A, Park N, et al. Effect of Zn Addition on Electrochemical Performance of Al-Air Battery [J]. International Journal of Precision Engineering and Manufacturing-Green Technology, 2020, 7 (2): 505-509.

[22] Aslanbas Ö, Durmus Y E, Tempel H, et al. Electrochemical Analysis and Mixed Potentials Theory of Ionic Liquid Based Metal-Air Batteries with Al/Si Alloy Anodes [J]. Electrochimica Acta, 2018, 276: 399-411.

[23] Despić A R, Dražić D M, Purenović M M, et al. Electrochemical Properties of Aluminium Alloys Containing Indium, Gallium and Thallium [J]. Journal of Applied Electrochemistry, 1976, 6 (6): 527-542.

[24] Flamini D O, Saidman S B. Electrochemical Behaviour of Al-Zn-Ga and Al-In-Ga Alloys in Chloride Media [J]. Materials Chemistry and Physics, 2012, 136 (1): 103-111.

[25] Ma J, Wen J, Gao J, et al. Performance of Al-1Mg-1Zn-0. 1Ga-0. 1Sn as Anode for Al-Air Battery [J]. Electrochimica Acta, 2014, 129: 69-75.

[26] Wang Q, Miao H, Xue Y J, et al. Performances of an Al-0. 15 Bi-0. 15 Pb-0. 035 Ga Alloy as an Anode for Al-Air Batteries in Neutral and Alkaline Electrolytes [J]. Rsc Advances, 2017, 7 (42): 25838-25847.

[27] Fan L, Lu H, Leng J, et al. Performance of Al-0. 6Mg-0. 05Ga-0. 1Sn-0. 1In as Anode for Al-Air Battery in Koh Electrolytes [J]. Journal of The Electrochemical Society, 2015, 162 (14): A2623.

[28] Ma J, Wen J, Gao J, et al. Performance of Al-0. 5Mg-0. 02Ga-0. 1Sn-0. 5Mn as Anode for Al-Air Battery [J]. Journal of The Electrochemical Society, 2014, 161 (3): A376.

[29] Jingling M, Jiuba W, Hongxi Z, et al. Electrochemical Performances of Al-0. 5Mg-0. 1Sn-0. 02In Alloy in Different Solutions for Al-Air Battery [J]. Journal of Power Sources, 2015, 293: 592-598.

[30] Ma J, Wen J, Ren F, et al. Electrochemical Performance of Al-Mg-Sn Based Alloys as Anode for Al-Air Battery [J]. Journal of The Electrochemical Society, 2016, 163 (8): A1759.

[31] 郭兴华. 铝阳极在 3.5% NaCl 溶液中腐蚀电化学行为及其缓蚀剂研究 [D]. 黑龙江: 哈尔滨工业大学, 2006.

[32] Bockstie L, Trevethan D, Zaromb S. Control of Al Corrosion in Caustic Solutions [J]. Journal of The Electrochemical Society, 1963, 110 (4): 267.

[33] Srinivas M, Adapaka S K, Neelakantan L. Solubility Effects of Sn and Ga on the Microstructure and Corrosion Behavior of Al-Mg-Sn-Ga Alloy Anodes [J]. Journal of Alloys and Compounds, 2016, 683: 647-653.

[34] Gu Y, Liu Y, Tong Y, et al. Improving Discharge Voltage of Al-Air Batteries by Ga^{3+} Additives in Nacl-Based Electrolyte [J]. Nanomaterials, 2022, 12 (8): 1336.

[35] Ma J, Wen J, Li Q, et al. Electrochemical Polarization and Corrosion Behavior of Al-Zn-In Based Alloy in Acidity and Alkalinity Solutions [J]. International Journal of Hydrogen Energy, 2013, 38 (34): 14896-14902.

[36] Gelman D, Shvartsev B, Wallwater I, et al. An Aluminum-Ionic Liquid Interface Sustaining a Durable Al-Air Battery [J]. Journal of Power Sources, 2017, 364: 110-120.

[37] Wang H, Gu S, Bai Y, et al. High-Voltage and Noncorrosive Ionic Liquid Electrolyte Used in Rechargeable Aluminum Battery [J]. ACS Applied Materials & Interfaces, 2016, 8 (41): 27444-27448.

[38] Di Palma T M, Migliardini F, Caputo D, et al. Xanthan and K-Carrageenan Based Alkaline Hydrogels as Electrolytes for Al/Air Batteries [J]. Carbohydrate Polymers, 2017, 157: 122-127.

[39] Xu Y, Zhao Y, Ren J, et al. An All-Solid-State Fiber-Shaped Aluminum-Air Battery with Flexibility, Stretchability, and High Electrochemical Performance [J]. Angewandte Chemie International Edition, 2016, 55 (28): 7979-7982.

[40] Liu J, Wang D, Zhang D, et al. Synergistic Effects of Carboxymethyl Cellulose and Zno as Alkaline Electrolyte Additives for Aluminium Anodes with a View Towards Al-Air

Batteries [J]. Journal of Power Sources, 2016, 335: 1-11.

[41] Nie Y, Gao J, Wang E, et al. An Effective Hybrid Organic/Inorganic Inhibitor for Alkaline Aluminum-Air Fuel Cells [J]. Electrochimica Acta, 2017, 248: 478-485.

[42] Wysocka J, Cieslik M, Krakowiak S, et al. Carboxylic Acids as Efficient Corrosion Inhibitors of Aluminium Alloys in Alkaline Media [J]. Electrochimica Acta, 2018, 289: 175-192.

[43] Deyab M A. Effect of Nonionic Surfactant as an Electrolyte Additive on the Performance of Aluminum-Air Battery [J]. Journal of Power Sources, 2019, 412: 520-526.

[44] Wang D, Gao L, Zhang D, et al. Experimental and Theoretical Investigation on Corrosion Inhibition of Aa5052 Aluminium Alloy by L-Cysteine in Alkaline Solution [J]. Materials Chemistry and Physics, 2016, 169: 142-151.

[45] Abd-El-Nabey B A, Abdel-Gaber A M, Elawady G Y, et al. Inhibitive Action of Some Plant Extracts on the Alkaline Corrosion of Aluminum [J]. International Journal of Electrochemical Science, 2012, 7 (9): 7823-7839.

[46] Kang Q X, Zhang T Y, Wang X, et al. Effect of Cerium Acetate and L-Glutamic Acid as Hybrid Electrolyte Additives on the Performance of Al-Air Battery [J]. Journal of Power Sources, 2019, 443: 227251.

[47] Luo L, Zhu C, Yan L, et al. Synergistic Construction of Bifunctional Interface Film on Anode via a Novel Hybrid Additive for Enhanced Alkaline Al-Air Battery Performance [J]. Chemical Engineering Journal, 2022, 450: 138175.

[48] Wang X Y, Wang J M, Wang Q L, et al. The Effects of Polyethylene Glycol (PEG) as an Electrolyte Additive on the Corrosion Behavior and Electrochemical Performances of Pure Aluminum in an Alkaline Zincate Solution [J]. Materials and Corrosion, 2011, 62 (12): 1149-1152.

[49] Liu Y, Sun Q, Li W, et al. A Comprehensive Review on Recent Progress in Aluminum-Air Batteries [J]. Green Energy & Environment, 2017, 2 (3): 246-277.

[50] Mao L, Sotomura T, Nakatsu K, et al. Electrochemical Characterization of Catalytic Activities of Manganese Oxides to Oxygen Reduction in Alkaline Aqueous Solution [J]. Journal of The Electrochemical Society, 2002, 149 (4): A504-A507.

[51] Jiang M, Fu C, Yang J, et al. Defect-Engineered MnO_2 Enhancing Oxygen Reduction Reaction for High Performance Al-Air Batteries [J]. Energy Storage Materials, 2019, 18: 34-42.

[52] Liu Y, Zhan F, Wang B, et al. Three-Dimensional Composite Catalysts for Al-O_2 Batteries Composed of $CoMn_2O_4$ Nanoneedles Supported on Nitrogen-Doped Carbon Nanotubes/Graphene [J]. ACS Applied Materials & Interfaces, 2019, 11 (24): 21526-21535.

[53] Xue Y, Miao H, Sun S, et al. ($La_{1-x}Sr_x$) 0.98MnO$_3$ Perovskite with A-Site Deficiencies toward Oxygen Reduction Reaction in Aluminum-Air Batteries [J]. Journal of Power Sources, 2017, 342: 192-201.

[54] Chen K, Wang M, Li G, et al. Spherical A-MnO_2 Supported on N-Kb as Efficient Electrocatalyst for Oxygen Reduction in Al-Air Battery [J]. Materials, 2018, 11 (4): 601.

[55] Odedairo T, Yan X, Ma J, et al. Nanosheets Co_3O_4 Interleaved with Graphene for Highly Efficient Oxygen Reduction [J]. ACS Applied Materials & Interfaces, 2015, 7 (38): 21373-21380.

[56] Wang J, Lu H, Hong Q, et al. Porous N, S-Codoped Carbon Architectures with Bimetallic Sulphide Nanoparticles Encapsulated in Graphitic Layers: Highly Active and Robust Electrocatalysts for the Oxygen Reduction Reaction in Al-Air Batteries [J]. Chemical Engineering Journal, 2017, 330: 1342-1350.

[57] Li F, Fu L, Li J, et al. Ag/Fe_3O_4-N-Doped Ketjenblack Carbon Composite as Highly Efficient Oxygen Reduction Catalyst in Al-Air Batteries [J]. Journal of The Electrochemical Society, 2017, 164 (14): A3595.

[58] Mutlu R N, Yazıcı B. The Behavior of Chemical and Electrochemical Ag Deposition on Feni-Mesh Cathodes in Al-Air Battery [J]. International Journal of Energy Research, 2019, 43 (12): 6256-6268.

[59] Wang C, Daimon H, Onodera T, et al. A General Approach to the Size-and Shape-Controlled Synthesis of Platinum Nanoparticles and Their Catalytic Reduction of Oxygen [J]. Angewandte Chemie International Edition, 2008, 47 (19): 3588-3591.

[60] Stamenkovic V R, Mun B S, Arenz M, et al. Trends in Electrocatalysis on Extended and Nanoscale Pt-Bimetallic Alloy Surfaces [J]. Nature Materials, 2007, 6 (3): 241-247.

[61] 徐阳, 泉贵岭, 周生刚, 等. 钡对铅酸蓄电池板栅 Pb-Ca-Sn 合金的微观组织及性能的影响 [J]. 昆明理工大学学报 (自然科学版), 2017, 42 (2): 15-20.

[62] Zamani P, Higgins D C, Hassan F M, et al. Highly Active and Porous Graphene Encapsulating Carbon Nanotubes as a Non-Precious Oxygen Reduction Electrocatalyst for Hydrogen-Air Fuel Cells [J]. Nano Energy, 2016, 26: 267-275.

[63] Zhu C, Ma Y, Zang W, et al. Conformal Dispersed Cobalt Nanoparticles in Hollow Carbon Nanotube Arrays for Flexible Zn-Air and Al-Air Batteries [J]. Chemical Engineering Journal, 2019, 369: 988-995.

[64] Liu D, Fu L, Huang X, et al. Influence of Iron Source Type on the Electrocatalytic Activity toward Oxygen Reduction Reaction in Fe-N/C for Al-Air Batteries [J]. Journal of The Electrochemical Society, 2018, 165 (9): F662.

[65] Li J, Chen J, Wan H, et al. Boosting Oxygen Reduction Activity of Fe-N-C by Partial Copper Substitution to Iron in Al-Air Batteries [J]. Applied Catalysis B: Environmental, 2019, 242: 209-217.

[66] Wang M Q, Yang W H, Wang H H, et al. Pyrolyzed Fe-N-C Composite as an Efficient Non-Precious Metal Catalyst for Oxygen Reduction Reaction in Acidic Medium [J]. ACS Catalysis, 2014, 4 (11): 3928-3936.

[67] Li J, Zhou N, Song J, et al. Cu-MoF-Derived Cu/Cu_2O Nanoparticles and Cunxcy Species to Boost Oxygen Reduction Activity of Ketjenblack Carbon in Al-Air Battery [J]. ACS Sustainable Chemistry & Engineering, 2018, 6 (1): 413-421.

[68] Wang M, Lai Y, Fang J, et al. Hydrangea-Like $NiCo_2S_4$ Hollow Microspheres as an Advanced Bifunctional Electrocatalyst for Aqueous Metal/Air Batteries [J]. Catalysis

Science & Technology，2016，6（2）：434-437.

[69] Lu X，Zhang Z，Hiraki T，et al. A Solid-State Electrolysis Process for Upcycling Aluminium Scrap [J]. Nature，2022，606（7914）：511-515.

[70] Ponweiser N，Richter K W. New Investigation of Phase Equilibria in the System Al-Cu-Si [J]. Journal of Alloys and Compounds，2012，512（1）：252-263.

[71] 桂长清. 铝空气电池的前景 [J]. 电池，2002，32（5）：3.

第 4 章

镁燃料电池

镁具有易提取、分布广泛等特性，在我国具有绝对的资源禀赋优势。镁燃料电池以金属镁或镁合金为阳极，以空气中的氧气为阴极，通过二者之间的氧化还原反应进行化学能与电能的转化。其理论能量密度较高（$14kW \cdot h \cdot L^{-1}$ 和 $3.9kW \cdot h \cdot kg^{-1}$），加上镁的低成本和储量丰富（地壳中含量约为 2.08%）等优势，镁燃料电池有望成为下一代电动汽车和大规模储能系统的"绿色"电源[1]。本章从镁矿产资源角度出发，介绍了镁的基本性质、国内分布、制备技术以及应用；而后进一步介绍了镁燃料电池的基本结构、性能和特点、国内外研究进展；最后对镁燃料电池未来绿色回收和实际应用方面发展做出了展望。

4.1
镁资源

4.1.1 镁的性质

镁是一种金属元素（图4.1），元素符号为 Mg，原子序数为12，位于元素周期表第三周期 Ⅱ A 族，原子量为 24.305，有同位素 ^{24}Mg、^{25}Mg、^{26}Mg 等。镁是地球上第四常见的元素，也是地球上储量最丰富的轻金属元素之一，在地壳中丰度达 2%。镁可从卤水中提取，属可再生资源。纯镁的强度很低，在工业上很少能直接应用，往往需要加入一定量的其他元素以改变其生产工艺和使用性能。工业上的镁合金一般为三元以上合金，主要合金元素有铝、锌、锰、铁、镍和铜等。

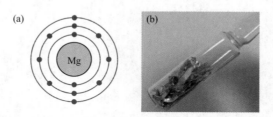

图 4.1 镁元素及镁金属（来源：百度百科）

4.1.1.1 物理性质

镁在室温下为稳定的固态，具有银白色金属光泽和近乎完美的密排六方结构（hcp）。标准大气压下，镁的熔点为 650℃，沸点为 1090℃；随着压力增加，镁的熔点逐渐升高。镁的密度小，为 $1.74g \cdot cm^{-3}$；热导率为 $1.57W \cdot cm \cdot K^{-1}$；电阻率为 $47n\Omega \cdot m$。镁的常见物理性质如表 4.1 所示。

表 4.1　镁的物理性质（来源：科学阿尔法）

性质	数值	性质	数值
原子序数	12	沸点/K	1380±3
原子价	2	汽化潜热/$kJ \cdot kg^{-1}$	5150~5400
原子量	24.305	升华热/$kJ \cdot kg^{-1}$	6113~6238
原子体积/$cm^3 \cdot mol^{-1}$	14	燃烧热/$kJ \cdot kg^{-1}$	24900~25200
原子直径/Å	3.2	镁蒸气比热容 c_p/$kJ \cdot kg^{-1}$	0.8709
泊松比	0.33	电阻率 ρ/$n\Omega \cdot m$	47
密度/$g \cdot cm^{-3}$	1.74	热导率 λ/$W \cdot m^{-1} \cdot K^{-1}$	153.6556
莫氏硬度	2.5	273K 下电导率/$mS \cdot m^{-1}$	38.6
熔点/K	923	再结晶温度/K	423

4.1.1.2　化学性质

镁具有强还原性，与沸水反应放出氢气，燃烧时产生炫目的白光；镁与氟化物、氢氟酸和铬酸不反应，也不受苛性碱侵蚀，但极易溶解于有机和无机酸中；镁能直接与氮、硫和卤素等化合；镁与包括烃、醛、醇、酚、胺、酯和大多数油类在内的有机化学药品反应均较为轻微，但和卤代烃在无水的条件下反应却较为剧烈，生成格氏试剂；镁与二氧化碳发生燃烧反应，因此镁燃烧不能用二氧化碳灭火器灭火；镁能与 N_2 和 O_2 反应，在空气中剧烈燃烧并发出耀眼白光，该反应放热，最终生成白色固体。镁的化合价通常为＋2 价，常见化学性质见表 4.2。

表 4.2　镁的化学性质（来源：科学阿尔法）

性质	数值
化合价	0；＋2
原子半径/pm	160
离子半径/pm	68
第一电离能/eV	7.64
电负性	1.31
电极电位($vs.$ 标准氢电极)/V	2.37

4.1.2　镁资源概况

镁是地球的重要组成元素，储量极其丰富，约占地壳质量的 2.1%~2.7%，在地壳表层储量居第 8 位，仅次于氧、硅、铝、铁、钙、钠和钾。同时，镁是海水中除氧、氢元素之外的第 3 富有元素，约占海水质量的 0.13%，即每立方米海水中含有近 1.3kg 镁。

镁在自然界中以化合物形式存在，如氧化物、碳化物、硫酸盐、硅酸盐等，常见于液体和固体矿物（表 4.3）中。液体矿资源包括海水、天然盐湖卤水和地下卤水；固体矿资源主要是指含镁矿物，大致可分为硅酸盐、碳酸盐、氯化物和硫酸盐四类（图 4.2）。

表 4.3　主要含镁物质以及镁含量（来源：亚洲金属网）

矿物名称	成分	Mg/%
方镁石	MgO	60
水镁石	$Mg(OH)_2$	41
菱镁石	$MgCO_3$	28
橄榄石	$(MgFe)SiO_4$	28
蛇纹石	$3MgO \cdot 2SiO_2 \cdot 2H_2O$	26
滑石	$3MgO \cdot 4SiO_2 \cdot 2H_2O$	23
水镁矾	$MgSO_4 \cdot H_2O$	17
白云石	$MgCO_3 \cdot CaCO_3$	13
双氯光卤石	$MgCl_2 \cdot KCl \cdot 6H_2O$	9
钾盐镁矾	$MgSO_4 \cdot KCl \cdot 3H_2O$	9
卤水	$NaCl \cdot KCl \cdot MgCl_2$	0.7～3
海水	—	0.13

图 4.2　常见镁矿石（来源：亚洲金属网）

我国是世界上菱镁矿资源继俄罗斯之后最为丰富的国家，特点是地区分布不广，储量相对集中，大型矿床多。我国菱镁矿储量占世界总储量的 21%，产量占 67%，已探明储量的矿区 27 处，分布于 9 个省（区）。此外，中国的白云石矿资源以及盐湖镁资源均居于世界前列。

4.1.3 镁制备技术

金属镁的生产原料主要是菱镁矿、白云石、海水、盐湖水和地下盐卤、光卤石等天然矿产资源，纵观世界各国金属镁冶炼工业，广泛使用的炼镁方法可分为熔盐电解法和热还原法两大类。

4.1.3.1 熔盐电解法

氯化镁熔盐电解法的原料可以是菱镁矿、卤水或光卤石，包括无水氯化镁的制取和电解制镁两个过程。其中，菱镁矿和氧化镁氯化生产无水氯化镁分别以菱镁矿和氧化镁为原料，以石油焦或其他碳质为还原剂，将两者置于氯化炉内，通入氯气而制得熔融的氯化镁（800～1000℃），然后在高温下电解熔融的无水氯化镁使之分解成金属镁和氯气。高温情况下水对熔盐性质的影响是致命的，因此，高纯度的无水氯化镁是电解法制镁的关键。根据所用原料及处理原料的方法不同，电解法炼镁又可细分为道乌法、光卤石法、氧化镁氯化法、AMC法（氯化电解法）、诺斯克法等。

目前，电解法仍是当今工业生产金属镁的主要方法，但存在成本高、投资大、产生有毒气体等问题，还需要进一步解决实际生产中的技术问题。

4.1.3.2 热还原法

由于还原剂种类不同，热还原法可分为三种：碳化物法、碳热还原法和金属热还原法。

（1）碳化物法

碳化物法是在 900～1100℃、100Pa 条件下，以碳化钙为还原剂还原氧化镁，其总反应为：

$$MgO + CaC_2 \longrightarrow Mg + CaO + 2C \qquad (4.1)$$

该反应在耐热合金钢制的还原罐内进行，为加速还原过程，需要添加少量萤石（CaF_2）粉；还原过程终止后冷凝得到结晶镁，进一步将其熔化铸成镁锭。实际生产过程中镁的收率约为 65%，若制取 1t 镁，需要消耗 3t 煅烧菱镁矿、5.4t 碳化钙以及 0.3t 萤石。由于 CaC_2 活性较低且易吸湿，造成实际工业中产率较低，此法在第二次世界大战以后已停用。

（2）碳热还原法

碳热还原法利用氧化镁还原得到金属镁的原理来制取纯镁，还原剂主要是木炭、煤、焦炭等碳质材料，其反应式为：

$$MgO + C \rightleftharpoons Mg + CO \qquad (4.2)$$

由于该反应是可逆反应，在标准状态下，当温度高于 1850℃ 时，反应正向进行，MgO 被 C 还原；当温度低于 1850℃，CO 将 Mg 氧化成 MgO。在实际冶炼过程中，压成团块的炉料在三相电弧炉内进行还原，反应温度为 1095～2050℃。还原过程在氢气气氛下进行，防止炉内进入空气而引起镁燃烧和爆炸。为防止冷却时反应产物 Mg 被 CO 氧化为 MgO，需要通入大量不可与镁发生反应的中性气体，并将混合气体温度从 1900～2000℃ 急冷至 250℃ 以下，从而将镁冷凝成镁粉，以从气体中分离出来。此法得到的镁粉含 Mg、MgO 和 C 等，经真空蒸馏可除去掺杂的 MgO 和 C，而后将所得镁熔化铸成镁锭。这种方法的优点是还原剂成本低，但由于生产过程需使用大量的氢气，危险性很高，出于安全考虑，该方法很少应用。

（3）金属热还原法

金属热还原法是指用金属或其合金作为还原剂的热还原过程。氧化镁金属热还原的反应通式为：

$$m\,MgO + n\,Me \longrightarrow m\,Mg + Me_n O_m \tag{4.3}$$

在一定条件下，硅、铝、钙、锰、锂等金属或非金属可以将氧化镁还原得到镁，但由于实际应用技术的限制，工业生产中主要是以硅含量为 75% 的硅铁合金作为还原剂（皮江法），主要起还原作用的是硅，而铁不起还原作用。在某些条件下，铝硅合金也可以作为还原剂，其中的硅和铝均能还原氧化镁得到纯镁。近年来，为降低炼镁工业的能耗，同时减少废渣排放，国内外科研工作者开始研究以白云石为原料，以铝粉、铝硅铁合金或铝硅合金为还原剂的铝热真空热还原炼镁技术。在还原过程中，铝起还原作用的方法称铝热法，硅起还原作用时称硅热法，其还原温度高于铝热法。硅热法是主要的热还原方法，并在工业上广泛应用。硅热法以煅烧白云石为原料，以硅铁作还原剂，在高温和真空条件下反应制得纯镁。

4.1.4 镁提纯技术

4.1.4.1 真空升华法

真空升华法是在真空和一定温度条件下，由于镁和其中所含杂质蒸气压的不同，镁优先从固态蒸发，从而与杂质分离，随后直接冷凝成固态的一种提纯方法。该法操作简单，升华温度低，可用于大批量生产，所得产品纯度也较高，是工业规模生产 4N（纯度 99.99%）镁的主要方法。另外，真空升华法提纯镁的质量与升华速度有很大关系，当炉温控制较低时，镁升华速度较慢，镁与杂质分离效果好，能生产纯度为 99.99% 以上的高纯镁；当温度控制较高时，镁升华速度较快，镁与杂质分离效果相对较差，仅能生产纯度为99.9%以上的高纯镁。

4.1.4.2　真空蒸馏法

真空蒸馏法利用镁与杂质的饱和蒸气压不同而达到分离杂质的目的。工业规模真空蒸馏法生产高纯镁所采用的设备与真空升华法相同，所用真空蒸馏器示意图如图4.3所示。

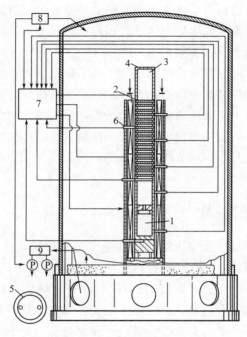

图4.3　真空蒸馏器示意图

1—蒸馏用坩埚；2—冷凝塔板；3—冷凝塔顶部出气口；4—冷凝塔固定结构；
5—测温用热电偶；6—隔热板；7—控温装置；8—数据系统；9—排气管

4.1.4.3　区域熔炼法

区域熔炼法是利用金属熔化和凝固过程中杂质在主体金属液固相中的分配系数不同这一原理进行提纯的一种工艺过程。该方法虽能提纯较高纯度的镁，但是产能较低，区熔次数多，因此不宜作为主要提纯方法，一般作为末端提纯手段。

4.1.4.4　熔剂精炼法

熔剂精炼法制备粗镁或镁合金为多数镁厂和镁合金铸造厂所采用，主要目的是去除非金属夹杂物，如固体夹杂物（MgO、SiO$_2$ 等）、覆盖熔剂及碱金属夹杂物（K、Na）等。去除过程主要是在镁或镁合金熔化后，加入特制的精炼熔剂并加以搅拌，以使熔液中的夹杂物与熔剂充分接触，待生成熔渣后，沉降一段时间后就可以达到除杂的目的。目前，该方法的主要困难在于不能同时去除多种杂质和夹杂的熔剂。另外，由于熔剂的加入还容易产生熔剂夹杂现象。

4.1.4.5　感应炉精炼法

感应炉是利用电磁感应原理在坩埚及金属炉料内产生电磁涡流，通过涡流作用使得熔融金属在垂直平面内剧烈运动，因而不再需要人工搅拌。这种涡流能够产生热量，故其热效率高（总效率为 83％～85％），同时，由于炉中坩埚表面不受灼热气体的作用，可以避免剧烈的氧化，大大降低了用于制备熔化设备材料的能耗。另外，这种加热装置可以自动调频，启动无冲击，并能根据精炼要求灵活调整功率。但感应炉本身无法去除镁中的杂质，需与添加剂深度精炼法联用，因此感应炉精炼法也具有添加剂深度精炼法的缺点。在实际精炼过程中，对杂质成分不同的粗镁，需选择对应成分组成的添加剂，且对于杂质含量过高的粗镁，精炼效果并不理想。

4.1.5　镁合金的应用

镁及其合金是迄今工业应用中最轻的金属结构材料，具有重量轻、密度小、强度高、刚性好、压铸性能好、电磁屏蔽性和减震性好、可循环利用等特性，因此被材料专家誉为 21 世纪最具有开发和应用潜力的绿色工程材料。近几年，镁及其合金开始替代铝材和钢材，广泛用于飞船、飞机、导弹、汽车、计算机、通信产品、消费类电子产品的制造等，其生产和消耗呈快速上升趋势。

（1）国防工业领域

镁合金作为最轻的工程金属材料，具有比强度及比刚度高、密度小、阻尼性及减震性能优良、电磁屏蔽能力强等特点，完全可以满足现代武器装备、航空航天对材料理化特性的需求。对单兵装备来讲，轻量化的装备是提升特种作战效能、加强快速运动部署能力的重要助力。在轻武器中采用大量镁合金构件可在保证强度和适用性的基础上极大降低整体质量，如 XM29 是未来单兵武器的设计方向。在航空航天方面，采用镁合金构件减重可以有效提高整机的推重比、续航里程以及载弹量，如 B-52H 大型轰炸机的机身蒙皮、内框架、发动机均大量采用镁合金[2]。镁合金的军事应用见图 4.4。

（2）冶金工业领域

在冶铁工业中，镁常被用作脱硫剂和制造球墨铸铁。在钢铁的冶炼过程中，

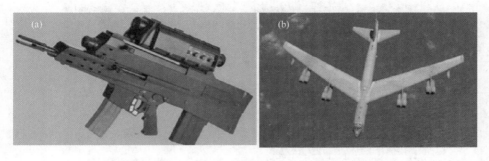

图 4.4　镁合金的军事应用

（a）XM29 镁合金步枪；（b）采用镁合金蒙皮的 B-52H 轰炸机

镁可以和硫结合形成硫化镁，硫化镁能浮在铁水表面而便于清除（图 4.5）。这些镁通常来自低品质的废金属，并与石灰结合后加入到熔融金属中。镁加入到铸铁中能使石墨球化，从而显著提高其韧性，扩大了铸铁的应用范围。此外，镁也常用作生产非铁合金（钛、锆、铍和铀等）的还原剂[3]。

图 4.5　镁法脱硫喷淋环节

（3）汽车工业领域

目前，全球镁合金消费量最大的是汽车行业。为减轻汽车总重，镁合金压铸件在汽车上的使用愈来愈多，包括仪表盘、方向盘、变速箱、油底壳、气缸罩盖、座椅架及轮毂等多个关键零部件（图 4.6）。其中，欧洲汽车用镁占镁总消耗量的 14％，预计今后将以 15％～20％ 的速度递增，有望实现汽车百公里耗油小于 3L 的目标。数据显示，全球镁合金消耗量在汽车压铸件方面的增长率连续多年保持在 15％ 的水平，是当前及未来新的产业亮点。

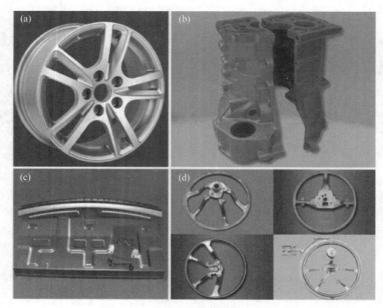

图 4.6　汽车中镁合金构件

（a）镁合金轮毂；（b）镁合金发动机外壳；（c）镁合金气缸罩盖；（d）镁合金方向盘

（4）新能源领域

Mg 在元素周期表中处于 Li 的对角线位置，根据对角线法则，两者的化学性质具有很多的相似之处。但 Mg 不如 Li 活泼，加工处理更安全，价格仅为 Li 的 1/24；Mg/Mg^{2+} 的标准电极电位 $-2.37V$（$vs.$ SHE），镁的理论比容量高达 $2205mA \cdot h \cdot g^{-1}$；镁及镁的化合物几乎都无毒或低毒、对环境友好。由此可见，镁及镁合金是一种较为理想的电极材料[4]。镁空气电池及镁钠固体电池见图 4.7。

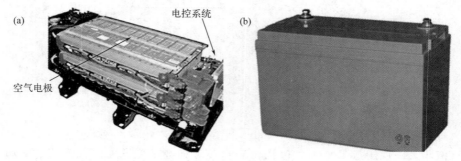

图 4.7　（a）镁空气电池；（b）镁钠固体电池

（5）医疗产业领域

目前广泛应用于人体骨骼移植，制备医用骨钉以及骨板的钛合金、聚乳酸和不锈钢等传统生物材料都存在着各自的短板。硬度过高的金属材料，如钛及钛合金、不锈钢等，在作为人体支撑结构的材料时会存在应力遮挡效应。由于人体骨骼和这些硬质金属的弹性模量差距较大，人体自身骨骼受力遮挡，降低整体强度，还会因为受力不均使得人体康复缓慢。聚乳酸材料韧性较好，但强度不高，不能应用于承重位置。相比于常用的 Ti_6Al_4V 等人体植入材料，医用 Mg 合金（图 4.8）的弹性模量十分接近人类骨骼，有效避免了应力遮挡效应。作为植入材料 Mg 的降解产物镁离子对人体无毒无害，并且可以通过新陈代谢排出体外，避免了二次手术的环节，对于发育期的儿童和身体愈合能力较差的老年人来讲是理想且无害的植入材料[5]。

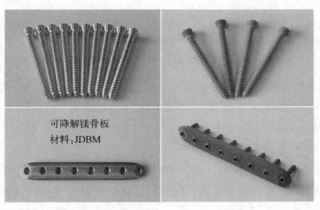

图 4.8　可降解镁制骨钉与可降解镁骨板（来源：知乎 镁途）

4.2
镁燃料电池概述

4.2.1　镁燃料电池的基本原理

镁燃料电池由镁阳极、中性盐电解质和空气（氧气或其他氧化剂）阴极组成。镁-氧气电池是最常见的镁燃料电池，其原理和结构示意图如图 4.9 所示。

镁-氧气电池的电化学反应如下：

阳极反应：
$$Mg \longrightarrow Mg^{2+} + 2e^-, \quad E = -2.69V \tag{4.4}$$

阴极反应：
$$O_2 + 2H_2O + 4e^- \longrightarrow 4OH^-, \quad E = 0.40V \tag{4.5}$$

电池总反应：
$$Mg + \frac{1}{2}O_2 + H_2O \longrightarrow Mg(OH)_2 \tag{4.6}$$

可以看出，在放电过程中，镁失去两个电子，被氧化成 Mg^{2+}；氧气通过空

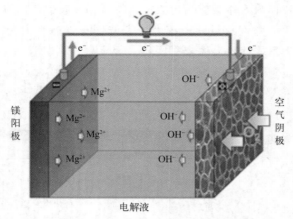

图 4.9　镁-氧气电池的工作原理与结构示意图[6]

气电极进入到电解液中，与水发生反应生成 OH^-。相比于其他燃料电池，镁-氧气电池的理论电压较高，可达到 3.09V，理论比容量为 $2205mA \cdot h \cdot g^{-1}$，能量密度为 $3910kW \cdot kg^{-1}$，能够在 $-26 \sim 85℃$ 温度范围内工作。由于一般条件下空气电极的反应很难达到标准状态下的热力学平衡，实际所测开路电压一般为 1.6V，远远低于理论值。另外，由于镁电极多为片状电极，在相同的电流密度下，镁电极的有效电流密度远大于多孔锌电极，导致严重的电极极化，故镁-氧气电池在性能方面略低于锌-氧气电池。该电池阴极以金属网格作为骨架兼集流体，表面涂覆一层包含催化剂（含 $10\% \sim 25\%$ 聚四氟乙烯的悬浮液）和添加剂的活性炭，阴极外部为一层疏水性乙炔炭黑构成的防水层，可以在渗透空气的同时起到隔绝电解质的作用。

4.2.2　镁燃料电池的结构

如图 4.10 所示为镁燃料电池的一种典型结构。空气电极分居于电池的两侧，中间层为镁电极，正负极之间为隔离层。

（1）金属阳极

传统的镁板阳极存在库仑效率低、容易钝化以及自放电速率高等问题。在 $Mg(ClO_4)_2$ 和 14% 的 NaCl 混合电解液中，镁阳极还会与电解液发生腐蚀反应，生成 $Mg(OH)_2$ 和 H_2，反应式如下：

$$Mg + 2H_2O \longrightarrow Mg(OH)_2 + H_2 \uparrow \qquad (4.7)$$

所生成的较致密的 $Mg(OH)_2$ 钝化膜使得镁阳极在开始放电后的极短时间内不能产生正常的阳极溶解，而放电时负极释放的电子由双电层提供，导致镁阳极的电极电位发生急剧变化，如图 4.11 所示。该过程不仅影响镁阳极的活性溶解，

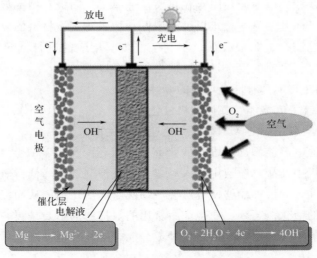

图 4.10　典型镁燃料电池结构图[7]

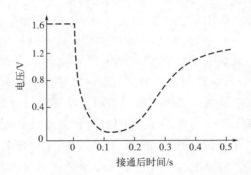

图 4.11　电压放电后的滞后作用（来源：百度文库）

降低其库仑效率，还严重影响镁燃料电池的整体性能。

　　目前，开发高利用率的镁阳极材料是镁燃料电池研究的热点和难点问题之一，其关键是寻求高性能镁合金材料、减小析氢腐蚀以及解决活化与钝化之间的矛盾。为解决这些问题，可将镁和其他合金元素制成二元、三元乃至多元合金，以细化镁合金晶粒、增大析氢反应的过电位、降低自腐蚀速率；同时，镁合金阳极还可以调控钝化膜的结构，使致密的钝化膜变成疏松多孔且易脱落的腐蚀产物，从而减轻钝化问题，以促进电极活性溶解并提高镁燃料电池的电化学性能。

　　（2）电解质

　　镁在中性盐电解质中具有很高的活性，当前镁燃料电池主要采用中性盐溶液或海水作为电解液，已报道的镁燃料电池电解质有 $NaCl$、$KHCO_3$、NH_4NO_3、$NaNO_3$、HNO_3、$NaNO_2$、Na_2SO_4、$MgCl_2$、$MgBr_2$ 以及 $Mg(ClO_4)_2$。但工业镁合金用作镁燃料电池阳极时存在自腐蚀速率快、阳极利用率低以及严重的阳极极化等问题，使其工作电位难以满足中性盐体系对负极材料的要求。另外，腐蚀产物会附着在镁合金阳极表面，不利于电化学反应的进行，导致电池性能降低。为达到镁燃料电池的要求，电解质必须符合以下条件：

① 镁阳极在其中具有低且均匀的腐蚀速率；

② 在高电流密度下能够降低阳极极化；

③ 可以使电解质中的 $Mg(OH)_2$ 快速凝固沉积。

镁燃料电池电解液添加剂方面的研究鲜有报道。为提高镁燃料电池的性能，通常需要在常规中性盐电解液中加入一定量的氢抑制剂以降低析氢反应的过电势和电极的自腐蚀，并添加能够使自腐蚀产物减少的活化剂，从而促进腐蚀产物的脱落和镁阳极的活化。当今工业生产中常用的氢抑制剂主要是锡酸盐、二硫代缩二脲和季铵盐等单一抑制剂，或是几种成分混合的复合型抑制剂。

（3）空气阴极

镁燃料电池的性能与空气阴极密切相关。典型空气阴极由四部分组成：防水透气层、气体扩散层、催化剂层和导电层。防水透气层通常是一种具有防水性的多孔物质（如石蜡），用于分离电解液和空气，允许 O_2 透过而阻隔 CO_2 和 H_2O。气体扩散层通常具有高的孔隙率和电子导电性，由含有疏水材料，如聚四氟乙烯（PTFE）的乙炔黑制成。催化剂层由氧还原反应（ORR）的活性催化剂组成，分散在靠近电解质的气体扩散层表面。常用的催化剂为贵金属，如 Ag、Pt、Pd 等。除阳极腐蚀外，空气阴极高的过电位是造成镁燃料电池库仑效率低的主要原因，提高空气阴极的性能对镁燃料电池性能的提升起着至关重要的作用。因此，目前对镁燃料电池的研究主要集中于寻找廉价、高效的氧还原电催化剂和研究新型结构的阴极制备技术。

4.2.3　镁燃料电池的特点

镁的电极电位较负、电化学当量较小，镁燃料电池具有以下优点：

① 环保节能。镁及镁合金密度较小，镁的体积比容量为 $3833mA \cdot h \cdot cm^{-3}$，在碱性溶液中电极电势为 $-2.37V$。镁燃料电池不仅重量轻，而且能量高，其理论能量密度为 $3.9kW \cdot h \cdot kg^{-1}$，是锌燃料电池的 3 倍、锂电池的 5～7 倍，因此非常适合用作便携式电源或野外作业电源。

② 使用安全。在中性盐水溶液镁燃料电池体系中，反应物为金属镁合金、水和氧气，产物主要为氢氧化镁沉淀物，反应物和产物均无毒、无污染，且回收后的氢氧化镁经还原可重新制成镁锭循环利用。

③ 应用领域广。镁燃料电池主要应用于中功率的照明、通信设备、小家电

等耗能产品，以及固定式户外照明、车载或小型船舶携带的紧急备用电源等，可以有效降低用电成本，解决缺电区域用电和紧急备用电源的电流稳定性问题。

基于镁燃料电池结构特性，其仍存在容量损失大、负极利用率低和电压损耗大等缺点。其中，容量损失大和负极利用率低主要由镁的自腐蚀引起，而镁的负差数效应将进一步加剧其自腐蚀。

目前，镁燃料电池仍处于初级研究阶段，其商业化仍有很长的路要走。基于我国庞大的镁资源储量，未来镁电池一旦实现产业化应用，我国在新能源领域对国外的依存度将大幅下降，特别是在锂资源方面，同时电池制造成本也将显著降低。

4.3
镁燃料电池研究进展

4.3.1 镁电极研究现状

镁阳极在镁燃料电池中起着至关重要的作用，其不可避免的腐蚀问题严重限制了镁燃料电池的进一步发展。为了提高镁燃料电池的性能，有必要讨论镁阳极的腐蚀机理。如图 4.12（a）所示，镁的腐蚀是一个热力学过程，具体分为以下三个步骤：

$$阳极反应： \qquad Mg \longrightarrow Mg^{2+} + 2e^- \qquad\qquad (4.8)$$

$$阴极反应： \qquad 2H_2O + 2e^- \longrightarrow H_2 + 2OH^- \qquad\qquad (4.9)$$

$$析氢反应： \qquad Mg^{2+} + 2H_2O \longrightarrow Mg(OH)_2 + H_2 \qquad\qquad (4.10)$$

$$腐蚀总反应： \qquad 2Mg + 2H_2O + O_2 \longrightarrow 2Mg(OH)_2 \qquad\qquad (4.11)$$

其中，析氢反应（HER）是镁腐蚀的主要因素。除了 HER 外，负差效应（NDE）也是导致镁腐蚀的一个重要因素。对于铁、锌或钢等大多数金属而言，当施加电位升高时，阳极电流上升，同时阴极电流下降［图 4.12（b）中的 I_a 和 I_c 曲线］。但镁的表现却截然不同，随着外加电位增加，阳极电流 I_{Mg} 和阴极电流 I_H 均上升，这种特性被称为负差效应。负差效应加剧了析氢反应，从而加速了镁的腐蚀。几十年来，科研人员一直在研究 NDE 的原因，并提出了多种可能的机制，但没有一种机制可以完全解释负差效应[8,9]。

镁腐蚀的另一个因素是电化学腐蚀，该腐蚀由镁板中的杂质（如金属铁、镍或铜）引起。研究发现，电化学腐蚀与杂质含量直接相关。一般而言，杂质含量

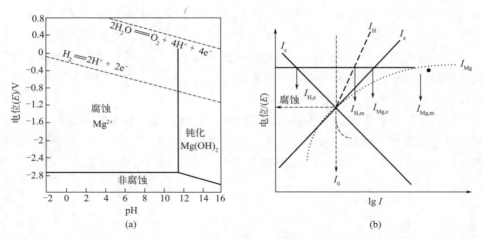

图 4.12　(a) 25℃时镁-水系统的泡佩克斯图；(b) 镁电化学腐蚀
过程中的电位-电流图（来源：科普中国）

越低，腐蚀速率就越低，一旦杂质含量超过"耐受极限"，腐蚀速率会大大增加。例如，铁、镍和钴的"耐受极限"约为 0.2%（质量分数），表明这些元素即使在很微量时仍对镁有害[10]。由此可见，HER、NDE 以及杂质均会导致镁腐蚀。这就要求理想的镁阳极材料具有较低的 HER 反应速率、较小的 NDE 和低杂质含量；同时，副产物 Mg(OH)₂ 也应易于从阳极中清除，以获得新的活性位点。因此，寻找反应活性高、腐蚀速率慢的新型镁基阳极材料是镁燃料电池发展的关键。迄今为止，镁燃料电池的研究工作主要集中在两个方向，一个方向是将镁与其他金属进行合金化以抑制 HER，另一个方向是改善金属镁自身的性质。

4.3.1.1　合金化优化阳极性能

镁及镁合金由于良好的电化学性能成为一种发展潜力巨大、应用领域广阔的金属阳极材料。当前主要通过合金化技术改善镁合金阳极的电化学性能，使之能满足实际工作要求。但是目前合金化效果最好的元素是 Pb、Tl、Hg 等重金属元素，使得电池用镁阳极材料在民用领域受到一定限制[11]。此外，镁合金阳极材料本身的析氢腐蚀现象依然比较严重，导致阳极的库仑效率不高且利用率较低。因此，研制环保型镁阳极材料、降低镁阳极的腐蚀并提高其利用率对于拓展镁阳极材料的使用范围具有重要意义。图 4.13 给出目前学界关注的几种主要镁合金阳极材料的元素组成。

（1）Mg-Al 系

镁铝合金是镁燃料电池较为经典的合金阳极。在镁铝合金相图中，当铝的浓

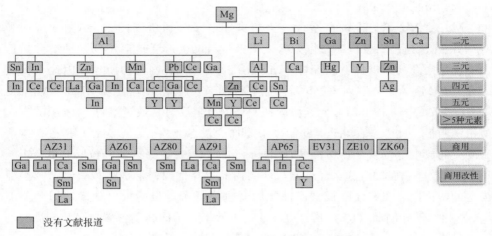

图 4.13　镁合金阳极材料的元素组成[12]

度低于 10%（质量分数）时，镁会以六方紧密堆积（hcp）结构形成固相。因此，镁中引入的铝不仅能提高其物理强度，还能抑制 HER，从而抑制阳极的自腐蚀[13]。

目前，AZ 系镁阳极被广泛报道，其主要由基体 α-Mg、第二相 $Mg_{17}Al_{12}$ 组成。相关研究表明，AZ 系镁阳极的腐蚀性能与自身的显微组织结构及合金元素的含量密切相关。其中，$Mg_{17}Al_{12}$ 对镁基体的腐蚀具有双重作用，当其含量较少或者尺寸粗大时，一般充当阴极，加速镁基体的腐蚀，而当其含量较多时，可结成网状，阻止腐蚀的扩展[14]。一般而言，Al 元素固溶于镁基体中可以提高基体的耐腐蚀性能，其含量还能决定 $Mg_{17}Al_{12}$ 相的占比，同时可以在镁基体表面形成致密的氧化铝富集层来保护基体。随着 Al 含量的增加，镁合金阳极自腐蚀和钝化程度均降低，阳极利用率逐渐增加，因此 Al 被证明可以提高 AZ 系列镁燃料电池的放电电压[15]。此外，Wang 等系统研究了基于 AZ31、AZ61、AZ91 合金的镁燃料电池的电化学性能，以选择一种常见的商用镁合金来减少镁电极的钝化和自腐蚀[16]。其中，AZ91 合金由于具有高的铝含量而表现出高的放电电压和阳极利用率，进一步验证了 Al 对 Mg 阳极放电性能的双重影响，即高析氢过电势的 Al 降低了 Mg 阳极的自腐蚀，同时 Al 可以形成 $Al(OH)_3$ 以减少 Mg 阳极的钝化并促进 $Mg(OH)_2$ 副产物的剥离。进一步在镁铝合金中加入少量锌生成的镁铝锌合金（如 AZ31）也被广泛用于镁燃料电池，最常见的为 AZ31、AZ41、AZ61、AZ63 及 AZ91。此类镁阳极材料的利用率相对较高，但放电活性相对较低，主要用作一些小功率、长时间使用水下设备的动力电源或作为低电位的牺牲阳极材料。

（2）Mg-Al-X 系

Mg-Al-X 系镁合金的典型代表为英国镁电子公司研制的 Mg-Al-Pb 系列和 Mg-Al-Tl 系列镁阳极。二者作为电池阳极材料已被广泛地运用到各种型号的鱼雷中，是当今镁阳极材料的标杆。Mg-Al-Tl 系列含有剧毒物质铊，因此很少被研究。对 Mg-Al-Pb 系 AP65 镁阳极进行了深入研究[17]，发现 AP65（Mg-6% Al-5% Pb）中的 Al 和 Pb 元素协同抑制镁的析氢反应，通过溶解-再沉积的方式活化镁阳极。此外，在 AP65 镁阳极中添加少量 Sn、Zn 等元素后，其在大电流密度下的放电电位发生负移，同时阳极活化时间缩短。另外，晶粒取向也会影响 AP65 的放电和腐蚀行为，经轧制，轧制面经过择优取向形成了以（0001）晶面为主的密排面，在有效降低自腐蚀的同时也降低了电极的放电效率，因此截面（CS）相对于轧制面（RS）具有更高的放电效率。不同轧制位置对 AP65 晶粒的影响见表 4.4。

表 4.4　不同轧制位置对 AP65 晶粒的影响

镁合金	平均晶粒尺寸/μm	平均粒子尺寸/μm	颗粒面积密度/mm^2
AP651-RS	32.5±12.2	2.0±0.7	1747.8
AP651-CS	38.9±19.8	1.8±1.1	1822.5
AP651-RS	24.9±9.0	2.0±1.4	2983.8
AP651-CS	28.0±10.3	1.9±1.5	3060.6

（3）Mg-Mn 系

镁锰系镁合金是一种常用的牺牲阳极材料，具有放电电压高、电化学活性高、环保无污染、可大量应用于土壤或海水中等特点，在目前的牺牲阳极材料市场中占据主导地位，其典型代表为 DOW Chemical 公司研制的 Mg-Mn 镁阳极。相比于锌阳极和铝阳极，镁锰阳极仍存在自腐蚀严重、利用率较低（一般只有 50%左右）、消耗较快、使用成本相对较高等不足。同时，在现有工艺下，Mg-Mn 镁阳极在熔炼过程中易生成夹杂物及其他铸造缺陷，会对其电化学性能产生不利影响。因此，Mg-Mn 镁阳极对生产工艺的要求非常严格。通过合金化或降低 Mn 含量抑制自腐蚀、简化生产工艺以及提升产品品质是当前 Mg-Mn 系镁阳极材料的研究热点。例如，侯军才等人[18] 发现在 Mg-1%Mn 合金中加入 0.1% 的 Sr 元素后，晶界处形成的 $Mg_{17}Sr_2$ 弱阴极相可阻碍镁合金的晶间腐蚀，同时合金的晶粒也得到了细化，其充放电效率得到明显提升；Shamsudin 等人[19] 研究发现 Ca 含量较低的 Mg-Mn-0.35Ca 阳极合金表面钝化程度较低，其与开路电位（OCP）测试结果一致，表明降低 Ca 含量有利于减弱合金表面的钝化；Yamauchi 等人[20] 向 Mg-1%Mn 中添加了 0.5%的 Ca，发现 Ca 的存在能够细化晶粒、提高充放电效率，并且 Ca 与 Mg 还可以形成弱阴极相 Mg₂Ca，缓解合金的晶间腐蚀；王登峰等人[21] 在镁锰合金中加入少量 Ca 后进行热处理，发现固溶工艺参数对其电化学性能影响较大，其中 Ca 加入量约为 0.6% 的 Mg-Mn 合金经 480℃/8h 固溶处理后，其腐蚀电位会上升约 15mV，腐蚀速率下降约 60%。

（4）Mg-Hg 系

Mg-Hg 系镁阳极最早由苏联开发，现今依然在俄罗斯军方服役，主要应用于鱼雷动力电池。国内中南大学研制的 Mg-Hg 系阳极材料处于世界先进水平，其在 $200mA \cdot cm^{-2}$ 电流密度下的利用率与 AP65 接近，但放电电位更负、析氢腐蚀较低、腐蚀产物易脱落。另外，马正青等人[22] 对 Mg-Hg-X 合金的活化机理进行了研究，认为合金活化源自高析氢过电位元素反复进行的溶解-沉积过程，该过程不断破坏镁基体表面的钝化膜结构，使镁基体持续暴露在电解质溶液中，有利于阳极材料的电化学反应持续发生。此外，冯艳等人[23] 认为 Mg-Hg-Ga 系合金中的第二相 Mg_3Hg、Mg_5Ga_2、$Mg_{21}Ga_5Hg_3$ 能够显著影响镁阳极材料的腐蚀与电化学性能。当这些第二相分布在晶界时，会降低材料的耐腐蚀性能，但第二相以细小的颗粒弥散分布时，能提高镁阳极的耐腐蚀性能，从而改善放电性能。同时，该工作提出 Mg-Hg-Ga 系合金的活化机理为溶解-再沉积机制，即在放电初期第二相加速其周围镁基体的溶解，随后脱离镁基体并形成点蚀坑，再进入溶液中的 Hg 和 Ga 离子会被 Mg 还原并以液态混合物的形式沉积在镁的表面，从而破坏其表面的钝化膜，以促进腐蚀产物脱落和 Mg 的活性溶解。

（5）Mg-Li 系

近年来，Mg-Li 阳极材料也成为镁阳极一个重要研究方向。一般来说，Mg 在放电过程中存在电压滞后效应，向 Mg 中加入 Li 后，不仅能够减小滞后效应、提高合金比能量，还能提高镁的室温加工性能，使镁阳极能够加工成所需形状。例如，Li 等人[24] 研究发现 Mg-Li-Al 三元镁阳极材料的耐腐蚀性能和库仑效率均优于 AZ31 镁阳极；夏等人研究了 Al、Ce、Zn、Mn 等合金元素对于 Mg-Li 合金电化学性能的影响，发现 Mg-5.5%Li-3%Al-1%Ce-1%Zn-1%Mn 具有更好的放电活性和更高的库仑效率，并以此阳极材料组装了 $Mg-H_2O_2$ 半燃料电池，其电池峰值功率可达 $110mW \cdot cm^{-2}$[25]。

4.3.1.2　结构改性提升阳极性能

除了成分，镁合金的微观结构也会影响其电化学性能。纳米结构材料通常表现出新的理化性质，而这些性质在相应的块体材料中并不存在[26,27]。因此，研究人员将纳米材料引入燃料电池领域。在形态可控的镁燃料电池中，Li 等人通过气相输运法制备了微球、纳米棒和海胆状纳米结构的镁阳极，发现这些微/纳

米结构镁阳极在 $Mg(NO_3)_2$-$NaNO_2$ 电解质中的电化学活性均优于商品 Mg 粉末，且海胆状 Mg 具有最高的能量密度和倍率性能，由于其多孔网状结构增加了活性位点的数量，加速了副产物 $Mg(OH)_2$ 在特定电解质中的沉降，从而提高了镁燃料电池的性能。此外，Xin 等人[28] 报道了一种厚度仅为 100nm 多孔镁薄膜用于碱性一次镁燃料电池。其中，薄膜的形貌可以通过调节沉积温度来控制，在 150℃下沉积的镁薄膜组装的镁-空气电池具有高的开路电压（1.41V）和大的放电容量（821mA·h·g^{-1}）。进一步研究发现，其多孔网络纳米结构不仅可以降低 Mg 电极的阳极极化，而且有效提高了 Mg 本身的活性，从而提高了 Mg 电极的利用效率。但这些工作只是缓解了钝化膜的形成，并不能从根本上解决 Mg 阳极在水溶液中的钝化问题。相比之下，虽然在传统有机电解质中也会观察到钝化膜，但在适合于可充电镁燃料电池的特定有机电解质（即以醚为溶剂）中可以实现可逆的镀镁和条带化。

4.3.2　电解质研究现状

理想的镁燃料电池电解质需要具有高 Mg^{2+} 电导率、宽电化学窗口、热稳定性、低挥发性、低可燃性和环境友好性等特点。目前，各种镁燃料电池电解质已被开发，主要可以分为以下四类：水系电解质、有机电解质、凝胶聚合物电解质以及离子液体电解质。

4.3.2.1　水系电解质

在水溶液中，镁阳极易发生自腐蚀，导致镁表面形成一层致密的氢氧化镁钝化层，阻碍进一步的阳极反应。由于分解氢氧化镁所需的电位会导致镁的大量腐蚀和氢气析出，水系 Mg 燃料电池仅被视为一次电池。目前，镁燃料电池水系电解质的研究主要集中于在实际应用所需的电流密度下减少阳极腐蚀和降低阳极氧化过电位。对于水系 Mg 燃料电池，Mg 电极极易受到腐蚀，导致高的极化电位，因此金属阳极的性能与电解质密切相关，进一步影响镁燃料电池的性能。在阳极反应中，金属镁的腐蚀现象和电解质的 pH 密切相关。表 4.5 总结了金属镁在各种水溶液中的腐蚀电位，可以看出，相比于酸性或中性溶液，镁在碱性溶液中具有更高的耐腐蚀性。最近的研究表明，若将 pH 值调节到 10 以上，由 LiCl、$MgCl_2$ 或两种盐的混合物组成的近饱和水溶液可以有效抑制析氢反应，从而提高 Mg 的耐腐蚀性。Mg 在碱性溶液中耐腐蚀性高的原因是 Mg 或 Mg 合金表面部分形成了 $Mg(OH)_2$ 膜，以保护阳极活性材料免受腐蚀。但电极表面的氢氧化物膜同时会阻碍阳极反应，导致电池内阻增大，因此镁燃料电池通常采用中性电解质[29,30]。

表 4.5　金属镁在不同水溶液中的开路电位

电解质	$E(vs. NHE)/V$
NaCl	−1.72
Na_2SO_4	−1.75
HCl	−1.68
HNO_3	−1.49
NaOH	−1.47
NH_3	−1.43

此前，酸碱解耦电解质已广泛应用于各种电池体系。得益于酸性电解质中较高的阴极电位和碱性电解质中较高的阳极电位，酸碱解耦体系可以获得更高的工作电压。此外，适用于阳极的电解质并不总是能与阴极或催化剂材料兼容，使用解耦电解质可以为不同电极材料提供良好的工作环境。Kee 等人报道了一种用于镁燃料电池的新型双电解质体系，以硫酸（H_2SO_4）作为阴极电解质、硝酸钠（$NaNO_3$）作为阳极电解质[31]。该酸性阴极电解质不仅可以提高阴极电位来提高镁燃料电池的整体工作电位，同时能够中和 OH^- 以消除由 $Mg(OH)_2$ 带来的表面钝化。

除了 pH，水溶液中的阴离子类型也对阳极腐蚀具有重要影响。通过对一系列含不同阴离子的中性盐溶液的研究可以发现，在一定电流密度下，金属镁阳极在 $Mg(NO_3)_2 \cdot 6H_2O$ 和 $NaNO_2$ 混合电解质中的腐蚀电位较低且腐蚀更为均匀，同时阳极极化程度更低且 $Mg(OH)_2$ 薄膜的成型速度较快[32]。此外，研究人员还发现 Cl^- 和 SO_4^{2-} 更容易腐蚀 Mg 且腐蚀速率高，而 NO_3^- 或 NO_2^- 虽然也会腐蚀镁，但其腐蚀程度远不如氯化物。因此，$Mg(NO_3)_2 \cdot 6H_2O$ 和 $NaNO_2$ 比其他镁盐更适于作为镁燃料电池电解质。

与阳极腐蚀有关的另一个因素是电解质浓度。纯镁在海水（$0.05mol \cdot L^{-1}$）中的腐蚀速率约为 0.25mm/年，而在 $3mol \cdot L^{-1}$ $MgCl_2$ 溶液中的腐蚀速率是海水中的 1200 倍。因此，镁燃料电池通常要求采用低浓度的盐溶液作为电解质。此外，调控金属/电解质界面微环境也是提高镁阳极耐腐蚀性的有效方法。科研人员采用氯化磷离子液体和水作为电解质组装了镁燃料电池[33]，发现镁阳极表面在开路状态时已经形成了一层非晶态凝胶状界面，以稳定金属/电解质界面，进而提高镁燃料电池的性能。

4.3.2.2　有机电解质

可充电镁燃料电池通常使用有机电解质，但有机电解质同样会造成 Mg 阳极的钝化。镁燃料电池的可逆性在很大程度上取决于首次放电过程中形成的固体-电解质界面（SEI）。然而，Mg 与大多数有机电解质反应形成的 SEI 层不足以支持

Mg^{2+}的快速扩散而成为钝化层，反向抑制了 Mg 沉积/剥离过程的可逆性。Lu 等人[34]研究了有机电解质中溶剂和电解质盐对 Mg 阳极的影响，发现镁燃料电池的电化学性能主要受到 Mg 阳极钝化层的限制，而溶剂（酯类、砜类、酰胺类）和盐（BF$_4$、PF$_6$、AsF$_6$）都会钝化 Mg 阳极。因此，有必要进一步开发与镁阳极相容的有机电解质。上海交通大学研究团队[35]开发了一种 MOEA 溶剂化的阳离子/阴离子复合物电解质，可以在 Mg 和 Mo$_6$S$_8$ 表面形成富含 Mg$_3$N$_2$ 和 C$_x$N$_y$ 的界面层，以抑制负极界面副反应，并通过在正极界面的竞争性去溶剂化来加速 Mg^{2+} 的插层动力学。使用 MTD-MOEA 电解质的各类电池的电化学性能测试结果如图 4.14 所

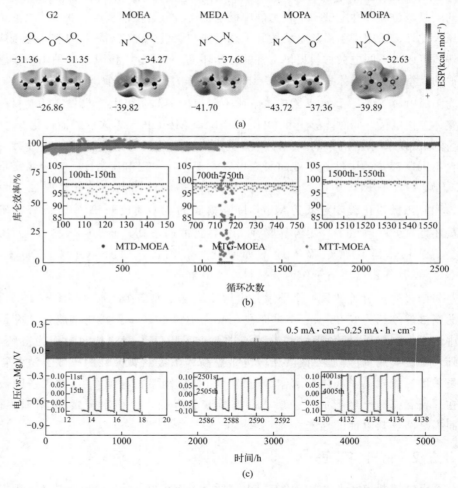

图 4.14 （a）G2、MOEA、MEDA、MOPA 和 MOiPA 等各种溶剂的化学结构和氧化还原电位比较；（b）MTD-MOEA（1∶8）电解质中全电池循环性能；（c）MTD-MOEA（1∶8）电解质中全半电池循环性能[36]

示，其中 Mg‖Mg 对称电池在 0.5mA·cm^{-2} 电流密度下具有超过 5000h 的超长循环寿命，SS‖Mg 电池在 8200 次循环后（约 11 个月）的平均库仑效率仍为 98.3%，Mo$_6$S$_8$‖Mg 全电池在 0.5C 电流密度下循环 1000 次后的放电容量仍可达到 59.3mA·hg^{-1}。

4.3.2.3 凝胶电解质

基于凝胶电解质的金属燃料电池具有安全性高、能量密度高、设计灵活等优点。鉴于聚合物电解质在锂燃料电池中的研究和应用已经相对成熟，科研人员尝试将凝胶电解质应用于镁燃料电池[37,38]。例如，Liew 等人设计了一种用于镁燃料电池的环保型水溶性石墨烯（WSG）掺入的凝胶电解质，重点研究了琼脂浓度对电解质性能的影响，发现掺入 WSG 的琼脂凝胶电解质可以构建稳定的电极/电解质界面，有效增强 Mg 的耐腐蚀能力 [图 4.15（a）]。其中，掺有 WSG 的 3% 琼脂凝胶电解质构建的镁燃料电池具有 1.6~1.7V 的高开路电压（OCV）和 1010.60mA·h·g^{-1} 的放电容量 [图 4.15（b）]。2021 年，Li 等人报道一种由聚环氧乙烷有机凝胶和交联聚丙烯酰胺水凝胶组成的双层凝胶电解质用于镁燃料电池。其中，有机凝胶可以降低腐蚀速率，水凝胶中的氯离子有助于产生独特的针状产物，确保活性 Mg 在放电过程中与电解质紧密接触，从而提高放电容量，因此实现了迄今为止具有最高的平均比容量（2190mA·h·g^{-1}）和能量密度（2282W·h·kg^{-1}）的镁燃料电池，如图 4.15（c）、（d）所示。电解质提高镁阳极耐腐蚀性的机理见图 4.15（e）。

4.3.2.4 离子液体电解质

离子液体（IL）是在室温下呈液态的离子化合物，对无机盐和有机溶剂都具有高溶解性[39-42]。与传统有机电解质相比，离子液体电解质具有更低的蒸气压和可燃性、更高的热稳定性以及更宽的电化学窗口，已应用于锂离子电池[39]、钠离子电池[40]、镁离子电池[41]、金属燃料电池[42] 和金属-硫电池等各种电池体系。

据报道，基于离子液体（IL）的电解质稳定镁阳极和电解质的界面膜[12]，而在离子液体基础之上引入低聚醚添加剂或使用功能化离子液体阳离子可以进一步提高界面膜的稳定性，实现 Mg^{2+} 的可逆沉积和剥离[43]。2016 年，Law 等人在三电极配置的多晶 Au 和玻璃碳电极上研究了含和不含 Mg^{2+} 的丁基-1-甲基吡啶双（三氟甲磺酰基）亚胺盐（[BMP][TFSI]）电解质的 ORR 和 OER 过程，并讨论了它们对镁燃料电池阴极反应的影响[44]。在没有 Mg^{2+} 的情况下，由于 O$_2$ 还原成超氧阴离子 O$_2^-$（O$_2$ + e$^-$ ⇌ O$_2^-$）形成了一种可逆的单电子传

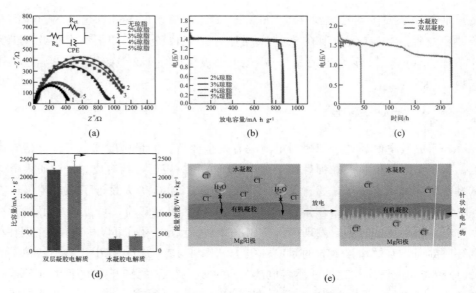

图 4.15　不同 WSG 含量琼脂电解质的电化学性能

（a）电化学阻抗谱图；（b）11.11mA·cm^{-2} 下镁燃料电池的放电性能；（c）Mg 燃料电池的
放电曲线；（d）电池的比容量和能量密度；（e）电解质提高镁阳极耐腐蚀性的机理
R$_s$—固有电阻；R$_{ct}$—电荷转移电阻；CPE—恒相位元

递过程，实现了稳定的 ORR 反应。而在含有 Mg^{2+} 的（Mg[TFSI]$_2$）[BMP]
[TFSI] 电解质中，由于钝化层的形成限制了 O$_2$ 和 O$_2^-$ 在电极表面的扩散，导
致了不可逆的 ORR 反应。进一步对电极上沉积物进行分析，发现除了 MgF$_2$，
该过程没有 MgO 或 MgO$_2$ 等 ORR 产物形成，说明 TFSI$^-$ 有助于减少有害
ORR 的发生。2019 年，Jusys 等人通过微分电化学质谱法和原位红外光谱模型
进一步研究了 [BMP] [TFSI] 中 Au 膜电极的 ORR 反应过程，发现在含有饱
和 O$_2$ 的 [BMP] [TFSI] 电解质中，O$_2$ 在更负的电位下才可以还原为过氧化
物阴离子。以上结果说明，ORR 过程中形成的阴离子对 IL 离子的吸附特性和交
换动力学有很大影响。但在 Mg^{2+} 存在下，ORR 变为不可逆反应，这与之前的
研究结果一致[45,46]。

　　这些研究表明，在含 Mg^{2+} 的 [BMP] [TFSI] 离子液体电解质中，ORR
的不可逆性主要归因于 ORR 产物不能被分解，阻碍了 O$_2$ 和 O$_2^-$ 的扩散。因此，
可充电镁燃料电池的未来发展方向是研究有利于 ORR 产物分解的含 Mg^{2+} 的液
体电解质和探索有效的双功能催化剂。

4.3.2.5　电解质添加剂

　　为了抑制镁阳极的自腐蚀，一方面可以在电解质中添加一些抑制氢离子反应

的可溶性无机盐，这些无机盐通常含有活泼性弱于镁的高析氢过电位的金属离子，当将其添加到电解液中时，镁可以与这些金属离子发生置换反应，使其还原为金属并沉积在镁合金的表面，而氢离子很难在这些金属表面吸附还原，因此镁阳极的副反应可以得到抑制，从而减小自腐蚀速率并提高镁合金阳极的利用率；另一方面还可以添加破坏镁阳极腐蚀产物的活化剂，从而促进其脱落以活化镁电极。目前，锡酸盐、季铵盐、二硫比脲及其混合物等一系列析氢抑制剂已经被证明可以抑制镁燃料电池中氢气的产生。其中，锡酸盐和季铵盐的混合物可以提高合金阳极的反应效率，从而提高镁燃料电池的工作电位。另外，一种含有硝酸钠和水杨酸盐的混合添加剂可以有效减少阳极自腐蚀和抑制析氢反应，实现镁阳极的均匀溶解并抑制镁的枝晶生成，极大改善了一次镁燃料电池的放电行为[34]。同时，这种复合电解质还可以减少镁阳极和空气阴极上腐蚀产物的形成，从而提高其容量。此外，Wang 等人发现一些镁离子络合剂也能提高镁燃料电池的放电性能，其添加不仅能够阻碍阳极表面钝化产物的形成，为放电反应提供更大的活性区域，还可以降低开路电压，减少放电副反应引起的电位下降[47]；Vaghefinazari 等人发现铁和次氮基三乙酸混合添加剂可以提高电池的放电电位，由于其中的铁离子会被转化为富铁杂质并作为阴极发生电极反应[48]，同时次氮基三乙酸可以抑制铁在镁阳极上的沉积，避免 $Mg(OH)_2$ 生成而导致的电极表面钝化（图 4.16）。

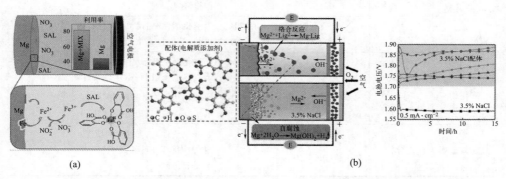

图 4.16 （a）镁离子络合剂电解质添加剂；（b）铁和次氮基三乙酸作为添加剂[49]

　　研究人员探究了不同镁离子络合剂作为电解质添加剂对电解质的改善效果，发现能够与镁离子形成可溶配合物的添加剂可以提高电池的放电性能。根据与镁离子络合能力的不同，添加剂阻碍了阳极表面放电产物的形成，为放电提供更大的活性区域，从而降低开路电压，减少放电副反应产物引起的电位下降。

4.3.3　镁燃料电池的催化材料

　　典型的空气阴极由四部分组成，即防水层、气体扩散层、催化剂层和集流层。其中，催化剂层是影响镁燃料电池空气阴极 ORR 过程的关键部件。ORR 过程复杂，包括许多电化学和化学步骤，并在反应过程中产生不同的中间体，其缓慢的反应动力学是造成镁燃料电池法拉第效率和库仑效率低的主要原因，与催化剂类型、表面状态和空气阴极结构有关。ORR 的可能途径有双电子途径和四电子途径，主要取决于催化剂的种类和状态[49]。镁燃料电池最常见的空气阴极催化剂有贵金属、过渡金属氧化物、含氮金属和碳基材料（表 4.6）。

表 4.6　镁燃料电池阴极催化剂的种类

种类		代表性例子	特点	参考文献
贵金属	铂基	铂	催化活性强；过电位低；四电子反应机制	[50]
		含铂合金	催化活性高于纯 Pt；四电子反应机制	[51]
	非铂基	钯、铜、银	催化活性低于 Pt；四电子反应机制	[52]
		无铂合金	催化活性高于纯贵金属，可与铂相媲美；四电子反应机制	[53]
碳基材料	碳材料	多孔碳、纳米管、石墨烯	高过电位和低限制电流密度；双电子反应机制；通常用作衬底	[54]
	改性碳	N 掺杂石墨烯，N 掺杂纳米管，P 掺杂石墨烯	催化活性高；准四电子反应机制；难以批量生产	
过渡金属氧化物	单一氧化物	MnO_x、$CaMnO_3$、$CoMn_2O_4$	催化活性低于铂；串联双电子＋双电子机制；稳定性良好	[55]
	复合氧化物	$Co_3O_4/r\text{-}GO$、$MnCoO/r\text{-}GO$、$Fe_3O_4/N\text{-}GA$	催化活性高，与 Pt 相当；四电子反应机制；稳定性良好	[56]
含氮金属大环化合物		FeTMPP/C、CoTMPP/C、$CoPcF_{16}@Ag/C$	催化活性高，与 Pt/C 相当；耐久性优于 Pt；低成本；四电子反应机制	[57]

注：r-GO 是还原氧化石墨烯，N-GA 是 N 掺杂石墨烯气凝胶，$CoPcF_{16}$ 是氯化钴酞菁。

4.3.3.1　贵金属材料

铂（Pt）基材料是一种高活性的 ORR 催化剂，在燃料电池和金属燃料电池中得到了广泛应用。作为贵金属，Pt 直接用作催化剂必然会增加镁燃料电池的成本，因此通常采用 Pt 基合金和纳米结构来降低 Pt 含量，同时提高催化性能。目前，各种具有 ORR 催化活性的 Pt 合金被提出，如 Pt-Co、Pt-Ni、Pt-Cu 等[58]。此外，将 Mo 元素引入 Pt/C 中可以增加 Pt 的 d 带空位密度，使 Pt 在 Pt-Mo 合金颗粒表面析出，从而增强 Pt/C 的催化活性。如图 4.17 所示，基于该 Pt-Mo/C 催化剂组装的镁-空气电池的响应电流和放电电压平台较 Pt/C 有明显改善[50]。

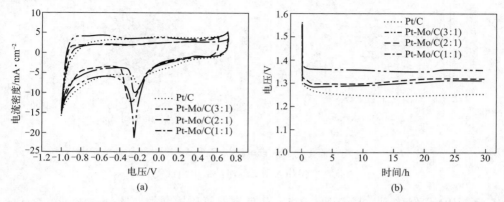

图 4.17 （a）不同 Pt-Mo 基催化剂电极在饱和 NaCl 水溶液中的循环伏安曲线；（b）不同 Pt-Mo 基催化剂在饱和 NaCl 水溶液电流密度为 5mA·cm^{-2} 时的镁燃料电池放电曲线[50]

4.3.3.2　过渡金属氧化物

Pt 的高价格限制了其大规模应用，相比之下，过渡金属氧化物相对便宜且稳定，是一类重要的非贵金属 ORR 催化剂，在金属燃料电池领域具有更大的实际应用潜力。在众多过渡金属氧化物 ORR 催化剂中，锰氧化物最为常见。研究发现，MnO_2 的 ORR 活性与其结构有关，具体表现为 β-MnO_2＜λ-MnO_2＜γ-MnO_2＜α-MnO_2[59]。另外，在锰氧化物中掺杂低成本的金属元素（如 Ni、Cu 等）可以增强其催化活性[60]。但是锰氧化物的本征导电性较低，严重影响其催化活性。为了解决这一问题，常将氧化锰与高导电性载体复合，如多孔碳和石墨烯。Li 等人报道了一种 Mn_3O_4 纳米线/三维石墨烯/碳纳米管（Mn_3O_4 NW/3D GN/SWCNT）电催化剂，其动态电流密度为 Pt/C 的 51.8%，计算得到的电子传递数接近 4.0，对应于四电子催化反应过程[61]。基于该催化剂的镁燃料电池表现出较高的开路电压（1.49V）和平台电压（1.34V），如图 4.18 所示。

4.3.3.3　含氮金属大环催化剂

含氮金属大环催化剂被认为是 Pt 基催化剂的潜在替代品，四甲基苯基卟啉（TMPP）、四苯基卟啉（TPP）、酞菁（Pc）等铁基和钴基大环化合物具有重要的研究意义。酞菁和卟啉的结构式见图 4.19[62]。在含氮金属大环化合物中，N 与过渡金属离子的配位提供了催化活性位点，高温处理的金属大环催化剂通常具有良好的氧还原活性和稳定性。例如，通过超声喷雾热解可制备一种高表面积的

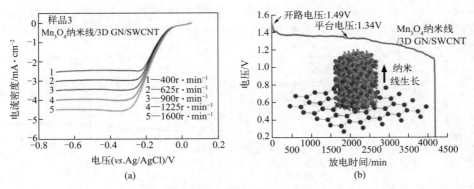

图 4.18 （a）复合催化剂的旋转电极伏安曲线；（b）混合电解质中
催化剂在添加离子液体时的放电曲线[61]

CoTMPP/C 催化剂，其表现出比 Pt/C 更高的氧还原活性。此外，Boukoureshtlieva 等人将 CoTMPP 用作镁燃料电池阴极催化剂，发现在活性炭阴极催化剂上热解的钴（Ⅱ）四甲基苯基卟啉（AC/CoTMPP）为基体的镁燃料电池可产生2.5～14A 的电流，功率可达 154W[63]。

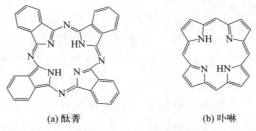

(a) 酞菁   (b) 卟啉

图 4.19 金属大环催化剂的结构式[62]

4.3.3.4 碳材料

碳材料在镁燃料电池的空气阴极中普遍存在，不仅可以作为导电剂和气体扩散层，还可以直接作为催化剂。当其作为催化剂时，往往在碳表面发生双电子的电还原反应[64]，形成的 HO_2^- 会氧化空气电极中的活性物质，导致双电子还原反应这一途径的效率相对较低，因此碳材料本身并不是很好的氧还原催化剂。尽管如此，由于高的比表面积和导电性，碳材料常被用作催化剂载体，可以与表面沉积的贵金属和过渡金属化合物产生协同催化作用。此外，氮掺杂碳材料也具有较高的 ORR 活性，这可能是因为氮原子可以降低 O_2 分子的解离能。例如，垂直排列的含氮碳纳米管（VA-NCNT）在碱性电解质中表现出比铂更优良的电催化活性和长期运行稳定性，其四电子的反应过程如图 4.20（a）～（c）所示。

同时，理论研究发现氮的存在使相邻的碳原子带上高正电荷，对活性的增强起着重要的作用，这一现象同样发生在含氮石墨烯中。这些结果表明，高比表面积的 N 掺杂碳材料有望代替 Pt 基催化剂。

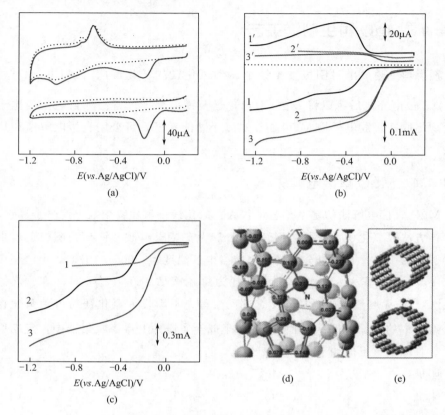

图 4.20 （a）～（c）VA-NCNT 催化剂的四电子反应过程；（d）NCNT 电荷密度分布；（e）氧分子在 CCNT（上）和 NCNT（下）上可能的吸附模式示意图

VA-NCNT、NA-CCNT 和 GC 分别代表垂直排列的含氮碳纳米管、无氮无排列碳纳米管和玻璃碳

4.4
镁燃料电池的绿色回收和再生

镁燃料电池放电完成后，阳极金属镁转化成氧化镁。为了充分发挥镁燃料电池的优势并提高其竞争力，必须在开发镁燃料电池的同时考虑和解决镁阳极的回

收和再生问题。本节将介绍当今氧化镁典型的工业化回收方法与再生技术、每种方法与技术的能耗状况和适用条件以及镁循环再生的重要意义和我国镁行业面临的挑战。

4.4.1 MgO 再生制镁工艺

镁燃料电池放电时阳极发生镁金属到氧化镁的转化反应（$Mg + \frac{1}{2}O_2 \longrightarrow MgO$），放电完成后可以将 MgO 取出，运至镁冶炼厂进行循环再生。相比于镁矿冶炼提取镁，放电产物 MgO 制镁难度小、能耗低，可采用直接电解法和热还原法。

4.4.1.1 MgO 直接电解法

MgO 直接电解法的基本工艺过程为：氧化镁→氟化物熔盐电解→金属镁。

该方法以氧化镁为原料、$MgF_2 + LiF$ 为支持电解质、铁棒为阴极、可更换石墨圆筒为阳极，并带有金属镁收集器。电解温度为（900 ± 10）℃，电流强度为 1700A，库仑效率为 $85\% \sim 90\%$，能耗为每吨镁 2.0 万千瓦·时，排放气体为 CO、CO_2，无废渣排放。具体反应过程为首先不断投入氧化镁粉得到氟化物熔盐，熔盐中的 Mg^{2+} 进一步在阴极还原生成金属镁并上浮于收集器中，定期取出铸锭。具体电解反应如下：

阴极： $\qquad Mg^{2+} + 2e^- \longrightarrow Mg \qquad\qquad (4.12)$

阳极： $\qquad 2O^{2-} - 4e^- \longrightarrow O_2 \qquad\qquad (4.13)$

与石墨作用： $\qquad 2O^{2-} + C - 4e^- \longrightarrow CO_2 \qquad\qquad (4.14)$

$\qquad\qquad O^{2-} + C - 2e^- \longrightarrow CO \qquad\qquad (4.15)$

研究发现，连续电解 15h，加入工业氧化镁粉 14.28kg，制得金属镁锭 9.23kg，金属的利用率为 $95\% \sim 97\%$，可能原因是 MgO 的加入量不足，导致部分 MgF_2 参与反应过程。所制备的金属镁纯度大于 99%，主要杂质包括 Fe（0.29%）、Al（0.23%）、Si（0.032%）、Ca（0.011%）、Mn（0.023%）和 Na（0.011%）。

4.4.1.2 氯化物熔盐电解法

氯化物熔盐电解法的基本工艺过程为：高纯氧化镁→氯化物熔盐电解→金属镁。

该方法以高纯氧化镁为原料、100A 石墨坩埚为电解槽和阳极、石墨棒为阴极（密度 $1.7g \cdot cm^{-3}$），电解温度为 700℃，库仑效率达 90.2%，能耗为每吨镁 $1.15 \times 10^4 kW \cdot h$。相比于直接电解法，其电解能耗降低 42.5%。所制金属镁的质量符合 GB/T 3499 一级品，纯度大于 99.95%，主要杂质包括 Fe（0.001%）、Si（0.004%）、Al（0.002%）、Mn（0.002%）和 Cl（0.001%）。

4.4.1.3 氧化镁碳热还原法

氧化镁碳热还原法的基本工艺过程为：氧化镁＋焦炭→金属镁＋CO（真空条件）。

该方法以轻质氧化镁为原料，以焦炭或烟煤为还原剂，并添加少量萤石加速还原反应。首先将原料粉磨至 100 目，称取质量比为 2 的还原剂和氧化镁，混合均匀后压制成圆柱形球团，干燥后装入真空炉。还原过程中维持系统压力为 10～100Pa，控制反应温度约 1500℃，反应时间 60min，测量冷凝器外部温度为 550℃，估计内部温度在 700℃以上。排放的气体主要为 CO，少量废渣为焦炭反应后的残留灰分。另外，真空碳热还原法的反应温度应大于 1352℃，对应的露点温度在 651℃以上，反应结束后冷凝得到镁块。其金属镁纯度为 94.3%，杂质主要为氧化镁，这可能是冷凝镁发生逆反应所致，残渣主要为未反应完全的氧化镁和固定碳。

4.4.2 镁循环再生的意义和挑战

镁合金是我国"十五"计划的第一批启动项目，镁电池的产业化也已经引起政府、企业界和科技工作者的高度重视，这是中国制造业高速健康发展面临的挑战和机遇。无论是从降低生产成本出发还是考虑环境保护问题，镁循环再生都是镁电池体系中必不可少的环节。在镁合金产品设计时必须考虑回收问题，这是基于产品全生命周期设计的重要组成部分。

在特定历史条件下，皮江法成就了我国现今原镁产量占世界 77.4%、出口量占世界消费量 60% 的大国地位，但同时也造成了不可忽视的能源、资源浪费和严重的环境污染问题。目前，我国金属镁工业正面临着严峻的技术、环境挑战和难得的发展机遇。为了我国乃至世界金属镁工业的可持续发展，亟须研发金属镁的清洁生产技术，因此借鉴国外先进技术、开发适合我国国情的镁再生技术已经成为当前一项非常紧迫的任务。

4.5
镁燃料电池的应用与展望

4.5.1 镁燃料电池的应用

镁燃料电池作为一种环保的高能量密度电源，特别是中性盐或海水电解质镁燃料电池系统，具有较高的性价比，可用于电动汽车动力系统、海洋水下仪器电源和备用电源等领域（图 4.21）。

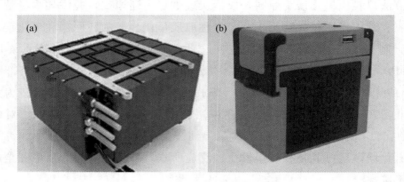

图 4.21　镁燃料电池的应用
（a）车用镁燃料电池；（b）应急电源镁燃料电池

4.5.1.1　储能备用电源

早在 20 世纪 60 年代，美国通用公司开发了一种以中性 NaCl 溶液为电解质的镁燃料电池，并将其作为电动汽车或太阳能发电的备用电源。目前，日本再次推进大容量镁燃料电池的研究，预期该电池的能量密度可达同重量锂电池的 10 倍。据报道，日本古河电池和凸版印刷两家公司合作开发出一种只需注入淡水或海水即可发电的大容量一次性镁燃料电池。该电池以镁为负极、空气中的氧气为正极，使用古河电池公司独自研发的氧还原催化剂代替普遍使用的铂或稀土材料，有效降低了生产成本并提高了氧还原效率。由于该电池在不注入水的情况下不会自放电，因此可以长期保存，非常适合作为防灾备用品。

2022 年，我国四川芦山地震现场也是镁燃料电池大展身手的战场。据报道，中国科学院大连化学物理研究所研制的"镁-空气储备电池"在四川地震灾区中起了重大作用（图 4.22）。该电池能满足一台 10W LED 照明灯工作 30 天，或为

200 部智能手机充满电，其能量密度达 $800W \cdot h \cdot kg^{-1}$，1kg 这种新型电池提供的能量相当于同重量汽车用铅酸电池的 30 倍。此外，科研人员提出利用太阳能还原镁燃料电池的新构想，即利用沙漠中充足的太阳能对放电后的镁燃料电池电极进行热还原，进一步将得到的镁进行提炼和再次利用，以达到多次循环利用镁的目的。

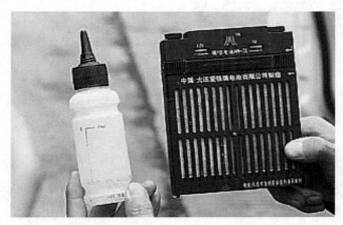

图 4.22　救灾用"镁-空气储备电池"（来源：中国青年报）

4.5.1.2　海洋水下仪器电源

目前，科研人员致力于将镁燃料电池应用于水下系统，并尝试利用大储量的海水资源，例如以海水中的溶解氧作为反应物，解决其资源问题。这种电池以镁合金为负极，通过海水来激活电池。由于该电池系统除镁之外，其他反应物均来自海水，其理论能量密度高达 $700kW \cdot kg^{-1}$。但海水中氧的含量很低，只有 $0.3mol \cdot m^{-3}$，需要保证燃料能够及时补充，从而不影响电池的正常工作，因此需要设计开放式的电池结构来确保正极与海水充分接触。

图 4.23（a）为用于水下任务的圆柱形镁燃料电池的结构示意图，其中，柱体外层由涂覆防污剂的多孔玻璃纤维制成，波纹状结构对应空气阴极，位于镁阳极外侧，整个结构对海水电解质开放。图 4.23（b）为此电池的放电曲线，尖峰代表在给小型铁/银电池充电，需要周期性地加入盐酸以维持体系的 pH 值。此外，镁燃料电池只能采用单体电池结构，并通过 DC-DC 转换器来提高输出电压。单体电池在干态即未激活状态时储存寿命很长，当其浸入海水并与海水充分接触后立即会被激活。

镁燃料电池虽然已有应用实例，但由于实际工作过程中的产气、排气以及技术、资金等问题，现仅限于开放式结构或电解质外循环方式的电池体系。

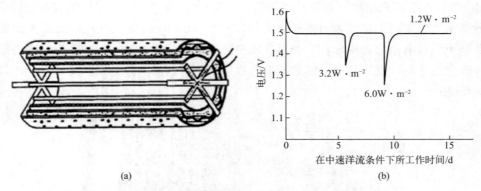

图 4.23 （a）圆柱形镁燃料电池示意图；（b）在 20℃、80μA 条件下
海水电池放电曲线（来源：百度百科）

4.5.1.3　汽车动力系统

　　近年来，镁燃料电池的研究已取得系列创新性进展，逐渐在新型镁合金阳极、阴极电催化剂、电解质添加剂以及优化阴极结构等方面产生了一定的效果。加拿大 Green Volt 电力公司成功开发出系列镁/海水/空气电池（MASWFC），此系统具有远高于铅酸电池的能量密度，不仅可为电视和电话供能，而且也能为车辆提供动力。另外，加拿大镁动力系统公司（Mag Power Systerm）认为燃料电池可以盐水（生理盐水）溶液作为电解质，该公司目前已开发了一种综合镁、氧气和海水电解质的镁燃料电池系统，其能量转换效率高达 90%，工作温度范围为 22～55℃，还可以用于电力和太阳能电力企业的支持系统。不仅如此，该公司认为镁燃料电池将在军工领域和交通工具市场成为广受欢迎的能源供应系统。东京工业大学的 Yabe 教授一直致力于推广镁燃料电池。据 Yabe 描述，装载锌燃料电池的汽车在 2003 年的续航里程为 600km，而同样质量的镁燃料电池可以提供 3 倍的能量，较锂离子电池的能量密度更是高出 7.5 倍。2013 年，韩国科学家完成全球首次镁燃料电池汽车的路面测试。尽管该电池的储能量很大，但其能量转化效率，特别是最终转化成实际动力的效率还十分有限。科研人员使用多种方法来改变镁阳极和空气阴极的化学成分，最终使镁燃料电池的能量转换效率较传统电池提高了一倍，且该电池充电仅需 10min（只需更换镁板和盐水电解质）。这种电动汽车的成功研发，加深了市场对镁燃料电池产业的憧憬。

4.5.2　镁燃料电池的展望

　　目前，镁基电池被认为是取代锂电池的最优选择，由于其比锂离子电池具有更高的能量密度，并且相比于锂，镁还是富产型材料。但镁燃料电池的理论研究还不够成熟，要真正解决其实际生产和应用中的关键问题仍存在诸多挑战。在阳极方面，需要开发具有高活性和低腐蚀速率的镁阳极材料，通过结构设计增加活性位点的数量以提高镁的利用率，并优化制备工艺；在阴极方面，可以通过开发新型催化剂以降低催化剂的成本，多种催化剂协调使用提高催化剂的活性和耐久性，通过调整多层结构增加氧气、电解质和催化剂之间的接触；在电解质方面，需要开发稳定、易生产且可以以高浓度在不同溶剂中使用的电解质[64]。

面对资源日益匮乏的严峻形势，储量丰富的镁资源有望为日后工业发展减轻负担，且目前工业技术、资金以及设备等问题逐渐被解决，为镁燃料电池的应用研究提供了良好的环境。高能量密度的镁燃料电池在环保型能源供应、紧急能源供应、通信能源供应方面具有良好的应用前景，或将成为下一个新能源电池的突破点，其发展任重而道远。

参考文献

[1] Ma Z，MacFarlane D R，Kar M. Mg Cathode Materials and Electrolytes for Rechargeable Mg Batteries：A Review [J]. Batteries & Supercaps，2019，2（2）：115-127.

[2] 张丁非，彭建，丁培道，等.镁及镁合金的资源，应用及其发展现状 [J].材料导报，2004，18（4）：72-76.

[3] 孙素娟.镁的应用空间巨大 [J].世界有色金属，2011（9）：70-70.

[4] 慕伟意，李争显，杜继红，等.镁电池的发展及应用 [J].材料导报，2011，25（13）：35-39.

[5] 李世普.生物医用材料导论 [M].武汉：武汉工业大学出版社，2000.

[6] Zhang T，Tao Z，Chen J. Magnesium-air Batteries：From Principle to Application [J]. Materials Horizons，2014，1（2）：196-206.

[7] Chen X，Liu X，Le Q，et al. A Comprehensive Review of the Development of Magnesium Anodes for Primary Batteries [J].Journal of Materials Chemistry A，2021，9（21）：12367-12399.

[8] Atrens A. Understanding Magnesium Corrosion，Recent Progress at UQ [C] //18th International Corrosion Congress 2011. Curran Associates，2011，3：1893-1896.

[9] Schram T，Franquet A，Terryn H，et al. Spectroscopic Ellipsometry：a Non-destructive Technique for Surface Analysis [J].Advanced Engineering Materials，1999，1（1）：63-66.

[10] Wei Q Y，Shao H S，Gong Q S，et al. Development and Application of Magnesium Fuel Cell [J].Chin J Power Sources，2005，29：182-186.

[11] Deng M，Höche D，Lamaka S V，et al. Mg-Ca Binary Alloys as Anodes for Primary Mg-air Batteries [J].Journal of Power Sources，2018，396：109-118.

[12] Yan Y，Gunzelmann D，Pozo-Gonzalo C，et al. Investigating Discharge Performance and Mg Interphase Properties of an Ionic Liquid Electrolyte Based Mg-air Battery [J]. Elec-

trochimica Acta，2017，235：270-279.

[13] Murray J L. Asm Handbook：Alloy Phase Diagrams ［M］. 1990.

[14] Wang W，Liu J，Chen J，et al. Electrochemical Corrosion Behavior of Mg-Al-Sn Alloys with Different Morphologies of β-Mg17Al12 Phase as the Anodes for Mg-Air Batteries ［J］. Electrochimica Acta，2023，470：143352.

[15] Wang W，Liu J，Wu T，et al. Micro-Alloyed Mg-Al-Sn Anode with Refined Dendrites Used for Mg-Air Battery ［J］. Journal of Power Sources，2023，583：233569.

[16] Ma J，Wang G，Li Y，et al. Electrochemical Investigations on AZ Series Magnesium Alloys as Anode Materials in a Sodium Chloride Solution ［J］. Journal of Materials Engineering and Performance，2019，28 （5）：2873-2880.

[17] Liu J，Hu H，Wu T，et al. Tailoring the Microstructure of Mg-Al-Sn-Re Alloy Via Friction Stir Processing and the Impact on Its Electrochemical Discharge Behaviour as the Anode for Mg-Air Battery ［J］. Journal of Magnesium and Alloys，2022.

[18] 侯军才，关绍康，任晨星，等.微量锶对镁锰牺牲阳极显微组织和电化学性能的影响 ［J］.腐蚀与防护学报，2006，26 （3）：166-170.

[19] Shamsudin S R，Rahmat A，Isa M C，et al. Electrochemical Corrosion Behaviour of Mg-（Ca，Mn）Sacrificial Anodes ［J］. 2013，795：530-534.

[20] Yamauchi K，Asakura S J M T. Galvanic Dissolution Behavior of Magnesium 1 Mass％ Manganese-0.5　Mass％ Calcium Alloy Anode for Cathodic Protection in Fresh Water ［J］. 2003，44 （5）：1046-1048.

[21] 王登峰，张金山，杜宏伟，等.镁锰合金的晶粒细化及其耐蚀性的研究 ［J］.铸造设备研究，2005 （1）：12-14.

[22] 马正青，庞旭，左列，等.镁海水电池阳极活化机理研究 ［J］.表面技术，2008，37 （1）：5-7.

[23] 冯艳，王日初，彭超群.合金元素对 Mg-Hg-Ga 阳极材料电化学行为的影响 ［J］.材料科学与工程学报，2011，29 （4）：489-495.

[24] Ma Y，Li N，Li D，et al. Performance of Mg-14Li-1Al-0.1Ce as anode for Mg-air battery ［J］. Journal of Power Sources，2011，196 （4）：2346-2350.

[25] Dai Y，Lim B，Yang Y，et al. A Sinter-resistant Catalytic System Based on Platinum Nanoparticles Supported on TiO_2 Nanofibers and Covered by Porous Silica ［J］. Angewandte Chemie International Edition，2010，49 （44）：8165-8168.

[26] Chen J，Cheng F. Combination of Lightweight Elements and Nanostructured Materials for Batteries ［J］. Accounts of chemical research，2009，42 （6）：713-723.

[27] Rao C N R，Müller A，Cheetham A K. Nanomaterials Chemistry：Recent Developments and New Directions ［J］. Nanomaterials Chemistry：Recent Developments and New Directions，2007.

[28] Xin G，Wang X，Wang C，et al. Porous Mg Thin Films for Mg-Air Batteries ［J］. Dalton Transactions，2013，42 （48）：16693-16696.

[29] Richey F W，McCloskey B D，Luntz A C. Mg Anode Corrosion in Aqueous Electrolytes and Implications for Mg-air Batteries ［J］. Journal of The Electrochemical Society，2016，163 （6）：A958.

[30] Ferguson J D，Weimer A W，George S M. Atomic Layer Deposition of Al_2O_3 Films on Polyethylene Particles [J]. Chemistry of materials，2004，16（26）：5602-5609.

[31] Leong K W，Wang Y，Pan W，et al. Doubling the Power Output of a Mg-Air Battery with an Acid-Salt Dual-Electrolyte Configuration [J]. Journal of Power Sources，2021，506：230144.

[32] Li W，Li C，Zhou C，et al. Metallic Magnesium Nano/Mesoscale Structures：Their Shape-Controlled Preparation and Mg/Air Battery Applications [J]. Angewandte Chemie International Edition，2006，45（36）：6009-6012.

[33] Khoo T，Howlett P C，Tsagouria M，et al. The Potential for Ionic Liquid Electrolytes to Stabilise the Magnesium Interface for Magnesium/Air Batteries [J]. Electrochimica Acta，2011，58：583-588.

[34] Lu Z，Schechter A，Moshkovich M，et al. On the Electrochemical Behavior of Magnesium Electrodes in Polar Aprotic Electrolyte Solutions [J]. Journal of Electroanalytical Chemistry，1999，466（2）：203-217.

[35] Zhang D，Wang Y，Yang Y，et al. Constructing Efficient $Mg(CF_3SO_3)_2$ Electrolyte via Tailoring Solvation and Interface Chemistry for High-Performance Rechargeable Magnesium Batteries [J]. Advanced Energy Materials，2023，13（39）：2301795.

[36] Liew S Y，Juan J C，Lai C W，et al. An Eco-friendly Water-soluble Graphene-incorporated Agar Gel Electrolyte for Magnesium-air Batteries [J]. Ionics，2019，25：1291-1301.

[37] Li L，Chen H，He E，et al. High-energy-density Magnesium-air Battery Based on Dual-layer Gel Electrolyte [J]. Angewandte Chemie，2021，133（28）：15445-15450.

[38] Han L，Lehmann M L，Zhu J，et al. Recent Developments and Challenges in Hybrid Solid Electrolytes for Lithium-ion Batteries [J]. Frontiers in Energy Research，2020，8：202.

[39] Åvall G，Mindemark J，Brandell D，et al. Sodium-ion Battery Electrolytes：Modeling and Simulations [J]. Advanced Energy Materials，2018，8（17）：1703036.

[40] Mandai T，Dokko K，Watanabe M. Solvate ionic liquids for Li，Na，K，and Mg batteries [J]. The Chemical Record，2019，19（4）：708-722.

[41] Fu J，Cano Z P，Park M G，et al. Electrically Rechargeable Zinc-Air Batteries：Progress，Challenges，and Perspectives [J]. Advanced Materials，2017，29（7）：1604685.

[42] Zhu N，Zhang K，Wu F，et al. Ionic Liquid-based Electrolytes for Aluminum/Magnesium/Sodium-ion Batteries [J]. Energy Material Advances，2021.

[43] Law Y T，Schnaidt J，Brimaud S，et al. Oxygen Reduction and Evolution in an Ionic Liquid（[BMP] [TFSA]）Based Electrolyte：a Model Study of the Cathode Reactions in Mg-air Batteries [J]. Journal of Power Sources，2016，333：173-183.

[44] Jusys Z，Schnaidt J，Behm R J. O_2 Reduction on a Au Film Electrode in an Ionic Liquid in The Absence and Presence of Mg^{2+} Ions：Product Formation and Adlayer Dynamics [J]. The Journal of Chemical Physics，2019，150（4）.

[45] Bozorgchenani M，Fischer P，Schnaidt J，et al. Electrocatalytic Oxygen Reduction and

Oxygen Evolution in Mg-Free and Mg-Containing Ionic Liquid 1-Butyl-1-Methylpyrrolidinium Bis（Trifluoromethanesulfonyl）Imide ［J］. Chem Electro Chem，2018，5（18）：2600-2611.

［46］ Wang L，Snihirova D，Deng M，et al. Tailoring Electrolyte Additives for Controlled Mg-Ca Anode Activity in Aqueous Mg-Air Batteries ［J］. Journal of Power Sources，2020，460：228106.

［47］ Vaghefinazari B，Höche D，Lamaka S V，et al. Tailoring the Mg-Air Primary Battery Performance Using Strong Complexing Agents as Electrolyte Additives ［J］. Journal of Power Sources，2020，453：227880.

［48］ Huang Z F，Wang J，Peng Y，et al. Design of Efficient Bifunctional Oxygen Reduction/Evolution Electrocatalyst：Recent Advances and Perspectives ［J］. Advanced Energy Materials，2017，7（23）：1700544.

［49］ Gao J，Zou J，Zeng X，et al. Carbon Supported Nano Pt-Mo Alloy Catalysts for Oxygen Reduction in Magnesium-air Batteries ［J］. RSC advances，2016，6（86）：83025-83030.

［50］ Wang D，Yu Y，Xin H L，et al. Tuning Oxygen Reduction Reaction Activity via Controllable Dealloying：a Model Study of Ordered Cu_3Pt/C Intermetallic Nanocatalysts ［J］. Nano letters，2012，12（10）：5230-5238.

［51］ Jiang L，Hsu A，Chu D，et al. A Highly Active Pd Coated Ag Electrocatalyst for Oxygen Reduction Reactions in Alkaline Media ［J］. Electrochimica Acta，2010，55（15）：4506-4511.

［52］ Oliveira M C，Rego R，Fernandes L S，et al. Evaluation of the Catalytic Activity of Pd-Ag alloys on Ethanol Oxidation and Oxygen Reduction Reactions in Alkaline Medium ［J］. Journal of Power Sources，2011，196（15）：6092-6098.

［53］ Kuanping，Gong，Feng，et al. Nitrogen-doped Carbon Nanotube Arrays with High Electrocatalytic Activity for Oxygen Reduction. Science，2009，323（5915）：760-764.

［54］ Suntivich J，Gasteiger H A，Yabuuchi N，et al. Design Principles for Oxygen-reduction Activity on Perovskite Oxide Catalysts for Fuel Cells and Metal-air Batteries ［J］. Nature chemistry，2011，3（7）：546-550.

［55］ Feng J，Liang Y，Wang H，et al. Engineering manganese oxide/nanocarbon hybrid materials for oxygen reduction electrocatalysis ［J］. Nano Research，2012，5：718-725.

［56］ Liu R，von Malotki C，Arnold L，et al. Triangular Trinuclear Metal-N_4 Complexes with High Electrocatalytic Activity for Oxygen Reduction ［J］. Journal of the American Chemical Society，2011，133（27）：10372-10375.

［57］ Cheng F，Chen J. Metal-air Batteries：From Oxygen Reduction Electrochemistry to Cathode Catalysts ［J］. Chemical Society Reviews，2012，41（6）：2172-2192.

［58］ Cao Y L，Yang H X，Ai X P，et al. The Mechanism of Oxygen Reduction on MnO_2-catalyzed Air Cathode in Alkaline Solution ［J］. Journal of Electroanalytical Chemistry，2003，557：127-134.

［59］ Lambert T N，Vigil J A，White S E，et al. Understanding the Effects of Cationic Dopants on α-MnO_2 Oxygen Reduction Reaction Electrocatalysis ［J］. The Journal of Physical Chemistry C，2017，121（5）：2789-2797.

[60] Li C S, Sun Y, Lai W H, et al. Ultrafine Mn_3O_4 Nanowires/Three-dimensional Graphene/Single-walled Carbon Nanotube Composites: Superior Electrocatalysts for Oxygen Reduction and Enhanced Mg/air Batteries [J]. Acs Applied Materials & Interfaces, 2016, 8 (41): 27710-27719.

[61] Liu H, Song C, Tang Y, et al. High-surface-area CoTMPP/C Synthesized by Ultrasonic Spray Pyrolysis for PEM Fuel Cell Electrocatalysts [J]. Electrochimica acta, 2007, 52 (13): 4532-4538.

[62] Boukoureshtlieva R, Milusheva Y, Popov I, et al. Application of Pyrolyzed Cobalt (II) Tetramethoxyphenyl Porphyrin Based Catalyst in Metal-air Systems and Enzyme Electrodes [J]. Electrochimica Acta, 2020, 353: 136472.

[63] Cheng J P, Shereef A, Gray K A, et al. Development of Hierarchically Porous Cobalt Oxide for Enhanced Photo-oxidation of Indoor Pollutants [J]. Journal of Nanoparticle Research, 2015, 17: 1-9.

[64] Liang H W, Zhuang X, Brüller S, et al. Hierarchically Porous Carbons with Optimized Nitrogen as Highly Active Electrocatalysts for Oxygen Reduction [J]. Nature communications, 2014, 5 (1): 4973.

第 5 章

锂燃料电池

锂燃料（Li-fuel batteries）电池，有时被称为锂-空气或锂-氧气电池，通过锂阳极和空气（O_2）阴极的电化学反应实现化学能和电能之间的可逆转化。可充电锂燃料电池因具有极高的能量密度而被认为是最具吸引力的能量存储与转化设备之一。本章从锂矿产资源角度出发，介绍了锂的基本性质、分布、制备技术以及应用；而后进一步介绍了锂燃料电池的基本结构、性能和特点，国内外研究进展；最后对锂燃料电池的未来发展做出展望，包括其应用与绿色回收。

5.1
锂资源

5.1.1　锂的性质

（1）物理性质

锂是最轻的碱金属，属于元素周期表 I A 族，原子序数为 3，原子量是 6.941。锂的原子核由三个质子和四个中子所组成，原子核周围存在三个电子，其中两个电子在 K 层圆形轨道上旋转，第三个电子沿着 L 层较复杂的轨道旋转。金属锂具有银白色金属光泽，密度为 $0.534g \cdot cm^{-3}$，熔点为 180.54℃，沸点为 1336℃，被誉为"能源金属"和金属材料的"维生素"。

在一般条件下，锂具有体心立方结构，晶格常数为 3.5023Å，在 183℃时为 3.4762Å。在低温时，锂和其他碱金属一样，具有马氏体型多晶转变的特性。在冷却到 -201℃时，开始向面心立方结构转变，进一步冷却会促使转变程度增大，但不会完全转变。低温时（140K），锂的塑性应变也会引起面心立方晶体的生成，这种转变在一般冷却条件下是不存在的。此外，在略高的温度下，冷加工也会引起面心立方结构的生成。锂在常温常压下不易挥发，高温时，锂蒸气能使火焰呈红色。锂蒸气是由单原子及双原子分子形成的混合物，几乎能同所有的金属（除铁之外）融合在一起。

（2）化学性质

金属锂特别活泼，易溶于水，与其他元素化合时形成离子键。加热时，锂与碳、硅、溴、碘、氯、熔融硫等反应剧烈，生成相应的离子化合物。在 500～800℃时，锂与氢反应生成氢化锂，从热力学计算上看，该化合物比其他碱金属氢化物更稳定。

在一定的条件下，金属锂能与大多数金属及非金属发生反应，但不能与惰性气体反应。在高温条件下，金属锂在空气中燃烧时发出浅蓝色火焰，反应极其剧烈，一旦着火则很难熄灭。锂燃烧时会放出浓厚的白烟，其中可能含有锂的氧化物。

金属锂能与水迅速反应，放出氧气并生成氢氧化锂。但块状金属锂与水的反应不像钾和钠与水的反应那样剧烈，可能是由于锂在反应过程中不会熔化。

锂还能与很多有机化合物以及卤素衍生物反应，生成相应锂的有机化合物。

由于金属锂的化学活性强，其腐蚀性高于钾和钠，且金属锂中杂质的存在会对腐蚀性造成更大的影响。例如，由于 Li_3N 具有高腐蚀性，目前还未发现能够在熔融 Li_3N 中保持稳定的金属与陶瓷材料。另外，金属锂中杂质多以 $LiOH$ 的形式存在，熔融 $LiOH$ 对结构材料的腐蚀作用和 Li_3N 一样，当加热到 $455\,℃$ 时，$LiOH$ 分解生成 Li_2O 和 H_2O。$LiOH$ 和 Li_2O 对大多数的金属氧化物都起作用，因此液态锂的存放非常困难。

5.1.2　锂资源概况

锂是一种碱金属元素，在地壳中的丰度约为 0.0065%（铜丰度仅为 0.005%），在所有元素中居第 27 位。自然界中锂资源存量丰富，主要以固体矿产资源和液体矿床资源形式存在，许多矿物、岩石、土壤、天然水中都含有微量锂。当前已发现的锂矿物超过 150 种，但仅有 28 种较为常见，包括锂磷铝石、锂云母、透锂长石、锂辉石和铁锂云母等。美国地质调查局（United States Geological Survey，USGS）数据显示，全球锂资源主要赋存形式中，液体锂资源占比达 64%，固体锂资源占比为 36%。对于锂矿资源的地缘分布情况，虽然全球锂资源丰富，但地缘分布不均，主要分布在美洲、亚洲和大洋洲的少数几个国家。其中，南美有"锂三角"之称的阿根廷、智利、玻利维亚这三个国家已探明的锂资源储量占全球锂资源储量的 68.8%。锂矿床主要分为岩石矿床和卤水矿床，卤水矿床中含有的锂资源总量远远大于岩石矿床。从全球范围来看，目前开采的主要为花岗岩型和伟晶岩型这两种类型的锂矿床，主要分布在美国、刚果、澳大利亚等国家；开采的卤水矿床主要分布在南美洲的玻利维亚、智利、阿根廷等国家。

我国锂资源具有显著的区域性集中特征，青海、西藏、四川、江西已探明的锂资源储量超过全国锂资源储量的 90%。我国拥有的锂资源类型十分丰富，包括盐湖型、花岗岩型和花岗伟晶岩型。盐湖型矿床主要分布在西部的柴达木盆地和青藏高原；花岗岩型矿床主要集中在江西省和湖南省；花岗伟晶岩型矿床主要集中在四川省和新疆维吾尔自治区。

我国锂资源市场情况如下：

① 锂资源相对丰富但禀赋较差，国内供给明显不足。我国锂储量和资源量均居世界前列，但缺乏优质的锂资源；高品位锂矿床较少，盐湖卤水中镁锂含量较高，锂含量低，且大多分布在青海、西藏等高原地区，基础设施较薄弱，开采条件较差，大量盐湖锂资源受制于技术产能未被释放。这些问题导致国内锂资源开发利用率不高，自供能力明显不足。同时，锂资源禀赋差导致开发成本高，一直以来国内锂资源现货价格明显高于国际水平。

② 我国是全球第一大锂资源贸易和消费国，但对锂资源国际定价权影响力有限。2019 年以来，我国锂资源消费全球占比一度超过 55％，成为全球最大的锂资源消费国，近年来碳酸锂和锂精矿进口量均居全球第一。我国盐湖卤水锂资源的开采受制于技术、开发条件、成本等因素发展缓慢，产出的碳酸锂缺口较大。

③ 我国锂资源市场产业链结构仍不完善，一体化程度有待提高。当前我国具有上游锂资源开发利用率低、中游锂电池企业同质化严重、下游产业集中度低、产业链延伸不足、各环节发展不均衡等问题。从产业链角度观察，无论是加工/电池企业向资源端延伸，还是矿山自建加工产能或与下游企业合作建厂，业内各方均试图打造自身业务的一体化协同，以提升行业竞争力。从国家角度观察，欧美具备明显的资源优势和广阔的终端汽车市场，目前正发力提升加工产能并尝试构建自身供应链闭环。

由于锂金属及其合金、各类锂化合物在核能、电池、航空合金、催化剂、冶金等行业得到了广泛应用，锂辉石、透锂长石、锂云母等矿物的开发程度大大增加，以这些矿物为原料生产的锂金属及各类锂化合物高达数十种。

锂精矿在玻璃、陶瓷中的应用为锂矿产的开发找到了更直接的应用途径。澳大利亚 Gwalia 公司是世界上最大的锂精矿生产商；加拿大 Tanco 公司开发的伟晶岩矿床，具有 60 多种矿物，其中锂矿物有锂辉石、透锂长石、锂云母、铝磷锂石等，而锂辉石含量最高。

5.1.3　锂的制备技术

金属锂的工业生产方法主要有熔盐电解法和真空热还原法。

5.1.3.1　熔盐电解法

熔盐电解法是传统制备技术，目前 90％以上的金属锂采用这种方法制备。其化学反应式如下：

$$\text{阳极：} \qquad 2Cl^- - 2e^- \longrightarrow Cl_2 \qquad\qquad (5.1)$$

$$\text{阴极：} \qquad 2Li^+ + 2e^- \longrightarrow 2Li \qquad\qquad (5.2)$$

5.1.3.2 真空热还原法

按还原剂种类不同，真空热还原法可分为四种：碳热还原法、氢还原法、硅热还原法和铝热还原法。

（1）碳热还原法

$$Li_2O + C \longrightarrow 2Li + CO \qquad\qquad (5.3)$$

美国矿物局在 1937 年就提出以碳为还原剂制备金属锂，反应温度为 1680℃。实验发现，所得产物易与 CO 气体发生二次反应，使产品被污染。之后研究人员提出使用碳化物例如 Li_2C_2 和 CaC_2 代替纯碳，其反应如下：

$$2Li_2O + Li_2C_2 \longrightarrow 6Li + 2CO \qquad\qquad (5.4)$$

$$2Li_2O + Ca_2C_2 \longrightarrow 4Li + 2Ca + 2CO \qquad\qquad (5.5)$$

（2）氢还原法

氢还原法以高纯氢为还原剂，首先将其加热到 1100℃，而后与 Li_2O 反应以制取金属锂。反应式如下：

$$Li_2O + H_2 \longrightarrow 2Li + H_2O \qquad\qquad (5.6)$$

该反应过程中易产生中间化合物，可能的形式为 LiH。

（3）硅热还原法

焙烧作业的反应： $\quad Li_2CO_3 \longrightarrow CO_2 \uparrow + Li_2O \qquad\qquad (5.7)$

还原作业的主体反应： $2Li_2O + Si \longrightarrow 4Li + SiO_2 \qquad\qquad (5.8)$

当 75# 硅铁过量 10%～15%、锂回收率 80% 时，可以计算出有关的技术经济指标：产品率 6.9%，渣率 93.1%，即每产出 1t 金属锂需 6.607t 碳酸锂、9.911t 石灰和 1.833t 硅铁，硅铁利用率为 72.75%，副产渣为 13.42t。

（4）铝热还原法

碳酸锂与铝氧土按分子比 1:1 进行配料，焙烧后制得铝酸锂烧成料，用铝粉作还原剂，在 13～68Pa 及 1150～1200℃ 下进行还原作业，锂的回收率为 90%。

焙烧作业反应： $Li_2CO_3 + Al_2O_3 \longrightarrow CO_2 \uparrow + Li_2O \cdot Al_2O_3 \qquad (5.9)$

还原作业反应： $Li_2O \cdot Al_2O_3 + \dfrac{2}{3}Al \longrightarrow 2Li + \dfrac{4}{3}Al_2O_3 \qquad (5.10)$

当锂回收率为 90% 时，可以计算出有关的技术经济指标：产品率 8.4%，渣率 91.6%。渣组成为 $Li_2O \cdot Al_2O_3$ 9.61%、Al 1.31% 和 Al_2O_3 89.08%，这是一种优质的铝氧土，可以作为碳酸锂的焙烧助剂。

因此，在使用还原渣作焙烧助剂时不仅可以取得和铝氧土作助剂相同的技术效果，而且可以提高铝的利用率和回收率（由 90% 提高到 97.5%），从而减少碳酸锂的用量，使每吨金属锂的原材料成本至少降低 20%。

5.1.4 锂的应用

锂具有许多重要性质，锂工业的发展与军事工业有密切的关系。目前，金属锂不仅成为国防上具有重要意义的战略物资之一，而且是一种与人类日常生活息息相关的重要金属元素。金属锂及其合金在原子能、核工业、冶金工业、电池、航空航天以及机械制备等领域应用广泛。自 1980 年，国际上已召开六次关于金属锂的学术会议，国内召开了两次，就一种金属元素如此频繁地召开学术会议，足见各国对金属锂的重视程度。

（1）在轻合金上的应用

今后铝锂合金的发展方向为致力于三种材料的开发：一是耐损伤合金；二是中强合金；三是高强合金。目前世界上铝锂合金的年需求量是 450～900t，其最大市场是用来制作导弹。日本的联合 Al-Li 集团已拟定出相应计划，乐观估计认为铝锂合金最终将被推向民用生活的各个方面。

（2）在核工业上的应用

液态锂不存在辐射损伤，因而不需要考虑辐射寿命限制，且锂的核反应产物仅为氘，减轻了核废物的处理问题。

5.2
锂燃料电池概述

5.2.1 锂燃料电池的基本原理

金属燃料电池（metal air battery，MAB）由金属负极、电解液和空气电极构成。空气电极可以源源不断地从周围环境中利用电极反应活性物质——氧气，因此金属燃料电池的理论比能量主要取决于金属阳极，均在 $1000W \cdot h \cdot kg^{-1}$ 以上。在各种金属燃料电池体系中，镁燃料电池和锌燃料电池已被广泛研究，尤其锌-氧气电池已实现商业化。金属锂具有最低的氧化还原电位 [$-3.03V$（$vs.$ SHE）] 和金属元素中最小的电化学当量（$0.259g \cdot A^{-1} \cdot h^{-1}$），相比于其他金属燃料电池，锂燃料电池具有更高的理论比能量（表 5.1）。另外，锂燃料电池还具有结构紧凑、质量轻等特点，使其成为金属燃料电池研究领域的热点。

表 5.1　金属燃料电池的特性

金属燃料电池	计算开路电压/V	理论比能量/W·h·kg^{-1}	
		含氧	不含氧
Li-O$_2$	2.91	5200	11140
Na-O$_2$	1.94	1677	2260
Ca-O$_2$	3.12	2990	4180
Mg-O$_2$	2.93	2789	6462
Zn-O$_2$	1.65	1090	1350

1996 年，Abraham 和 Jiang 等首先报道了聚合物锂燃料电池（非水体系）。该电池的开路电压为 3V，放电平台约为 2.5V，充电平台约为 4V，电池容量约为 1300mA·h·g^{-1}，具有一定的循环能力。其电极反应如下：

$$O_2 + 4Li^+ + 4e^- \longrightarrow 2Li_2O \qquad (5.11)$$

$$2LiO_2 \longrightarrow Li_2O_2 + O_2 \qquad (5.12)$$

$$LiO_2 + Li^+ + e^- \longrightarrow Li_2O_2 \qquad (5.13)$$

此反应通常称为"氧气还原反应"。

此外，在放电过程中阴极侧可能存在不可逆的氧还原反应并生成 Li$_2$O，反应式如下：

$$4Li^+ + O_2 + 4e^- \longrightarrow 2Li_2O \qquad (5.14)$$

$$LiO_2 + 3Li^+ + 3e^- \longrightarrow 2Li_2O \qquad (5.15)$$

5.2.2　锂燃料电池的结构

锂燃料电池由阴极、电解质和锂阳极组成。阴极应具有多孔结构，并包含足够的空间来容纳不溶性放电产物 Li$_2$O$_2$。O$_2$ 作为阴极的活性材料，可从空气中直接获得。此外，阴极中通常添加电催化剂以促进放电和充电过程中的 O$_2$ 还原反应（ORR）和 O$_2$ 析出反应（OER）。最近的研究表明，即使是电解质的微小变化，包括溶剂、锂盐和添加剂的差异，也能显著改变放电反应的途径[1]。锂燃料电池根据电解质种类不同主要分为以下几大体系：非水系（有机系）、水系、全固态体系、混合体系等，其结构如图 5.1 所示。

5.2.3　锂燃料电池的特点

锂燃料电池的主要特点有如下几个方面：

① 超高比能量。与常规锂离子电池正极材料相比，锂燃料电池的正极活性

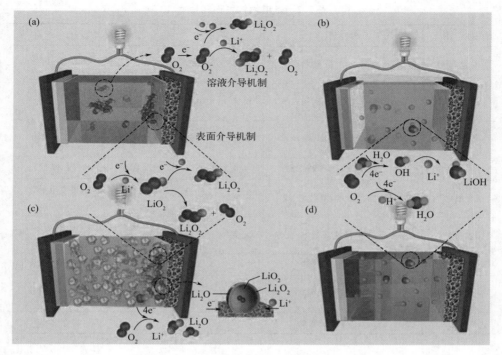

图 5.1　几种主要的锂燃料电池结构示意图

（a）非水系；（b）水系；（c）全固态体系；（d）混合体系[1]

物质是空气，可以提供充足的容量。在阳极过量的情况下，放电终止源于放电产物堵塞空气电极孔道。在实际应用中，氧由外界环境提供，因此锂燃料电池排出氧气后的能量密度高达 $11140W \cdot h \cdot kg^{-1}$，高出现有锂电池体系 $1 \sim 2$ 个数量级。

② 可逆性。2006 年，Bruce 首次报道了具有良好循环性能的锂燃料电池。合适的催化剂有利于降低充电电压，延长锂燃料电池的工作寿命。锂燃料电池本身就具有超高的比能量，若能进一步提高其循环寿命无疑是能源史上一次重大革命。

③ 环保无污染。锂燃料电池不含铅、镉、汞等有毒物质，是一种环境友好型的电池体系。

④ 价格低廉。锂燃料电池正极为廉价的空气电极，活性物质为环境中的空气。

由于与传统锂电池截然不同的工作原理，锂燃料电池虽然表现出较高的能量密度，但同时存在诸多关键问题需要解决。表 5.2 为各种电池体系性能特点比较。

表 5.2　各电池体系性能特点

电池类型	特点	应用	环境影响
镍氢电池	低电压,中能量密度,高功率密度	便携、大型电池	Ni 有毒性、环境污染性且很难回收
铅酸电池	低能量密度,中功率,低成本	固定、大型电池	Pb 有毒性、环境污染性但容易回收
锂电池	高能量密度,高功率,高成本	便携、大型电池	锂相对绿色环保,可循环,但能源成本较高
锌燃料电池	中能量密度,高功率密度	大型电池	Zn 的冶炼污染环境,易回收
锂有机电池	高容量、能量密度,低功率、成本	中型、大型电池	优良的碳排放,再生电极,易回收
锂燃料电池	高能量密度,低能源效率、成本	大型、固定电池	优良的碳排放,再生电极,易回收
镁硫电池	预测:高能量密度	—	Mg 和 S 环保,可回收,碳排放小
铝纤维电池	预测:中等能量密度	—	Al 和 F 环保,但工业生产不环保,可回收
质子电池	预测:中等能量密度	—	环保,可生物降解

5.3
锂燃料电池研究进展

5.3.1　非水体系锂燃料电池

目前,非水体系锂燃料电池已有大量研究工作。非水体系电解质由非质子溶剂、Li 盐和可能的添加剂组成[2,3],应具备高 Li^+ 电导率、高沸点/低蒸气压、宽电化学窗口和电子绝缘等特点。随着锂燃料电池的进一步发展,用于锂燃料电池的理想非水体系电解质还应满足以下要求:

① 高 O_2 溶解度和扩散率;

② 在富含 O_2 的条件下具有高化学和电化学稳定性;

③ 强溶剂化效应;

④ 与中间体具有良好的配位性,通过溶液介导机制促进环状 Li_2O_2 形成。

目前,锂燃料电池非水体系电解质的研究仍处于初级阶段,尚未找到满足所有上述要求的非水体系电解质。

5.3.1.1 溶剂

在锂燃料电池中，溶剂分子需要与 Li^+ 和 O_2 配合，以确保其快速运输，从而促进 Li 和 O_2 之间的电化学反应。各种非质子溶剂已被研究用于锂燃料电池，包括碳酸盐、醚类、酰胺类、砜类和腈类等。研究表明，电解质分解是造成锂燃料电池容量衰减的主要原因，而溶剂的稳定性会受到 LiO_2 和 Li_2O_2，特别是 O_2^- 等活性氧的影响[4]。一般来说，锂燃料电池中溶剂的分解途径可分为亲核攻击、自氧化、酸碱反应、质子介导反应和 Li 还原五类。

首先，O_2^- 是强亲核试剂，容易攻击溶剂中缺电子的位点［如羰基的碳原子（C=O）和亚砜的硫原子（S=O）］，导致［溶剂-O_2］$^-$ 络合物的形成，该络合物随后发生氧分解反应。通常，碳酸乙烯酯（EC）、碳酸丙烯酯（PC）和碳酸二甲酯（DMC）等烷基碳酸盐容易受到 O_2^- 的亲核攻击；N,N-二甲基乙酰胺（DMA）、二甲基甲酰胺（DMF）等胺类有机物，以及 N-甲基-2-吡咯烷酮（NMP）和二甲基亚砜（DMSO）等也会受到亲核攻击[5]。其次，通过酸碱化学反应，活性氧倾向于攻击 α-或 β-H 原子。例如，DMSO 的 α 位 H 原子很容易被超氧化物和过氧化物去质子化，从而导致电解质分解和副产物产生。四乙二醇二甲醚（TEGDME）和 1,2-二甲氧基乙烷（DME）等醚也是锂燃料电池中常用的溶剂。由于这些溶剂的分子结构中缺乏吸电子官能团，它们对亲核试剂的稳定性值得注意。研究发现，只要将醚与 O_2 混合，可以很容易地提取醚的 α-H 原子。另外，醚类溶剂的链长也会影响电池的性能。需要注意的是，二甲醚由于具有高挥发性，在循环过程中易蒸发。此外，H_2O 是电解质中不可避免的杂质，也是质子的重要来源。H_2O 与 O_2 和过氧化物等发生强相互作用，产生质子化的超氧化物、过氧化物和氢氧化物。质子化产物也是亲核试剂和强碱，它们同样参与上述电解质的各种分解反应。

锂阳极具有高度还原性，可以促进大多数已知电解质的分解。醚类和碳酸盐类可以被锂分解，生成不溶副产物，如氧化锂（Li_2O）、碳酸锂（Li_2CO_3）、烷基碳酸锂和氢氧化锂（LiOH）。这些不溶性副产物沉积在锂阳极表面，形成固体-电解质间相层（SEI），有助于防止电解质进一步分解。然而，在 DMSO、酰胺或腈类溶剂中形成稳定的 SEI 仍具有挑战性[6]。Peng 等人[7] 报道了一种高性能 Li-O_2 电池，其采用具有强溶剂化的六甲基磷酰胺电解质，可以分别溶解高达 $0.35mol \cdot L^{-1}$、$0.36mol \cdot L^{-1}$ 和 $1.11 \times 10^{-3} mol \cdot L^{-1}$ 的 Li_2O_2、Li_2CO_3 和 LiOH。这种强溶剂化电解质可以解决多孔阴极钝化或堵塞和高充电电压的问题。此外，混合溶剂在锂燃料电池中前景可观，尽管这一途径尚未得到重视。混合溶剂由两种或两种以上溶剂组成，不仅可以结合不同溶剂的优点，有时还表现出协同作用。例如，由于 O_2 在含氟溶剂电解质中溶解度高且溶解动力学快，基于体积比为 $1:3:1$ 的 PC/DME/PME 与 $0.2mol \cdot L^{-1}$ $LiSO_3CF_3$ 组成混合电解质的电池体系具有较高的比容量。另一种部分氟化化学物质，3-[2-(全氟己基)乙氧基]-1,2-环氧丙烷也被用作锂燃料电池的助溶剂，由于其能够增加电解质中氧的溶解度和扩散系数，所组装的锂-空气电池的倍率性能得到明显提升。

5.3.1.2　锂盐

锂盐是电解质中不可缺少的组成部分。理想的锂盐不仅应具有高溶解度以传输离子，而且需要对溶剂、电池组分和反应产物/中间体（如 Li_2O_2 和 O_2^-）等具有惰性，从而不影响其他组分的反应过程。此外，电解质中的 ORR 和 OER 过程受锂盐影响较大，导致与纯溶剂中的反应机制明显不同。根据 HSAB 理论，Li^+ 会影响 O_2^- 的稳定性，促进不溶性反应产物/中间体的形成，这些反应产物/中间体可能钝化阴极并分解溶剂。

锂燃料电池常用的锂盐如六氟磷酸锂（$LiPF_6$）、双草酸硼酸锂（LiBOB）和四氟硼酸锂（$LiBF_4$）在活性氧存在下会发生分解，严重影响电池体系的稳定性。如图 5.2（a）所示，使用 X 射线光电子能谱（XPS）对几种锂盐进行测试，包括 $Li[BF_4]$、$Li[PF_6]$ 和 $Li[TFSI]$，发现电池运行过程中阴离子分解明显[8]。最近，Tong 等人[9] 报道了一种新型富氟锂盐 $Li[(CF_3SO_2)(n\text{-}C_4F_9SO_2)N]$，其可以在 $Li\text{-}O_2$ 电池的锂阳极上形成一层均匀、稳定且抗 O_2 的 SEI 层。该 SEI 层可以有效避免锂阳极与从阴极穿梭的 O_2 之间的串扰，抑制锂阳极的寄生副反应和枝晶生长，从而提升锂燃料电池的可逆性。

电解质中盐的解离水平在放电过程中所起的作用与溶剂的亲核性（DN）作用同样重要。如图 5.2（b）所示，根据 DN 值的不同将锂盐分为三组，第一组由低 DN 盐组成，如双（三氟甲磺酰基）亚胺锂（$Li[TFSI]$）和双（氟磺酰基）亚胺锂（$Li[FSI]$）；第二组由中 DN 盐组成，如三氟甲磺酸锂（$Li[TfO]$）；第三组由高 DN 盐组成，如硝酸锂（$LiNO_3$）和醋酸锂（CH_3COOLi）。锂盐的反离子可以间接稳定 O_2^-，在含有高离子结合度的锂盐溶液中，反离子与具有强溶剂化 Li^+ 的高 DN 溶剂之间存在很强的配位作用，从而产生高的放电容量。例如，Li^+ 在含 $LiPF_6$ 的电解质中发生溶剂化，形成 $Li^+(DME)_n[PF_6]^-$ 和 $Li^+(TEGDME)[PF_6]^-$ 等溶剂分子离子对。相比之下，O_2^- 通过形成 $[(DME)(O_2^-)]Li^+[TfO]^-$ 和 $[(TEGDME)(O_2^-)]Li^+[TfO]^-$ 配合物在 $Li[TfO]$ 基电解质溶液中稳定存在。由于 $[TfO]^-$ 比 $[PF_6]^-$ 具有更高的 DN，含有 $Li[TfO]$

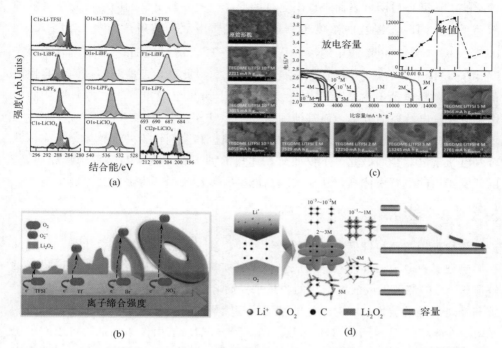

图 5.2　（a）不同锂盐作用下锂燃料电池放电产物的 XPS 图谱[8]；（b）不同阴离子的离子缔合强度；（c）电池在 25mA·g^{-1} 电流密度下的放电曲线及相应锂阳极的 SEM 图像；（d）锂离子浓度对放电容量和放电产物形态的影响[10]

和低 DN 溶剂的 Li-O$_2$ 电池具有更高的容量。McCloskey 等人以二甲醚为溶剂、以 LiNO$_3$ 和 Li［TFSI］为锂盐组装 Li-O$_2$ 电池，发现随着 LiNO$_3$ 浓度的增加，环状颗粒及电池容量均增加[10]。他们将这种行为归因于 NO$_3^-$ 对 Li$^+$ 和 O$_2^-$ 的稳定作用，而 NO$_3^-$ 的有效 DN 高于 DME。深入研究发现，具有高 DN 的阴离子与具有高 DN 的溶剂（如 DMSO）结合时并不会提高电池容量，故 DN 与容量的关系还需要进一步探索。

　　锂盐的浓度也会影响锂燃料电池的性能。在醚类电解质体系中，与低浓度 Li［TFSI］相比，高浓度（≥1mol·L^{-1}）Li［TFSI］通常表现出更好的循环性能和更低的容量衰减率。此外，研究发现，Li$^+$ 浓度对放电过程中形成的 Li$_2$O$_2$ 形态具有裁剪效应，适当的电解质浓度（2～3mol·L^{-1}）可以促进三维多孔 Li$_2$O$_2$ 的形成以提高阴极的体积利用率[11]。另外，在具有高浓度电解质（3mol·L^{-1} Li［TFSI］，溶剂为 DME）且没有游离二甲醚溶剂分子的电池体系中，在完全充放电（2.0～4.5V）和容量限制（1000mA·h·g^{-1}）条件下，电池的循环稳定性与容量保持率均明显提高。与低浓度电解质相比，使用高浓度电解质的电池循环后阴极表面表现出更少的反应残留物、更低的内阻以及更少的锂阳极腐蚀。同时，锂盐的浓度也会影响电解质中氧的溶解度。当 $Li[PF_6]$ 在 PC/DME（1∶1）电解质中的浓度从 $0.5mol \cdot L^{-1}$ 增加到 $1mol \cdot L^{-1}$ 时，由于 O_2 溶解度降低，锂燃料电池的放电容量下降[12]。此外，锂盐与溶剂的相容性严重影响锂燃料电池电解质的稳定性。$Li[PF_6]$ 可以触发三（乙二醇）取代的三甲基硅烷基电解质的分解，而其他锂盐如 $Li[TFSI]$ 和 $Li[TfO]$ 则不存在这一现象。因此，未来进行电化学研究时应该将锂盐和溶剂作为一个整体来考虑，并对其电化学进行全面研究。不仅如此，锂盐的种类和浓度应与溶剂选择相协调，以开发实用的电解质体系，从而实现高能量密度和长循环寿命的锂燃料电池。

5.3.1.3　添加剂

添加剂用于调控锂燃料电池的容量和稳定性。与助溶剂相反，少量的添加剂会影响锂燃料电池的性能甚至反应机理。早期对添加剂的研究目的是通过增加电解质中 O_2 的溶解度或放电产物的含量来提高容量，进一步研究，发现电解质溶解和输送氧气的能力同样对电池的性能有很大影响。氟化化合物，如甲基非氟丁基醚、全氟三丁胺和三（2,2,2-三氟乙基）亚磷酸酯已被用作添加剂，可以有效提高氧在非质子电解质体系中的溶解度。强路易斯酸，如三（五氟苯基）硼烷和硼酯，也被用来提高 O_2 在电解质中的溶解度[13]。然而，这些添加剂大多在碳酸盐类电解质中进行测试，碳酸盐类电解质已被证明会与活性氧发生反应。因此，相关研究应该用更稳定的电解质来重新检验。此外，除非被全氟化合物取代，这些氟化化合物及衍生物在电池工作过程中容易通过化学和电化学反应发生不可逆降解[14]。此外，由于 O_2 溶解度的提高，还应考虑 O_2 向锂阳极的穿梭以及三相反应区引起的不同反应机制。

除了上述添加剂，自 Bruce 于 2013 年首次报道四硫富瓦烯（TTF）以来，氧化还原介质（RM）受到广泛关注[15]。如图 5.3 所示，因其能够溶于电解质并介导其中发生的电化学反应，RM 也被称为可溶性催化剂。溶解在电解质中的 RM 可以在溶液中被还原或氧化，然后与 O_2 或从溶液中析出的固体 Li_2O_2 反应，从而使电池中所有活性氧发挥作用。根据反应历程，RM 可分为 ORR 介质（ORRM）和 OER 介质（OERM），分别参与 ORR 和 OER 反应。

5.3.2　离子液体体系锂燃料电池

离子液体（IL）电解质是一类非水液体电解质。不同于上述非质子溶剂，它们具有熔融盐的特点。考虑到高温熔盐的应用价值有限，本节重点介绍室温离

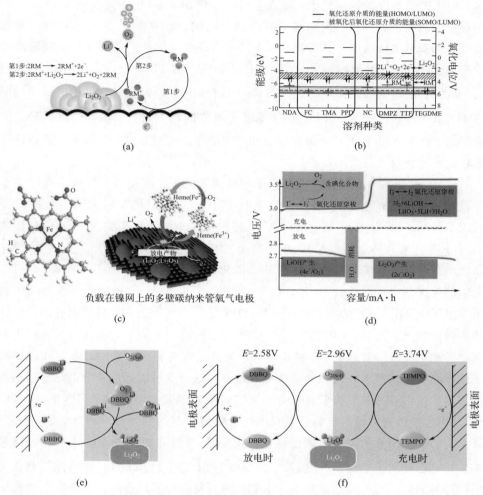

图 5.3 （a）锂燃料电池 RM 反应机理；（b）RM 和 TEGDME 的分子轨道能[15]；

（c）血红素分子结构和含血红素 Li-O$_2$ 电池中带电的 O$_2$ 电极示意图[16]；

（d）LiI 和 H$_2$O 对 Li-O$_2$ 化学性质的影响[10]；（e）DBBQ 排放后的反应[17]；

（f）DBBQ 和 TEMPO 存在下正极的放电和充电反应[18]

子液体（RTIL）。与非质子溶剂相比，RTIL 的蒸气压可以忽略不计，可以有效地解决开放体系中电解质蒸发的问题。RTIL 还确保了安全性，因为其具有宽的电化学窗口、低可燃性、高化学/电化学和热稳定性。此外，一些 RTIL 具有高度疏水性，有助于抑制锂燃料电池锂阳极在开放气氛下的腐蚀。

O$_2$/O$_2^-$ 电对已被证明在 RTIL 中显示可逆的 ORR/OER 行为。Kuboki 等人[19] 将咪唑基 RTIL 1-甲基-3-辛基咪唑双（三氟甲磺酰基）亚胺盐［EMI］［TF-

SI]用于锂燃料电池。该电池可以在空气中工作56d，具有5360mA·h·g^{-1}的高容量。此后，各种含不同阳离子和阴离子的RTIL被用于Li-空气电池。全氟烷烃，如双（氟磺酰基）亚胺阴离子（FSI$^-$）、双（三氟甲磺酰基）亚胺阴离子（[TFSI]$^-$）、（三氟甲磺酰基）（非氟丁磺酰基）亚胺阴离子（[IM$_{1,4}$]$^-$）和双（五氟乙磺酰基）亚胺阴离子（[BETI]$^-$）具有溶解O$_2$的能力，是使用最多的阴离子。富含[IM$_{1,4}$]$^-$的RTIL由于高度不对称性而不结晶，但其黏度较高，不利于离子传输。[TFSI]$^-$可以降低RTIL的黏度，提高其离子电导率，但以牺牲热稳定性为代价[20]。

RTIL的阳离子主要是咪唑阳离子、吡啶阳离子、哌啶阳离子和季铵阳离子等，如1-乙基-3-甲基咪唑阳离子（[EMI]）、1-丁基-3-甲基咪唑阳离子（[BMI]）、N-甲基-N-丁基吡啶阳离子（[PYR$_{1,4}$]）、N-甲基-N-丙基吡啶阳离子（[PP$_{1,3}$]）和N,N-二乙基-N-甲基-N-丙基铵阳离子（[N$_{1,2,2,3}$]）。值得注意的是，与其类似物相比，富含醚基功能化阳离子的RTIL具有更高的导电性、更低的黏度和更好的热行为[21]。例如，含有N-甲基-N-甲氧基乙基吡咯烷阳离子（[PYR$_{1,2,o,1}$]$^+$）的RTIL比含有PYR$_{1,4}$阳离子的RTIL具有更高的导电性和更低的黏度。此外，[PYR1$_{1,2,o,1}$]$^+$表现出较高的LiO$_x$生成活性，在锂燃料电池应用中实现了优越的O$_2$供应能力。另外，在各种RTIL中，吡啶和哌啶离子比咪唑和季铵离子在锂燃料电池中更稳定，这一点可以通过差分电化学质谱测试证实。N-甲基-N-丁基吡喃吡啶双（三氟甲磺酰基）亚胺盐（[PYR$_{1,4}$][TFSI]）作为锂燃料电池的电解质表现出比二甲醚更好的稳定性和性能，由于使用[PYR$_{1,4}$][TFSI]的电池表现出稳定的电解质-电极界面、改善的可逆性和低过电位，远超非质子电解质的性能[22]。然而，[PYR$_{1,4}$][TFSI]在活性氧存在下仍然容易分解。目前，锂燃料电池RTIL的开发尚处于起步阶段，该类电池的电化学过程尚不清楚，需要进一步研究以发掘稳定的RTIL。此外，明确RTIL在锂燃料电池中不同行为的原因至关重要，包括RTIL类型的内在影响和各种杂质的外在影响。

目前开发的RTIL具有以下缺点：

① RTIL盐溶解度低，Li$^+$迁移率差，阻碍Li阳极表面SEI形成，限制锂燃料电池的倍率性能。

② RTIL的O$_2$扩散系数几乎比二甲醚和二甲砜低一个数量级，限制锂燃料电池的容量。

③ RTIL黏度较高，使其难以有效渗透到电极表面，导致高的传质阻力和界面极化电压。

④ RTIL 生产成本高，限制其商业化应用。

温度同样影响 RTIL 基电解质中 Li^+ 的迁移率。研究表明，在 RTIL 中，Li^+ 的扩散率随着温度的升高而增加，这是因为 Li^+ 限制簇的形成受到抑制。理论计算表明，在较高的工作温度下，RTIL 电解质的输运性质，包括 Li^+ 的扩散率和 O_2 的溶解度，都得到了明显提高。这种行为与普通的非质子电解质有很大不同。在非质子电解质中，O_2 的溶解度随着温度的升高而降低，这意味着在锂燃料电池中 RTIL 在高温下可能比非质子电解质工作得更好[23]。

5.3.2.1 RTIL 基混合溶剂

在锂燃料电池中，RTIL 通常与其他溶剂混合使用以弥补其缺点。例如，[BMI][TFSI]/[PYR$_{1,4}$][TFSI]（4:1）混合 RTIL 应用于锂燃料电池时，比纯 RTIL 具有更低的电阻和过电位。此外，将非质子溶剂与 RTIL 混合是一种很有前途的方法，可以最大限度地减少各溶剂的缺点并结合其最佳特性。将不同的咪唑类 RTIL，如 [BMI][TFSI]、[BMI][PF$_6$] 和 [BMI][BF$_4$] 与 DMSO 联合，研究其在有氧和无氧条件下的 ORR/OER 性能[24]。与 DMSO 或 RTIL 相比，混合电解质表现出更强的 ORR/OER 循环能力和更高的 ORR 电流密度，由于混合电解质中氧的溶解度和扩散系数得到了改善。同时，与纯 TEGDME 电解质相比，[PYR$_{1,4}$][TFSI]/TEGDME 混合电解质表现出更低的过电位和更强的电子转移动力学。有趣的是，在充电过程中观察到 [PYR$_{1,4}$][TFSI] 和二甲醚混合物的单电子机制。其中，[PYR$_{1,4}$][TFSI] 稳定了 O_2^-，促进了单电子反应，使过电位降至 0.19V[25]。最近，[EMI][BF$_4$]/DMSO（1:3）混合电解质被用于基于二硫化钼阴极和保护锂阳极的锂燃料电池，该系统组件协同工作，在模拟空气条件下实现超过 550 次的长循环寿命，容量为 500mA·g^{-1}，电流密度为 500mA·g^{-1}[26]。

5.3.2.2 溶剂离子液体电解质

甘氨酸和锂盐的等物质的量（mol）混合物为液体，其物理化学性质与常规 RTIL 相似，具有低可燃性、低挥发性、宽电位窗口、高 Li^+ 电导率和高 Li^+ 转移数等特点。因此，这些混合物可被视为一种新的 IL 亚类，称为溶剂化 IL。甘油三酯和 TEGDME 等聚乙烯醚类倾向于与 Li^+ 形成 1:1 的配合物，从而生成新的结构为 $[Li(Glyme)]^+$ 的配合阳离子。$[Li(Glyme)]^+$ 复合物表现为独立的阳离子，类似于典型的 RTIL 阳离子，可用于锂燃料电池，以实现 RTIL 和非质子溶剂的综合优势。溶剂化 IL 为设计先进的电解质系统提供了一个新的平台。

Thomas 等人[27] 采用 {[Litriglyme(G3)₁]}[TFSI] 的溶剂化 IL 作为可充电锂燃料电池的电解质。该电池表现出可逆的 ORR 和 OER 特性，类似于非质子电解质电池体系。与 Li/Li^+ 相比，{Li[TEGDME(G4)₁]}[TFSI] 溶剂化 IL 具有准可逆的 ORR 和 OER 行为以及较高的氧化稳定性，最高可达 4.5V。此外，Adams 等人[28] 提出了一种新的锂醚衍生螯合剂，使用 2,3-二甲基-2,3-二甲氧基丁烷（DMDMB）配合物与 Li[TFSI] 形成稳定的 (DMDMB)₂Li[TFSI] 盐，用于 $Li-O_2$ 电池。这种盐与锂阳极相容，其醚基框架比简单的糖苷更稳定，可以有效对抗 O_2^- 引发的氢萃取。

5.3.3 固态电解质体系锂燃料电池

目前，锂燃料电池技术存在许多挑战，阻碍了其作为开放式系统的运行，特别是与易燃非质子电解质蒸发和锂阳极上锂枝晶生长相关的安全问题。因此，开发高安全性和高能量密度的锂燃料电池以满足工业发展需求是非常重要的。与非水液体电解质相比，固态电解质不易挥发或泄漏，更适合在开放系统中使用，因此引起了研究者的广泛关注。另外，受益于固态电解质本征的固体特性（高弹性模量），锂枝晶生长和内部短路同样可以被抑制。不仅如此，通过使用固体电解质保护锂金属不与空气接触，锂金属被湿气、二氧化碳和活性氧腐蚀的问题同样可以被抑制[29]。

用于锂燃料电池的高性能固态电解质应满足以下标准：

① 化学稳定性和与锂阳极或阴极材料的相容性。

② 宽电化学窗口，防止不可逆反应。

③ 充放电过程中的热稳定性和机械稳定性。

④ 室温下离子面电阻低，电子面电阻高，总（体＋晶界）Li^+ 电导率高。

⑤ 与 O_2^- 和 LiO_2、Li_2O_2 等 Li 氧化物相容。

⑥ 成本低，制作工艺简单，易于器件集成且环保。

固态电解质的固体基体包括 Li^+ 导电固体电解质和被动填料。根据固体基体的不同，固体电解质可以分为固体聚合物电解质（SPE）和固体无机电解质（SIE）。然而，固体电解质离子电导率低且界面阻抗高，限制了其在锂燃料电池的进一步应用。为了提高其离子电导率，复合电解质是一种有效的改性策略。不仅可以将两种或两种以上的固体基质复配以形成固体复合电解质，也可以将一种或多种固体基质与非质子溶剂或 RTIL 等非水液体电解质复合，以开发结合非水液体电解质的高 Li^+ 导电性和固体基质良好机械性能的固液复合电解质[30]。

5.3.3.1 固态聚合物电解质

固体聚合物电解质（SPE）由聚合物和锂盐组成。锂燃料电池固态聚合物电解质常用的聚合物包括聚乙二醇（PEO）、聚甲基丙烯酸甲酯（PMMA）、聚偏氟乙烯（PVDF）、六氟丙烯（HFP）、聚四氟乙烯（PTFE）和聚丙烯腈（PAN）等。SPE 适用于大多数电池系统，由于它们能够承受电池在充放电过程中的体积变化。这一特性及其可扩展性和可加工性有助于开发用于消费电子产品、植入式医疗设备和可穿戴电子产品的柔性电池[31]。

SPE 在锂燃料电池中的应用面临三大问题：

第一个是聚合物的结晶度。聚合物结晶不利于离子传输，因为聚合物链的动力学减慢导致 SPE 室温 Li^+ 电导率较低（$10^{-8}\sim10^{-4}S\cdot cm^{-1}$）。聚合物链的结晶可以通过交联和共聚等合成方法或通过提高温度来抑制。例如，含有 PEO 电解质的 LiO_2 电池在 80℃ 下工作，显示出 480mV 的低过电位和与乙二醇二甲醚基锂燃料电池相当的放电比容量[32]。

第二个是在较厚的 SPE 层中缺乏活跃的反应区，并且缺少氧气到阴极的扩散途径。为解决这一问题，一种由碳纳米管（CNTs）和 PEO 组成的三维固态电解质（3D CNT/PEO SPE）被设计，该 SPE 具有三维多孔结构，可以提供活跃的反应区，以促进 Li^+、O_2 和电子的相互作用。

第三个也是最严重的限制是在恶劣的工作条件下锂燃料电池中的聚合物基体会分解。例如，在高压下，会产生高活性的含氧物质，包括 O_2、O_2^-、LiO_2 和 Li_2O_2，它们可以降解 SPE。在充放电过程中，SPE 的严重分解会导致电池过电位高、循环寿命短等问题。通过紫外-可见分光光谱（UV-vis）、傅立叶变换红外吸收光谱（FTIR）、X 射线衍射（XRD）和 X 射线光电子能谱（XPS）等光谱分析方法，可以对聚合物对 Li_2O_2、O_2^- 和 Li_2O 的稳定性进行评价。研究表明，由于亲核攻击和可能的表面反应，常用的聚合物在与 O_2^- 和 Li_2O_2 接触时有分解的迹象。另外，Shao-Horn 等利用微分电化学质谱（DEMS）研究了 PEO 在 O_2 中的稳定性，证实了 PEO 在 O_2 存在下容易自动氧化，从而导致了锂燃料电池中 PEO 的不稳定性[33]。因此，锂燃料电池中 SPE 的稳定性仍需进一步提高。

此外，聚合物中吸电子基团附近的氢原子容易受到活性氧物质的攻击，从而导致聚合物分解，这将对锂燃料电池的化学性能和长期性能产生负面影响。用其他官能团或侧链取代聚合物链中的一些不稳定氢原子有助于减少电池运行过程中亲核攻击的潜在反应途径，也可以添加抗氧化剂，如位阻苯酚或胺稳定剂，以抑制聚合物电解质的分解[34]。

5.3.3.2 固态无机电解质

固态无机电解质（SIE）是开发高能量密度的安全锂燃料电池的理想材料。与 SPE 相比，SIE 具有更高的 Li^+ 导电性，更好的热、化学和电化学稳定性。目前，不同 SIE 的 Li^+ 电导率已被广泛研究。然而，它们与锂阳极接触的稳定性是锂燃料电池大规模应用的主要问题。

在这些固态无机基质中，具有良好 Li^+ 导电性和相对较高稳定性的氧化物，如 NASICON（钠超离子导体）、钙钛矿、反钙钛矿和石榴石，有望用于锂燃料电池。钙钛矿和反钙钛矿型固体基体由于具有较高的晶界电阻而表现出相对较低的总电导率，相比之下，NASICON 和石榴石型 SIE 更适用于锂燃料电池。其中，NASICON 型氧化物由于其在室温下高的导电性、对湿气和空气的稳定性、相对较低的烧结温度以及易于大规模合成而成为锂燃料电池最有前景的 SIE。

在诸多 NASICON 型 SIE 中，$Li_{1+x}Al_xTi_{2-x}(PO_4)_3$（LATP）固体电解质的主要缺点是 Ti^{4+} 与 Li 金属直接接触时会被还原，因此从热力学角度看，Ti 不适合作为固体电解质的组成成分[35]。从概念上看，固体电解质与锂金属接触时的降解和薄界面层的形成与液体电解质中 SEI 层的形成相似，在两者之间应加入由 Li_3N 等材料、非质子溶剂或聚合物电解质组成的 Li^+ 导电中间层。$Li_{1+x}Al_yGe_{2-y}(PO_4)_3$（LAGP）与 Li 金属接触时被认为是稳定的，但也有与 Ge^{4+} 还原反应相关的报道。为抑制此反应，Zhou 等人通过溅射技术在 LAGP 表面涂覆了一层非晶 Ge^0 薄膜。该薄膜有效抑制了 Ge^{4+} 的还原反应，有利于 Li 金属与 LAGP 之间的紧密界面接触。在 $200mA \cdot g^{-1}$ 的电流密度和 $1000mA \cdot g^{-1}$ 的放电容量条件下，基于该 Ge^0 膜包覆 LAGP SIE 组装的准固态锂燃料电池在空气环境中运行了 30 个循环[36]。

固态电池包含电解质和电极之间的固体-固体界面接触。与空气电极被电解质充分润湿的非水液体体系不同，全固态锂燃料电池的空气电极应与固体电解质融为一体，形成空间网络结构，使电子、Li^+ 和 O_2 能够有效接触[37]。电解质和电极的一体化结构是解决界面接触不良问题的可行策略。如图 5.4 所示，科研人员通过在含有 LATP 粉末和 75% 多孔碳的预压空气阴极表面涂覆 LATP 固体电解质膜组装出一种一体化集成结构，基于这种集成结构的 $Li-O_2$ 电池在 $0.1mA \cdot cm^{-2}$ 电流密度下的首圈可充电容量为 $16800mA \cdot h \cdot g^{-1}$。在这种集成结构中，三相界面可以从传统的电解质-阴极界面扩展到整个固态阴极。更重要的是，硅油膜被涂在集成空气电解质的孔隙上，以阻止水蒸气和 CO_2 到达反应位点，并且由于其比表面积增加，允许快速的 O_2 转移。因此，该电池可以在环境空气中工作，并具有低氧传递阻力[38]。这种电极和电解质的集成结构为开发固态锂燃料电池提供了一条新的途径。

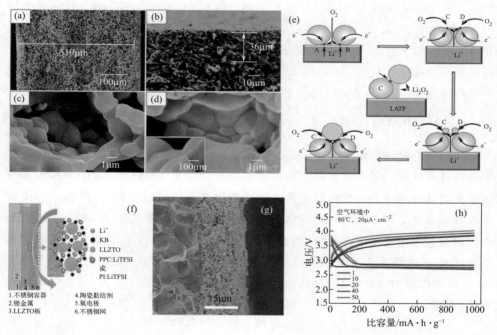

图 5.4 LATP/多孔碳一体化集成结构：（a）～（d）SEM 图像，（e）放电过程中固体阴极内部产物形成示意图[38]；典型固态锂-空气电池：（f）原理图，（g）截面 SEM 图像，（h）PPC：Li［TFSI］电池在空气环境下的充放电曲线

石榴石型氧化物是唯一同时表现出相对较高的导电性并与锂金属相容的材料。开放式锂燃料电池中石榴石型固体电解质的缺点是其对湿气和二氧化碳不稳定，并且由于与电极的黏附性差而具有很高的界面电阻[39]。石榴石对水分和 CO_2 敏感，水分和 CO_2 促使石榴石表面形成较厚的 Li_2CO_3 层和 Li-Al-O 玻璃相，并在石榴石骨架中形成质子，这些杂质会在石榴石 SIE 和电极之间的界面处产生较大的电阻。一般来说，表面抛光过程，如使用砂纸进行干抛光、使用带有抛光液的自动抛光机进行湿抛光以及热处理，可以从 $Li_7La_3Zr_2O_{12}$（LLZO）中去除 Li_2CO_3[40]。另外，当电池深度放电时，消耗的锂金属在锂阳极和固体电解质之间留下空隙。由此产生的界面分离和电池变形问题在固态锂燃料电池系统中也尤为突出。通常，引入中间层可以增强石榴石 SIE 和 Li 电极之间的附着力[41]。亲锂材料，包括无机物（如 Si、Ge、ZnO 和 Al_2O_3）和聚合物（如 PVDF-HFP 和 PEO）等常被置于界面上以降低界面阻力；而 LiSn 合金层可以将界面电

阻降低约 1/20，促进了高电流密度下快速稳定的锂离子传输[42]。另外，Chen 等人通过简单使用铅笔绘制基于石墨的软界面来增强石榴石 SIE 和 Li 电极之间的界面连接[43]。此后，Sun 等人[44] 报道了一种石榴石型 LLZTO SIE 固态锂燃料电池（LLZTO 为 $Li_{6.5}La_3Zr_{1.5}Ta_{0.5}O_{12}$），通过将石榴石粉、锂盐（Li[TFSI]）、活性炭和碳酸丙烯酯（PPC）黏合剂组成复合阴极，有效降低了界面阻力。所组装的固态锂燃料电池具有高容量（$20300mA \cdot h \cdot g^{-1}$），并在 $20\mu A \cdot cm^{-2}$ 和 80℃ 的条件下循环 50 次后，其容量仍保持在 $1000mA \cdot h \cdot g^{-1}$。

5.3.3.3 固态复合电解质

固态复合电解质由 SPE、SIE 和无源填料构成，可以显示各自成分的优点并弥补彼此的缺点。通常，在被动填料如 ZrO_2、Al_2O_3、SiO_2、TiO_2 中掺入 SPE 可以提高其导电性和电化学稳定性；而纳米陶瓷粉末可以作为 PEO 的固体增塑剂，在动力学上抑制其退火时的结晶行为。Cui 等人将被动 SiO_2 填料引入 PEO 中，以增强电解质的化学/机械相互作用[45]。研究表明，所形成的电解质表现出良好的离子电导率（60℃ 时为 $1.2 \times 10^{-3}S \cdot cm^{-1}$，30℃ 时为 $4.4 \times 10^{-5}S \cdot cm^{-1}$）和增强的电化学稳定性，且可承受高达 5.5V（$vs. Li^+/Li$）的电压而没有明显分解。

SIE 可以为 SPE 中 Li^+ 的传输提供通道，以提高其离子电导率。Cui 等人使用 15%（质量分数）的 LLTO 陶瓷作为 PAN 的填料，可以获得比纳米颗粒填料更高的导电性，由于纳米纤维形貌有助于在 PAN 基固体电解质中形成 Li^+ 导电网络，允许 Li^+ 在其表面快速传输，因此该电解质在室温下表现出高达 $2.4 \times 10^{-4}S \cdot cm^{-1}$ 的离子电导率[46]。Goodenough 等人开发了一系列低成本的复合陶瓷/聚合物固体电解质，以石榴石型 $Li_{6.5}La_3Zr_{1.5}Ta_{0.5}O_{12}$（LLZTO）作为陶瓷，PEO 作为聚合物，Li[TFSI] 作为盐，实现从"聚合物中的陶瓷"到"陶瓷中的聚合物"的转变[47]。这两种固体复合电解质都有望用于全固态锂燃料电池。PEO-LLZTO 复合电解质在提高电导率的同时还可以增强锂电极的界面稳定性，并有效抑制 Li 枝晶生长，这归因于 PEO 提供的机械坚固和稳定的框架具有稳定的化学和电化学性能。

固态电解质研究的另一个分支是固液复合电解质，它由至少一种非水液体电解质和一种或多种固体基质组成。这种电解质结合了非水液体电解质的流动性和固体电解质的高机械强度，最为典型的是凝胶聚合物电解质（GPE）。非质子电解质（增塑剂）可以使 SPE 膨胀，形成低交联密度的 GPE，这些 GPE 结合了膨胀聚合物网络理想的力学性能与液体电解质高的离子电导率和良好的界面性能[48]。PVDF-HFP 基 GPE 作为最重要的聚合物电解质基质之一，在锂燃料电池中得到了广泛的应用，由于其具有高溶解度、低结晶度和良好的电化学/力学性能等优点，在长寿命锂燃料电池中有很好的应用前景。基于 GPE 的 Li-O$_2$ 电池具有 2988mA·h·g^{-1} 的高初始放电容量和至少 50 次循环的长循环寿命，而 TEGDME 基电解质仅能稳定循环 20 次。为了进一步提高 Li$^+$ 导电性和稳定性，使用醋酸纤维素和 PVDF-HFP 的混合物制备 GPE 膜，然后用 1mol·L^{-1} Li[TFSI]/TEGDME 溶液浸渍。该 GPE 膜具有良好的电解质吸收能力、高离子电导率（5.49×10^{-1}S·cm^{-1}）、优异的热稳定性和电化学稳定性。此外，该膜还可以有效抑制 O$_2$ 从阴极区向锂金属阳极的扩散，延长锂燃料电池的循环寿命[49]。

为了更好地满足可穿戴设备对柔性器件的需求，Zhang 等人[50] 开发了一种具有 GPE 和碳纳米管片空气电极的柔性线状锂燃料电池。如图 5.5 所示，该 GPE 由含有 Li[TfO]、TEGDME、PVDF-HFP、NMP、2-羟基-2-甲基-1-苯基-

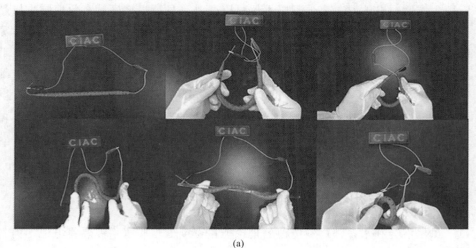

(a)

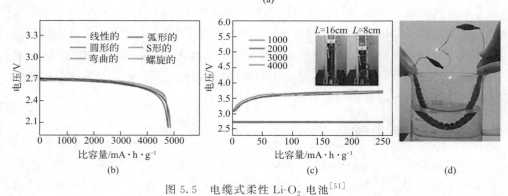

(b)　　　　　　　　(c)　　　　(d)

图 5.5　电缆式柔性 Li-O$_2$ 电池[51]

（a）在各种弯曲和扭曲条件下为商用红光二极管显示屏供电；（b）商用红光二极管显示屏供电的
放电曲线；（c）数千次弯曲后的充放电曲线；（d）浸在水中的商用红色发光二极管供电

1-丙烷酮和三甲基丙烷乙氧基酸三丙烯酸酯的前驱体溶液涂覆在锂丝上形成。所组装的锂燃料电池的放电容量为 $12470mA \cdot h \cdot g^{-1}$，在空气中可稳定工作 100 次。该电池在弯曲、扭曲甚至浸入水中后，其电化学性能仍保持良好[51]。因此，这种基于 GPE 的锂燃料电池表现出较高的电化学性能和柔韧性，在各种可穿戴电子设备和柔性动力纺织品方向具有广阔的应用前景。另外，Wang 等人利用含有 $0.05mol \cdot L^{-1}$ LiI 的 PVDF-HFP 基 GPE 组装了在空气环境中工作的长寿命锂燃料电池，由于疏水性 GPE 可以有效缓解空气对锂离子的钝化[52]。此外，其中 OERM（I^-/I_3^-）的可逆转化降低了充电过程中的极化，提高了充放电效率，使该电池在 400 次循环后几乎没有容量衰减。

离子凝胶电解质由 RTIL 电解质和固体基质构成，可以结合 RTIL 的流动性与固体基体的高机械强度，充分利用其安全性，是 RTIL 研究的一个新趋势。当应用于锂燃料电池时，离子凝胶不仅可以通过自身高机械模量有效地防止枝晶的形成，还可以通过纳米孔中的渗透电流调节 Li^+ 的运输[53,54]。另外，Zhou 等人使用超疏水性 SiO_2 基质结合 Li^+ 导电 RTIL [$0.5mol \cdot L^{-1}$ Li[TFSI] 溶解于 1-甲基-3-丙基咪唑双（三氟甲磺酰基）亚胺盐]，开发了一种耐水的准固体离子凝胶电解质[55]。该离子凝胶电解质可以有效抑制 H_2O 从阴极到锂阳极的交叉过程，具有良好的热稳定性、机械强度、高离子电导率（$0.91 \times 10^{-3}S \cdot cm^{-1}$）和宽电压窗（＞5.5V）等特点，并且可以在潮湿环境下长期安全运行，远优于使用液体电解质的锂燃料电池。

5.3.4　混合和水系电解质锂燃料电池

虽然混合和水系锂燃料电池的理论能量密度低于非水系锂燃料电池，但其理论能量密度更高。要实现混合动力电池和水系锂燃料电池的实际应用，需要探索更适合其应用场景的新途径。混合和水系电解质锂燃料电池面临的主要挑战包括保持锂阳极对 H_2O 的长期稳定性和避免阴极中 LiOH 的沉淀。因此，开发稳定的锂离子导电膜（LICM）和高导电性的缓冲层，并在合理范围内调节水系电解质的 pH 值是很有前景的研究方向[56]。

5.3.4.1　Li^+ 导电膜

在混合和水系锂燃料电池中最成功的 LICM 是市售的 NASICON 型玻璃陶瓷 LATP/LAGP LICM，其具有高导电性、良好的化学和热稳定性以及良好的机械强度。其他用于固态锂燃料电池的锂离子导体固体电解质材料，如钙钛矿型 LLTO、石榴石型 LLZO 和单晶硅片，也有希望作为混合体系锂燃料电池和水体系锂燃料电池的 LICM。但 LICM 的化学稳定性存在以下问题：大多数氧化物倾向于溶解在强酸性或碱性溶液中，这缩小了水系电解质的可接受 pH 值范围；NASICON 型材料、钙钛矿型材料和单晶硅片在与锂阳极直接接触时是不稳定的，需要引入缓冲层，进一步增加了含水体系锂燃料电池的内阻、成本和安全性问题；石榴石型材料对锂阳极稳定但在水中不稳定。因此，LICM 的发展应该采用固态电解质知识基础作为理论支撑。

5.3.4.2 酸性和碱性电解质

水系电解质由水、酸/碱和辅助盐组成，其 pH 值影响锂燃料电池的电池反应，同时，电解质的类型也会影响体系的能量密度。假设所有放电产物均溶解，使用强酸性盐酸（HCl）溶液可获得的理论能量密度高达 $1169.29W \cdot h \cdot kg^{-1}$。但强无机酸可以降解 LICM，因此较弱的酸［如乙酸（CH_3COOH）和磷酸（H_3PO_4）］在混合电池和水锂燃料电池中更受青睐。与碱性电解质体系相比，弱酸体系也没有 CO_2 侵入和 LiOH 沉淀问题。但 CH_3COOH 易挥发，应在封闭体系中保存，且其 pH 值对于 LATP 来说太低。当仅使用 H_3PO_4 溶液作为电解质时，仍然会发生腐蚀反应，导致 LATP 的电阻增加。共轭碱如醋酸锂（CH_3COOH 体系）和磷酸二氢锂（LiH_2PO_4）（H_3PO_4 体系）的加入有助于抑制弱酸的解离，提高水溶液电解质的 pH 值，最终保护 LICM。其他多质子有机酸，如丙二酸和柠檬酸，也被添加到水溶液中，以提升放电容量，并延缓不溶性放电产物的产生。另一种策略是在 LICM 上沉积 Li^+ 导电聚合物，以避免固体电解质与酸性溶液直接接触。此外，强酸可用于混合型和含水的锂燃料电池电解质[57,58]。当与咪唑一起使用时，咪唑在水中充当质子储存器，但咪唑缓冲电解质在高压下不稳定，由于在充电过程中咪唑会在水分解之前被氧化。

碱性电解质中的锂盐包括 LiOH、$LiClO_4$、$LiNO_3$ 和 LiCl。其中，LiOH 是利用最多的支撑盐，因为它不仅可以提供电池运行所需的 Li^+，还可以创造碱性环境来促进非贵金属催化剂上的 ORR。高浓度的 Li^+ 有利于提高碱性电解质的导电性，但单独使用 LiOH 时，碱性电解质的碱度过高，LICM 易脆且电阻大。因此，为了在提供高浓度 Li^+ 的同时保持较低的 pH 值，必须加入 $LiClO_4$、LiCl、$LiNO_3$ 等其他锂盐。其中，LiCl 和 $LiNO_3$ 是吸湿盐，可以在电池运行过程中从大气中清除 H_2O，从而减少电池反应中定量添加水的需要。然而，高浓度 LiCl 的碱性电解质存在 Cl_2 析出、实际能量密度低、放电产物 LiOH 溶解度有限等缺点[59]。

碱性电解质面临的最大问题是 LiOH 以一水合物（$LiOH \cdot H_2O$）的形式析出。$LiOH \cdot H_2O$ 具有较低的溶解度和绝缘性，会堵塞阴极孔隙（类似于非水锂

燃料电池中不溶性 Li_2O_2 的积累），从而阻碍 O_2 的扩散。一种有效的方法是开发一种流动操作系统，以在碱性电解质中保持低浓度的 $LiOH^{[60]}$。另一个问题是碱性电解质与空气中的二氧化碳反应产生的不溶性 Li_2CO_3 将阻塞催化剂颗粒的活性表面，可以在阴极侧增加一个钠盐过滤装置，以消除空气中的二氧化碳。在阴极和水电解质之间沉积阴离子导电聚合物层也有助于解决上述两个问题。聚合物层不仅可以防止空气中的二氧化碳进入水性电解质，还可以传导 ORR 过程中形成的 OH^-，从而抑制阴极表面 LiOH 的沉积。

5.4
锂燃料电池的应用与发展

锂燃料电池因其超高的能量密度而成为最有前途的能量储存和转换技术之一。目前，锂燃料电池仍处于发展的初级阶段，在实际商业应用之前，有许多挑战需要克服，包括低首圈库仑效率、低放电容量和实际能量密度、较差的可循环性以及低倍率性能等。这些挑战与锂燃料电池的低性能空气阴极密不可分。因此，寻找新的阴极材料和设计特定结构来降低阴极过电位，特别是充电过电位，是未来与可充电非水系锂燃料电池阴极相关的主要任务。

非水系锂燃料电池阴极的未来发展方向如下：

① 通过创新的合成、表征、设计和制造以及性能验证方法，探索 ORR 和 OER 的新型阴极材料，包括催化剂和新型阴极结构。其中，构建不同孔径/分布/结构的电极，以满足电解质润湿性和氧传递的多重目的，是优化阴极结构的一个很好选择；液相催化可能是开发新型阴极催化剂的一个方向。

② 通过开发 ORR 和 OER 双功能催化剂等高活性和稳定性的催化材料，对于降低充放电过程中较大的阴极过电位和抑制电解质的分解具有积极作用。因此，结构优化且颗粒分布均匀的碳负载催化剂和复合催化剂具有吸引力，在催化活性和稳定性方面都值得进一步优化。然而，考虑到碳材料的不稳定性，无碳催化剂及其相关阴极在未来应该得到更多的关注。

③ 从形貌和分布以及与正极材料/催化剂的相互作用等方面有效调控和优化 Li_2O 的形成/分解，由于在锂燃料电池充放电过程中，放电产物的形态和分布对阴极过电位有重要影响。

④ 优化阴极结构和制备工艺。目前很少有研究系统地比较阴极结构对电池整体性能的影响，为了将锂燃料电池的性能提升到实际应用水平，阴极结构和制造工艺的优化（如阴极制备、阴极材料的加载等）显得非常迫切。

⑤ 优化和规范电解质与阴极的质量配比。阴极与电解质之间的接触是制备高性能锂燃料电池的关键因素，涉及许多方面，如氧扩散通道和电解质与阴极的质量配比。目前，研究人员已经认识到阴极氧扩散通道对电池性能的重要作用，但还不能完全解决如何优化氧扩散通道的问题。因此，为实现锂燃料电池的商业化应用，电解质与阴极质量配比的优化和标准化是一项非常重要的任务。

⑥ 需要进一步认识锂燃料电池的反应机理。在正极材料、催化剂和正极结构、制造工艺及其对锂燃料电池性能的影响方面，与 ORR 和 OER 相关的机制研究更为重要。基于这些基本认识，可以根据电池的整体性能对阴极材料/催化剂、结构及其制造工艺进行选择和优化。

⑦ 锂燃料电池各组件的力学性能值得关注。目前，大多数研究主要集中在锂燃料电池的整体框架，如阴极、催化剂、结构和机理等，而锂燃料电池阴极组件的力学性能及其影响尚未得到足够的重视，特别是柔性锂燃料电池。

参考文献

[1] Lai J，Xing Y，Chen N，et al. Electrolytes for Rechargeable Lithium-air Batteries [J]. Angewandte Chemie International Edition，2020，59（8）：2974-2997.

[2] Li Y，Wang X，Dong S，et al. Recent Advances in Non-Aqueous Electrolyte for Rechargeable Li-O_2 Batteries [J]. Advanced Energy Materials，2016，6（18）：1600751.

[3] Yao X，Dong Q，Cheng Q，et al. Why Do Lithium-oxygen Batteries Fail：Parasitic Chemical Reactions and Their Synergistic Effect [J]. Angewandte Chemie International Edition，2016，55（38）：11344-11353.

[4] Chen Y，Freunberger S A，Peng Z，et al. Li-O_2 Battery with A Dimethylformamide Electrolyte [J]. Journal of the American Chemical Society，2012，134（18）：7952-7957.

[5] Walker W，Giordani V，Uddin J，et al. A Rechargeable Li-O_2 Battery Using a Lithium Nitrate/N，N-Dimethylacetamide Electrolyte [J]. Journal of the American Chemical Society，2013，135（6）：2076-2079.

[6] Zhou B，Guo L，Zhang Y，et al. A High-Performance Li-O_2 Battery with a Strongly Solvating Hexamethylphosphoramide Electrolyte and a LiPON-Protected Lithium Anode [J]. Advanced Materials，2017，29（30）：1701568.

[7] Wan H，Bai Q，Peng Z，et al. A High Power Li-air Battery Enabled by a Fluorocarbon Additive [J]. Journal of Materials Chemistry A，2017，5（47）：24617-24620.

[8] Xiao J，Mei D，Li X，et al. Hierarchically Porous Graphene as a Lithium-air Battery Electrode [J]. Nano letters，2011，11（11）：5071-5078.

[9] Tong B，Huang J，Zhou Z，et al. The Salt Matters：Enhanced Reversibility of Li-O_2 Batteries with a Li [(CF_3SO_2)(n-$C_4F_9SO_2$)N]-Based Electrolyte [J]. Advanced Materials，2018，30（1）：1704841.

[10] Burke C M，Black R，Kochetkov I R，et al. Implications of 4e$^-$ Oxygen Reduction via Iodide Redox Mediation in Li-O_2 Batteries [J]. ACS Energy Letters，2016，1（4）：

747-756.

[11] Liu Y，Suo L，Lin H，et al. Novel Approach for a High-energy-density Li-air Battery：Tri-Dimensional Growth of Li_2O_2 Crystals Tailored by Electrolyte Li^+ Ion Concentrations [J]. Journal of Materials Chemistry A，2014，2（24）：9020-9024.

[12] Liu B，Xu W，Yan P，et al. Enhanced Cycling Stability of Rechargeable $Li-O_2$ Batteries Using High-Concentration Electrolytes [J]. Advanced Functional Materials，2016，26（4）：605-613.

[13] Shanmukaraj D，Grugeon S，Gachot G，et al. Boron Esters as Tunable Anion Carriers for Non-aqueous Batteries Electrochemistry [J]. Journal of the American Chemical Society，2010，132（9）：3055-3062.

[14] Wang Y，Zheng D，Yang X Q，et al. High Rate Oxygen Reduction in Non-aqueous Electrolytes with the Addition of Perfluorinated Additives [J]. Energy & Environmental Science，2011，4（9）：3697-3702.

[15] Chen Y，Freunberger S A，Peng Z，et al. Charging a $Li-O_2$ Battery Using a Redox Mediator [J]. Nature Cemistry，2013，5（6）：489-494.

[16] Ryu W H，Gittleson F S，Thomsen J M，et al. Heme Biomolecule as Redox Mediator and oxygen Shuttle for Efficient Charging of Lithium-oxygen Batteries [J]. Nature Communications，2016，7：12925.

[17] Gao X，Chen Y，Johnson L，et al. Promoting Solution Phase Discharge in $Li-O_2$ Batteries Containing Weakly Solvating Electrolyte Solutions [J]. Nature Materials，2016，15（8）：882-888.

[18] Gao X，Chen Y，Johnson L R，et al. A Rechargeable Lithium-oxygen Battery with Dual Mediators Stabilizing the Carbon Cathode [J]. Nature Energy，2017，2（9）：17118.

[19] Kuboki T，Okuyama T，Ohsaki T，et al. Lithium-air Batteries Using Hydrophobic Room Temperature Ionic Liquid Electrolyte [J]. Journal of Power Sources，2005，146（1-2）：766-769.

[20] Ishikawa M，Sugimoto T，Kikuta M，et al. Pure Ionic Liquid Electrolytes Compatible with a Graphitized Carbon Negative Electrode in Rechargeable Lithium-Ion Batteries [J]. Journal of Power Sources，2006，162（1）：658-662.

[21] Higashi S，Kato Y，Takechi K，et al. Evaluation and analysis of Li-air Battery Using Ether-Functionalized Ionic Liquid [J]. Journal of Power Sources，2013，240：14-17.

[22] Elia G A，Hassoun J，Kwak W J，et al. An advanced lithium-air battery exploiting an Ionic Liquid-Based Electrolyte [J]. Nano letters，2014，14（11）：6572-6577.

[23] Quinzeni I，Ferrari S，Quartarone E，et al. Li-doped Mixtures of Alkoxy-N-methylpyrrolidinium Bis（trifluoromethanesulfonyl)-imide and Organic Carbonates as Safe Liquid Electrolytes for Lithium Batteries [J]. Journal of Power Sources，2013，237：204-209.

[24] Cecchetto L，Salomon M，Scrosati B，et al. Study of a Li-air Battery Having an Electrolyte Solution Formed by a Mixture of an Ether-Based Aprotic Solvent and an Ionic Liquid [J]. Journal of Power Sources，2012，213：233-238.

[25] Xie J，Dong Q，Madden I，et al. Achieving Low Overpotential $Li-O_2$ battery Operations by Li_2O_2 Decomposition Through One-Electron Processes [J]. Nano letters，2015，15

(12): 8371-8376.

[26] Asadi M, Sayahpour B, Abbasi P, et al. A Lithium-Oxygen Battery with a Long Cycle Life in an Air-like Atmosphere [J]. Nature, 2018, 555 (7697): 502-506.

[27] Thomas M L, Oda Y, Tatara R, et al. Suppression of Water Absorption by Molecular Design of Ionic Liquid Electrolyte for Li-air Battery [J]. Advanced Energy Materials, 2017, 7 (3): 1601753.

[28] Adams B D, Black R, Williams Z, et al. Towards a Stable Organic Electrolyte for the Lithium Oxygen Battery [J]. Advanced Energy Materials, 2015, 5 (1): 1400867.

[29] Manthiram A, Yu X, Wang S. Lithium Battery Chemistries Enabled by Solid-State Electrolytes [J]. Nature Reviews Materials, 2017, 2 (4): 1-16.

[30] Li F, Kitaura H, Zhou H. The Pursuit of Rechargeable Solid-state Li-air Batteries [J]. Energy & Environmental Science, 2013, 6 (8): 2302-2311.

[31] Xu Y, Zhang Y, Guo Z, et al. Flexible, Stretchable, and Rechargeable Fiber-shaped Zinc-air Battery Based on Cross-stacked Carbon Nanotube Sheets [J]. Angewandte Chemie International Edition, 2015, 54 (51): 15390-15394.

[32] Xia S, Wu X, Zhang Z, et al. Practical Challenges and Future Perspectives of All-solid-state Lithium-metal Batteries [J]. Chem, 2019, 5 (4): 753-785.

[33] Nasybulin E, Xu W, Engelhard M H, et al. Stability of Polymer Binders in $Li\text{-}O_2$ batteries [J]. Journal of Power Sources, 2013, 243: 899-907.

[34] Petit Y K, Leypold C, Mahne N, et al. DABCOnium: An Efficient and High-Voltage Stable Singlet Oxygen Quencher for Metal-O_2 Cells [J]. Angewandte Chemie International Edition, 2019, 58 (20): 6535-6539.

[35] Hasegawa S, Imanishi N, Zhang T, et al. Study on Lithium/air Secondary Batteries-Stability of NASICON-type Lithium Ion Conducting Glass-ceramics with Water [J]. Journal of Power Sources, 2009, 189 (1): 371-377.

[36] Liu Y, Li C, Li B, et al. Germanium Thin Film Protected Lithium Aluminum Germanium Phosphate for Solid-State Li Batteries [J]. Advanced energy materials, 2018, 8 (16): 1702374.

[37] Kitaura H, Zhou H. Electrochemical Performance and Reaction Mechanism of All-solid-state Lithium-air Batteries Composed of Lithium, $Li_{1+x}Al_yGe_{2-y}(PO_4)_3$ Solid Electrolyte and Carbon Nanotube Air Electrode [J]. Energy & Environmental Science, 2012, 5 (10): 9077-9084.

[38] Zhu X, Zhao T, Wei Z, et al. A High-rate and Long Cycle Life Solid-state Lithium-air Battery [J]. Energy & Environmental Science, 2015, 8 (12): 3745-3754.

[39] Garbayo I, Struzik M, Bowman W J, et al. Glass-Type Polyamorphism in Li-Garnet Thin Film Solid State Battery Conductors [J]. Advanced Energy Materials, 2018, 8 (12): 1702265.

[40] Jin Y, McGinn P J. $Li_7La_3Zr_2O_{12}$ Electrolyte Stability in Air and Fabrication of a Li/$Li_7La_3Zr_2O_{12}/Cu_{0.1}V_2O_5$ Solid-state Battery [J]. Journal of Power Sources, 2013, 239: 326-331.

[41] Li Y, Chen X, Dolocan A, et al. Garnet Electrolyte with an Ultralow Interfacial Resist-

ance for Li-metal Batteries [J]. Journal of the American Chemical Society, 2018, 140 (20): 6448-6455.

[42] Luo W, Gong Y, Zhu Y, et al. Reducing Interfacial Resistance Between Garnet-structured Solid-state electrolyte and Li-metal Anode by a Germanium Layer [J]. Advanced Materials, 2017, 29 (22): 1606042.

[43] Shao Y, Wang H, Gong Z, et al. Drawing a Soft Interface: An Effective Interfacial Modification Strategy for Garnet-type Solid-state Li Batteries [J]. ACS Energy Ltters, 2018, 3 (6): 1212-1218.

[44] Sun J, Zhao N, Li Y, et al. A Rechargeable Li-air Fuel Cell Battery Based on Garnet Solid Electrolytes [J]. Scientific Reports, 2017, 7 (1): 41217.

[45] Lin D, Liu W, Liu Y, et al. High Ionic Conductivity of Composite Solid Polymer Electrolyte via in situ Synthesis of Monodispersed SiO_2 Nanospheres in Poly (ethylene oxide) [J]. Nano Ltters, 2016, 16 (1): 459-465.

[46] Liu W, Liu N, Sun J, et al. Ionic Conductivity Enhancement of Polymer Electrolytes with Ceramic Nanowire Fillers [J]. Nano Ltters, 2015, 15 (4): 2740-2745.

[47] Chen L, Li Y, Li S P, et al. PEO/Garnet Composite Electrolytes for Solid-state Lithium Batteries: From "Ceramic-in-polymer" to "Polymer-in-ceramic" [J]. Nano Energy, 2018, 46: 176-184.

[48] Mohamed S N, Johari N A, Ali A M M, et al. Electrochemical Studies on Epoxidised Natural Rubber-based Gel Polymer Electrolytes for Lithium-air Cells [J]. Journal of Power Sources, 2008, 183 (1): 351-354.

[49] Yi J, Guo S, He P, et al. Status and Prospects of Polymer Electrolytes for Solid-state $Li-O_2$ (air) Batteries [J]. Energy & Environmental Science, 2017, 10 (4): 860-884.

[50] Zhang Y, Wang L, Guo Z, et al. High-performance Lithium-air Battery with a Coaxial-fiber Architecture [J]. Angewandte Chemie International Edition, 2016, 55 (14): 4487-4491.

[51] Liu T, Liu Q C, Xu J J, et al. Cable-type Water-survivable Flexible $Li-O_2$ Battery [J]. Small, 2016, 12 (23): 3101-3105.

[52] Zhang L, Han L, Liu H, et al. Potential-cycling Synthesis of Single Platinum Atoms for Efficient Hydrogen Evolution in Neutral Media [J]. Angewandte Chemie, 2017, 129 (44): 13882-13886.

[53] Chen N, Xing Y, Wang L, et al. "Tai Chi" Philosophy Driven Rigid-Flexible Hybrid Ionogel Electrolyte for High-performance Lithium Battery [J]. Nano Energy, 2018, 47: 35-42.

[54] Jung K N, Lee J I, Jung J H, et al. A Quasi-solid-state Rechargeable Lithium-oxygen Battery Based on a Gel Polymer Electrolyte with an Ionic Liquid [J]. Chemical Communications, 2014, 50 (41): 5458-5461.

[55] Wu S, Yi J, Zhu K, et al. A Super-hydrophobic Quasi-solid Electrolyte for $Li-O_2$ Battery with Improved Safety and Cycle Life in Humid Atmosphere [J]. Advanced Energy Materials, 2017, 7 (4): 1601759.

[56] Black R, Adams B, Nazar L F. Non-aqueous and Hybrid $Li-O_2$ Batteries [J]. Advanced

Energy Materials，2012，2（7）：801-815.

[57] Li L，Fu Y，Manthiram A. Imidazole-buffered Acidic Catholytes for Hybrid Li-air Batteries with High Practical Energy Density [J]. Electrochemistry communications，2014，47：67-70.

[58] He P，Wang Y，Zhou H. A Li-air Fuel Cell with Recycle Aqueous Electrolyte for Improved Stability [J]. Electrochemistry Communications，2010，12（12）：1686-1689.

[59] Shimonishi Y，Zhang T，Imanishi N，et al. A study on Lithium/air Secondary Batteries-Stability of the NASICON-type Lithium ion Conducting Solid Electrolyte in Alkaline Aqueous Solutions [J]. Journal of Power Sources，2011，196（11）：5128-5132.

[60] Zhang J，Sun B，Zhao Y，et al. A Versatile Functionalized Ionic Liquid to Boost the Solution-mediated Performances of Lithium-oxygen Batteries [J]. Nature communications，2019，10（1）：602.

第 6 章

锌燃料电池

锌金属具有高比容量（820mA·h·g^{-1}）、内在安全性、天然丰富性和生态友好性等优点，是为数不多的可以直接用作电极的金属材料之一。锌基电池以其能量输出稳定、安全性高、成本低和环境友好性而备受关注。本章首先介绍了锌资源概况，主要包括锌的性质、制备技术和应用等；而后介绍了锌燃料电池的工作原理、结构和性能特点；最后介绍了锌燃料电池的国内外研究现状、应用及发展前景。

6.1
锌资源

6.1.1　锌的性质

6.1.1.1　物理性质

锌是一种常用有色金属，在自然界中多以硫化物状态存在，是铜、锡、铅、金、银、汞、锌等七种有色金属中提炼最晚的一种，为第四常见的金属，仅次于铁、铝及铜，其常见物理性质如表 6.1 所示。锌在化学元素周期表中位于第 4 周期ⅡB族，原子序数为 30，原子量为 65.38。锌是一种银白色略带淡蓝色金属，密度为 7.14g·cm^{-3}，熔点为 419.53℃，莫氏硬度为 2.5，其六面体晶体结构稳定性极强。锌质地较软，仅比铅和锡硬，延展性弱于铅、铜和锡但强于铁。锌在室温下较脆，在 100～150℃时变软，超过 200℃又变脆。锌有 3 种结晶状态：α-Zn、β-Zn 和 γ-Zn，其同质异构转化温度为 443K 和 603K，液态锌的蒸气压随温度升高而迅速增大，在 1179.97K 时达到 10132.5Pa，火法炼锌就是利用了锌的这一特点。

表 6.1　锌的物理性质及相关参数

中文名	锌	原子半径	134pm
外文名	zinc	共价半径	(122±4)pm
分子量	65.38	范德华半径	139pm
CAS 号	7440-66-6	晶体结构	六方密排晶格
熔点	419.53℃	磁序	抗磁性
沸点	907℃	电阻率	59.0nΩ·m(20℃)
密度	7.14g·cm^{-3}	热导率	116W·m^{-1}·K^{-1}

物态	固态	膨胀系数	$30.2\mu m \cdot m^{-1} \cdot K^{-1}$(25℃)
熔化热	$7.32kJ \cdot mol^{-1}$	弹性模量	108 GPa
汽化热	$123.6kJ \cdot mol^{-1}$	剪切模量	43 GPa
比热容	$25.470 J \cdot mol^{-1} \cdot K^{-1}$	电子层	K-L-M-N
电负性	1.65(鲍林标度)	电子层分布	2-8-18-2
应用	电池、汽车、电力、电子及建筑	电子排布式	$[Ar]3d^{10}4s^2$

6.1.1.2 化学性质

锌的化学性质活泼，在常温下不会被干燥空气、分离出 CO_2 的空气或干燥的氧气所氧化，但在与潮湿空气或常温下的空气接触时，其表面会逐渐氧化，生成一层灰白色的致密碱性碳酸锌 $ZnCO_3 \cdot 3Zn(OH)_2$ 包裹其表面，保护内部不再被侵蚀。当温度达到225℃后，锌会发生剧烈氧化。熔融的锌能与铁形成金属间化合物，保护钢铁免受腐蚀，镀锌工业利用了锌的这一特点。

锌在空气中很难燃烧，在氧气中燃烧发出强烈白光。由于锌表面有一层氧化锌，燃烧时会冒出白烟，白色烟雾的主要成分是氧化锌，不仅阻隔锌燃烧，还会折射焰色形成白光，所以在实验室条件下燃烧锌块不会观察到蓝绿色火焰。锌的氧化膜熔点高，但金属锌熔点却很低。在酒精灯上加热锌片，由于氧化膜的作用，锌片会熔化变软但不落下。锌易溶于酸，也易从溶液中置换金、银、铜等。纯锌不溶于纯硫酸或盐酸，但含少量杂质的锌则会被酸溶解。因此，一般的商品锌极易被酸溶解，亦可溶于碱。

6.1.2 锌矿产资源

全球锌矿产资源丰富，比铜矿集中度更高。根据2022年美国地质勘探局数据统计，目前全球已探明的锌矿资源储量为25100万吨，其中加拿大已探明6900万吨，占世界总储量的27.49%，为锌矿资源储备第一大国，其次为中国4400万吨和俄罗斯2200万吨，储量排名前十的国家占世界总储量的84.98%。

6.1.3 锌的制备技术

6.1.3.1 喷射雾化法

喷射雾化法生产锌粉工艺流程图如图6.1所示。将固态锌熔化成液态并过热到540～580℃，经过滤除气，放入锌池，根据虹吸原理从锌池将锌液吸入石英玻璃管内，从喷嘴喷出，锌液在喷枪口处被二次、三次高速切线风雾化、粉碎和冷凝。喷枪口喷射出的高速切线旋转气体围绕着熔融的锌液流，在熔化的锌金属表面引起搅动，形成一个锥形，膨胀的气体使锌液流承受剪切力而成条带，最终成为细小的球形颗粒，在一定的条件下，提高喷枪出口的气流速度，有利于锌粉的细化[1]。适当提高锌液温度，可以降低锌液的表面张力和黏度，有利于锌粉的雾化，一般选择锌液温度为（560±20）℃。压缩气流出口截面积、喷枪的多级供风量配比以及切线风的喷射角度都是影响锌粉粒度的重要因素。

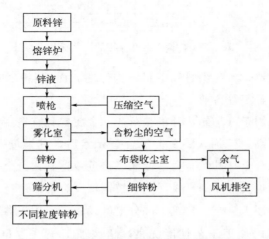

图 6.1　喷射雾化法制备锌粉的工艺流程图

6.1.3.2　电解法

相比之下，雾化法生产率高，成本低，但锌粉粒度较大。对于超细锌粉，尤其是 $10\mu m$ 左右的超细锌粉，电解法是更加可行的方法，其工艺流程如图 6.2。电解法生产锌粉主要是在大于 $600A \cdot m^{-2}$ 的大电流密度下电解，要求保持低的溶液锌离子浓度，并及时将生成的锌粉脱离阴极板，使得锌颗粒的生成速度大于其长大速度，同时用表面修饰剂抑制其长大，从而得到超细活性锌粉。电解法生产的锌粉呈树枝状，具有比表面积大和活性高等特点，在应用中具有更好的还原效果，可以减少锌粉的用量[2]。

6.1.4　锌的应用

镀锌具有优良的抗大气腐蚀性能，在常温下表面易生成一层保护膜。因此，

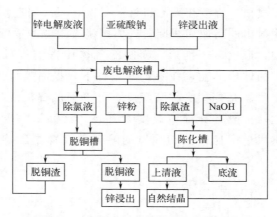

图 6.2　电解法制备锌粉的工艺流程图

锌主要用于镀锌工业，作为钢材和钢制结构件的表面镀层（如镀锌板），涉及汽车、建筑、船舶、轻工等行业。

锌合金被广泛用于汽车制造和机械行业。金属锌具有适用的力学性能，其本身的强度和硬度不高，但加入铝、铜等合金元素后，其强度和硬度均大幅度提高，尤其是锌铜钛合金，其综合力学性能已接近或达到铝合金、黄铜、灰铸铁的水平，抗蠕变性能也大幅度提高。因此，锌铜钛合金已被广泛应用于小五金生产且主要为压铸件，用于汽车、建筑、部分电气设备、家用电器、玩具等零部件的生产。许多锌合金的加工工艺性能优良，道次加工率可达 60%～80%。另外，其冲压性能优越，可进行深度拉延，并具有自润滑性，延长了模具寿命，同时可用钎焊、电阻焊或电弧焊进行焊接，表面还可进行电镀、涂漆处理，切削加工性能良好。

锌也被广泛应用于电池领域，例如锌锰电池和锌-空气蓄电池等。在锌锰电池中，金属锌作为活性负极，是决定电池储能性能的主要材料。金属锌中一般含有少量的镉和铅，镉能增强锌的强度，铅能改进锌的延展加工性能。另外，镉与铅均能提高氢在锌电极上的过电位，减少锌电极的自放电，从而减缓锌片的腐蚀和析氢。锌燃料蓄电池，又称锌-空气电池或锌-氧电池，是金属燃料电池的一种。锌-空气电池理论能量密度为 $1350W \cdot h \cdot kg^{-1}$，最新的实际能量密度已达到 $230W \cdot h \cdot kg^{-1}$，约为铅酸电池的 8 倍。锌燃料电池一般采取抽换锌电极的办法进行"机械式充电"，更换电极在几分钟即可完成。这种电池具有体积小、质量小、容量大、安全可靠和能在宽温域下正常工作等优点，是一种极有前途的电动车用电池。锌合金应用实例见图 6.3。

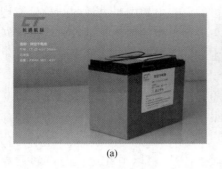
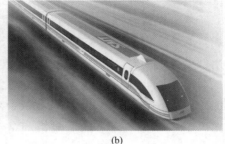

(a)　　　　　　　　　　　　　　　　　(b)

图 6.3　锌合金应用实例

（a）锌-空气电池（来源：https://pehb. china. b2b. cn/）；（b）轨道交通车体材料

（来源：http://news. sohu. com/a/475335041＿99987060）

6.2

锌燃料电池概述

锌燃料电池是以空气中的氧气为正极活性物质，金属锌为负极活性物质的一种新型化学电源，是一种半蓄电池半燃料电池。其中，负极活性物质同锌锰、铅等蓄电池一样封装在电池内部，具有蓄电池的特点；正极活性物质来自电池外部的空气中所含的氧，理论上有无限容量，是燃料电池的典型特征。

6.2.1　锌燃料电池基本原理

锌燃料电池以金属锌为负极、涂有催化剂的气体扩散层（GDL）组成的空气电极为正极、氢氧化钾（KOH）溶液为电解液。其基本工作原理为电池负极上的锌与电解液中的 OH^- 发生负极反应，释放出电子；同时空气正极反应层中的催化剂与电解质及经由扩散作用进入电池的空气中的氧气相接触，接收电子并发生正极反应。反应方程式如下：

$$正极反应：O_2+2H_2O+4e^- \Longrightarrow 4OH^-，\quad E=0.40V(vs.\ SHE) \tag{6.1}$$

$$负极反应：Zn+2OH^- \Longrightarrow ZnO+H_2O+2e^-，\quad E=-1.26V(vs.\ SHE) \tag{6.2}$$

$$总反应：\quad 2Zn+O_2 \Longrightarrow 2ZnO，\quad E=1.66V(vs.\ SHE) \tag{6.3}$$

由于电池极化反应的影响，实际所测开路电压一般为 1.4～5V，低于理论值。

6.2.2　锌燃料电池的结构

锌燃料电池通常由四部分组成，包括涂有催化剂的气体扩散层（GDL）组成的空气电极、碱性电解质、隔膜和锌电极。可充电锌燃料电池的结构示意图如图 6.4 所示，在放电过程中，通过锌金属与空气电极的电化学耦合将化学能转化为电能，具体反应过程为锌电极失去电子生成锌阳离子，释放的电子通过外电路到达空气电极；同时，大气中的氧气扩散到多孔空气电极，并在三相反应区，氧气（气体）、电解质（液体）和电催化剂（固体）的界面通过氧还原反应（ORR）生成氢氧根离子；生成的氢氧根离子迁移到锌电极，与锌离子结合形成锌酸根离子 $Zn(OH)_4^{2-}$，随后过饱和 $Zn(OH)_4^{2-}$ 进一步分解为不溶性氧化锌（ZnO）[式（6.2）]。相应地，在充电过程中，锌燃料电池在电极与电解质界面通过氧析出反应（OER）储存电能，同时锌离子沉积在阴极表面[3]。

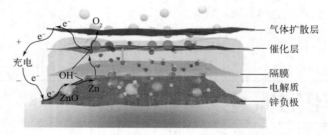

图 6.4　锌燃料电池结构与反应原理示意图[4]

从热力学角度看，正负极反应都是自发的，但在实际充放电循环过程中，氧气的氧化还原反应动力学缓慢，通常需要使用电催化剂来加速这一过程，对于锌燃料电池来说，每个主要结构都面临着各自的挑战，就空气电极而言，很难找到一种催化剂同时促进氧的氧化和还原两种反应，从而限制锌燃料电池的功率密度。此外，空气中的二氧化碳（CO_2）会与碱性电解质发生反应，不仅会改变电池内部的反应环境，所生成的碳酸盐副产物很可能会堵塞空气电极中气体扩散层的孔隙，限制空气的进一步扩散。对于锌燃料电池来说，需要找到一种既能在碱性环境中保持稳定，又能阻挡锌离子，同时只允许氢氧根离子通过的隔膜；对于锌金属电极来说，常规锌电极易发生锌的不均匀溶解和沉积，这正是枝晶形成的主要原因[3]。

6.2.3　锌燃料电池的分类

6.2.3.1　常规平面电池

传统的锌燃料电池以平面结构排列，可以最大限度地提高正极的空气捕获面积，因此比螺旋缠绕设计更受青睐。用于助听器的小型初级纽扣电池具有平面结构，其锌电极由雾化锌粉与凝胶化 KOH 电解质混合组成，并通过电子绝缘和离子导电的隔膜层与空气电极隔开。为了最大限度地提高能量密度，纽扣电池的外壳和盖子直接充当集流体，多节锌燃料原电池（常用于铁路信号、水下导航和电子围栏）采用棱柱形配置，如图 6.5 所示，除了形状之外，这种配置与纽扣电池的不同之处在于其还存在正、负极的外部极耳，且在塑料外壳内装配导电集流体。棱柱形设计也是可充电锌-空气电池研究中最常用的配置[5]。常见的是将塑料板和垫圈进行组合并用螺栓和螺母固定，以便快速组装和拆卸电极和电解质，平面锌-空气电池可以水平放置（即电极表面平行于地面，如图 6.5 所示）或垂直放置。研究发现，水平放置的锌-空气电池，空气电极朝上，锌电极具有更好的电流分布，并且在充电过程中更容易从空气电极中去除氧气。然而，由于蒸发导致的液体电解质大量损失可能导致水平配置中锌电极和空气电极之间断路，因此大多数研究采用垂直配置。目前，具有传统平面配置的可充电锌-空气电池尚未进入商业市场[5]。由于设计简单，从能量密度考虑，它们更适用于电动汽车和其他需要高比能储能装置的领域[6,7]。

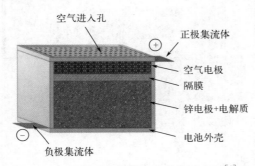

图 6.5　棱柱形锌燃料电池结构示意图[4]

6.2.3.2　液流电池

如图 6.6 所示，锌燃料电池可以采用循环电解质，有助于缓解锌电极和空气电极的性能退化问题。这种配置类似于锌-溴电池等混合液流电池[8]，主要区别在于锌燃料液流电池仅使用单个电解质通道。对于锌电极，大体积的循环电解质通过改善电流分布和降低浓度梯度来避免枝晶形成、形状改变和钝化等问题，在空气电极侧，沉淀的碳酸盐或其他废弃固体也可以被流动的电解质冲洗掉，并通过外部过滤器去除[9]。循环电解质常用于碱性燃料电池中，以对抗空气电极内的碳酸盐沉淀，其工作原理与放电模式下锌-空气电池的空气电极相同[10]。基于以上原因，与使用静态电解质的传统结构相比，可充锌燃料液流电池可以提供更高的运行循环寿命。锌燃料液流电池的缺点包括复杂性增加和能源效率降低，由于流动系统不仅需要额外的能量泵输送电解质进行循环，而且管道、泵和过量的电解质也会导致质量和体积能量密度降低。尽管如此，市场上主要的可充锌燃料电池开发商都选择使用流动电解质，一般为近中性的氯化物电解质。例如，Fluidic Energy 公司使用含磺酸盐的离子液体；Zinc-NYX Energy Solutions 公司利用含有锌颗粒的流动电解质悬浮液，允许在单独的隔间中放电和充电（每个隔间均设有独立的空气电极）。因此，液流电池配置成为迄今为止最成功的可充锌燃料电池类型，但该配置的笨重性质可能将其限制在重量和空间要求不重要的大规模电网存储应用中。

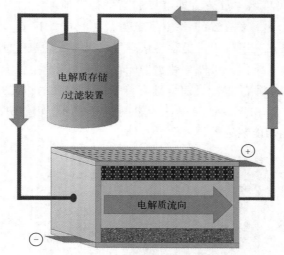

图 6.6　锌燃料液流电池结构示意图[4]

6.2.3.3　柔性电池

锌燃料电池因其低成本、高能量密度和固有安全性而成为柔性电源的绝佳候选者[11]，其结构示意图如图 6.7 所示。由于锌燃料电池与外界直接相通，因此不希望使用液体电解质，以防止液体电解质蒸发或泄漏到敏感的电子设备上。目前，柔性锌燃料电池的研究重点为开发具有机械柔韧性和耐用性，同时保持足够离子电导率的固态电解质，并要求电极和支撑材料能够承受一定程度的形变。

6.2.3.4　多单元配置

在实际应用中，单一电池单元往往无法满足应用端的电压或容量需求，常将多个电池单元串联或并联以达到实用所需水平。对锌燃料电池而言，常用的串联堆叠方式包括单极和双极两种，在单极结构［图 6.8（a）］中，锌电极置于两个外部连接的空气电极之间，并且该基本单元在多个电池上重复，为了实现电池串联，在一个电池单元的锌电极和相邻电池单元的空气电极之间进行外部连接。在双极结构［图 6.8（b）］中，每个锌电极仅在其一侧与单个空气电极配对，相邻

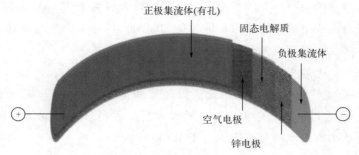

图 6.7　柔性锌燃料电池结构示意图[4]

电池单元的空气电极和锌电极之间通过带有气流通道的导电双极板而不是通过外部连接进行串联连接[12]。双极排列的一大优点是由于没有外导线，可以更有效地封装电池；此外，与单极排列相比，双极排列的电极之间的电流分布更均匀，由于其外部连接可以从电极边缘收集电流。在电极面积小于 $400cm^2$ 的碱性燃料电池中，通常可以在没有明显电流分布影响的情况下使用边缘电流收集，因此，锌燃料电池双极结构的优势并不显著，且锌燃料电池工作的电流密度通常较低，双极结构的缺点是空气电极必须在其整个厚度上都具有导电性，这要求空气电极面向空气的一侧不能由纯聚四氟乙烯（PTFE）层组成，而 PTFE 层的作用为最大限度地提高疏水性并减少液体电解质从电池中溢出或泄漏。另外，双极结构还需要保持一定的压力，以便在电极和双极板之间形成足够的界面接触[13]。

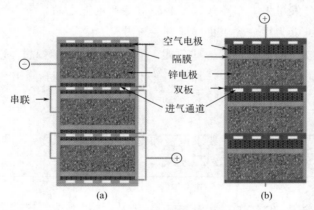

图 6.8　多单元锌燃料电池结构

（a）单极排列；（b）双极排列

6.2.4　锌燃料电池的性能与特点

锌燃料电池具有高安全、零污染、高能量、大功率、低成本及材料可再生等优点，被认为是电动汽车等的理想动力电源。锌燃料电池的工作电压约为 1.4V，放电电流受活性炭电极吸附氧及扩散速度的制约。每一型号的电池有其最佳使用电流值，超过极限使用电流值时活性炭电极会迅速劣化。

与目前其他电池相比，锌燃料电池具有以下优点：

① 比能量大。锌-空气电池的比能量是铅酸蓄电池的 4～6 倍，是锂离子电池的 2 倍，以其作为动力的电动汽车最大续航里程可达 400km，而以同等质量铅酸蓄电池装车时的续航里程则不大于 100km。

② 制造工艺简单、成本低廉。大批量成本约为 300～500 元/(kW·h)，低于铅酸蓄电池。

③ 安全可靠。即使遇到明火、短路、穿刺、撞击等情况也不会发生燃烧、爆炸。

④ 环保。电池正极采用活性炭、铜网，负极采用金属锌，未使用有毒有害物质。

⑤ 可再生利用。锌电极使用后，可通过还原再生得到循环利用。另外，锌电极也可以采用机械充电方式再生，即将用完后的锌电极从电池中取出，放入特制的槽中充电。锌燃料电极可以重复使用多次，还可以制成可重复充放电的锌燃料电池，简称二次锌燃料电池。

⑥ 由于锌燃料电池的充电方式主要是更换极板，因此极板的再生可以集中进行。极板的分发可采取布点式，不必建立专用的充电站，不但可以节约大量先期投资，而且可以为用户提供更多便利。

同时，锌燃料电池仍存在一些不足，如使用成本相对高、充电过程相对复杂、实际使用寿命短、批量生产加工工艺不够成熟等，阻碍了其实际应用。

6.3
锌燃料电池研究进展

6.3.1 锌金属阳极研究进展

由于锌-空气电池阴极具有无限的氧气源，其容量主要取决于锌电极。理想的锌电极应该具有高比例的可利用活性物质，能够高效充放电，并在长时间充放电循环中保持其容量。本小节详细介绍锌电极目前存在的主要问题以及相应的解决策略。

6.3.1.1　锂金属阳极存在的主要问题

在锌-空气电池中，锌电极的性能主要受到四种现象的限制：①枝晶生长 [图 6.9（a）]；②形状变化 [图 6.9（b）]；③钝化 [图 6.9（c），未示出内阻]；④析氢 [图 6.9（d）][9]。

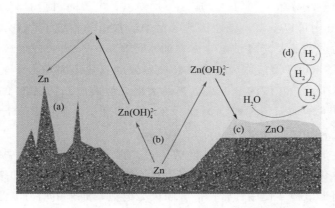

图 6.9　锌电极上可能发生的性能限制现象示意图
(a) 枝晶生长；(b) 形状变化；(c) 钝化；(d) 析氢

（1）枝晶生长

锌枝晶为锋利的针状金属突起，常见于电沉积过程。在二次碱性锌基电池中，锌枝晶可能会在充电过程中形成，严重时会从电极上断裂形成死锌，从而导致容量损失。另外，锌枝晶可能会刺穿隔膜并与正极接触，导致电池短路，由浓度控制的锌电沉积会出现树枝状沉积形态，其中 $Zn(OH)_4^{2-}$ 的浓度梯度与锌电极表面距离呈正相关函数关系[9]。在此条件下，$Zn(OH)_4^{2-}$ 优先沉积在凸起的表面非均质性处，例如螺旋位错，在这些位错附近 $Zn(OH)_4^{2-}$ 的浓度梯度较高，进一步沉积时，这些沉积物会生长到扩散限制区域的边界之外，从而在几乎纯活化的控制下产生快速生长的枝晶[14]。

研究表明，在碱性溶液中，锌还原过电位是决定锌枝晶形成的关键参数。Diggle 等人[14] 确定了 $75\sim85mV$ 的临界过电位，高于此电位，锌枝晶在含有 $2.0\sim3.0mol \cdot L^{-1}$ Zn^{2+} 的 $2mol \cdot L^{-1}$ KOH 中开始产生，而低于此电位下的电沉积往往会产生外延生长或海绵形貌[15-17]。需要注意的是，若成核时间较长，枝晶也可能在较低的沉积过电位下形成，因此，即使在相对较低的过电位下，在浓度控制下的多次溶解和沉积循环也会导致锌电极表面非均质性的逐渐放大，最终导致枝晶生长[9]。

（2）形状改变

与锌电极失效相关的另一个关键问题为形状变化。在锌-空气和其他碱性锌基电池中，锌在放电反应过程中从电极上溶出并溶解在电解质中，但在随后的充电过程中会沉积在锌电极上的不同位置，导致电极致密化和可用容量损失，许多体系均会观察到这种现象[9]。一般来说，理论建模和机理研究将形状变化归因于锌电极内的电流分布不均匀、反应区不均匀以及电渗力引起的对流等[18]。

从图6.10中可以看出，碱性锌基电池中最常用的传统KOH电解质会加剧这一问题。为达到最大的离子电导率，通常选择 $6\sim7mol\cdot L^{-1}$ 或 $25\%\sim30\%$（质量分数）的KOH溶液作为电解质。虽然锌的氧化还原动力学（用 Zn/Zn^{2+} 交换电流密度表示）在该浓度下接近其最大值，但放电产物ZnO的溶解度会随着电解质浓度的增加而增加[9]。因此，在电化学反应过程中，预计会有大量锌发生溶解、迁移和重新沉积。

锌燃料电池常用的锌阳极材料包括锌粉、锌膏、锌板等。一些小功率的电器，如已商业化的助听器用纽扣电池多直接使用锌粉，而一些大功率和中等功率的方形、圆筒形电池多使用锌膏；一些超大型电池，如车用动力电池，一般需采用大型阳极锌板或者加入电池管理系统以源源不断地供入锌粉[19]。

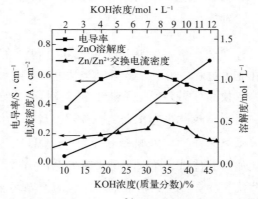

图6.10 电解质电导率，Zn/Zn^{2+} 交换电流密度以及ZnO溶解度
与KOH浓度的关系示意图[20,21]

（3）钝化和内阻

钝化是指由于金属表面形成绝缘层而无法进一步放电的现象，该绝缘层阻止了放电产物和 OH^- 的迁移，在锌电极放电过程中，当 $Zn(OH)_4^{2-}$ 放电产物达到其溶解极限，会在电极表面析出ZnO，对于多孔锌电极，在电极发生钝化之前，由于ZnO沉淀会减小孔径，$Zn(OH)_4^{2-}$ 刚排出时的浓度远远高于其溶解度极限，导致其立即沉淀并完全堵塞剩余的孔隙体积[22,23]。因此，从Zn到ZnO的体积

膨胀所需的理论孔隙率仅为 37%，而可充电锌电极通常需要 60%～75% 的孔隙率[18,24,25]。研究表明，增加电极厚度会导致钝化更早发生，由于 OH^- 通过电极孔隙的扩散电阻的增加有利于 ZnO 形成，而不导电性的 ZnO 进一步增加锌电极的内阻，从而导致更大的极化电压。

锌利用率也是锌电极的常用指标，被定义为电极完全放电时实际使用的锌理论容量的百分比，该百分比受锌电极完全钝化或其内阻变得过高而无法维持足够工作电压的限制，传统粉末基电极的锌利用率范围为 60%～80%[24,26]，而后续讨论的新发展可以将该值推高至 90% 或更高。

（4）析氢

pH 值为 14 时，Zn/ZnO 的还原电位 [$-1.26V$（$vs.$ SHE）] 低于析氢反应 [$-0.83V$（$vs.$ SHE）]。因此，析氢反应在热力学上是有利的，并且随着时间推移，静置的锌电极将被腐蚀（即自放电），这意味着锌电极不能以 100% 的库仑效率充电，析氢反应会消耗部分原本提供给锌电极的电子[27]。实际的析氢速率由其交换电流密度和锌电极表面的 Tafel 斜率决定，该斜率在 $6mol \cdot L^{-1}$ KOH 中被测量为 $8.5 \times 10^{-7} mA \cdot cm^{-2}$，因此，锌电极表面的析氢电流约为 $1 \times 10^{-5} mA \cdot cm^{-2[28]}$。相比之下，ZnO 表面的析氢过电位显著降低，表明随着 ZnO 形成，锌电极的自放电速率将增加[29]。因此，需要发展降低析氢速率的策略，即增大析氢反应的过电位，来提高充电效率并降低锌电极的自放电速率。

$$2H_2O + 2e^- \rightleftharpoons 2OH^- + H_2 \qquad (6.4)$$

$$Zn + H_2O \longrightarrow ZnO + H_2 \qquad (6.5)$$

在实际电化学反应过程中，上述四个问题通常可以相互影响。例如，形状变化会导致致密化，从而减少锌电极的活性表面积，导致充电过程中过电位增加，增加枝晶生长的可能性。另外，锌钝化会减少活性表面积，导致枝晶生长，并且由于电流分布不均而增加形状变化程度。此外，由析氢引起的对流会造成电解质流动，从而加速形状变化[30]。因此，缓解上述某一现象的方案通常可以间接减轻其他一种或多种现象。但在特定情况下，缓解其中一个问题可能会使另一个问题加剧。例如，降低 $Zn(OH)_4^{2-}$ 的溶解度可以降低形状变化的速率，但由于析出的 ZnO 增多，可能导致更快的钝化反应。在制定提高锌电极性能的策略时，应考虑到特定的电池设计，由于电解质体积、电极厚度和孔隙率等都会影响其实际作用。

6.3.1.2 锌负极改性策略

锌电极和集流体的几何形状是提高其性能的重要因素。增加电极和集流体的表面积可以降低锌沉积过电位，从而最大限度地减小充电时枝晶形成的可能性。

此外，设计三维电极和集流体，实现电流和电解质在三维空间的均匀分布，可以有效降低锌的钝化[31]。金属泡沫（最常见的是泡沫铜）是集流体的常见选择，由于其具有高的表面积和机械刚度以及高的孔隙率（通常为 95％ 或更高）[27]。大多数研究采用电沉积法将锌沉积到金属泡沫中，这些情况下报道的体积容量密度远低于锌电极的理论值[32]，这可能是由于在整个金属泡沫厚度上难以实现均匀且致密的金属电沉积[33]。

为提高锌的利用率和可充电性，Long 等人将锌电极设计为 3D（三维）非周期性结构，如图 6.11（a）所示，这种 3D 多孔结构（锌"海绵"结构）不仅大大增加了电极表面积，使整个电极结构的电流分布更加均匀，而且还保持了金属锌之间相互连接的通路，因此，即使在电极表面形成 ZnO 钝化层，也可以保持长程电子导电性。这种设计可以在一次性电池中实现 90％ 的利用率而不产生枝晶，同时还可以为电极形状变化提供足够的容纳空间。值得注意的是，在长期循环过程中保持 Zn 海绵结构的稳定性至关重要，特别是在高放电深度下，可以将电极结构设计与其他不同的改性策略结合，例如电解质添加剂和表面改性，以提高海绵锌结构的耐久性[34]。另外，一种基于 3D 纳米多孔 Zn-Cu 合金的自支撑电极也被报道，并应用于可再生锌离子电容器[35]。此外，通过在锌颗粒中加入少量导电碳材料调节电极组成也可以有效提高锌阳极的稳定性。据报道，在锌粉与活性炭复合电极中，活性炭的孔隙结构可以有效容纳生成的锌枝晶和钝化产物，从而保证锌颗粒的活性［图 6.11（b）］。同时，在近中性电解质中，为了提升锌的可逆沉积/剥离，实现无枝晶阳极，一些阳极结构设计策略同样适用。

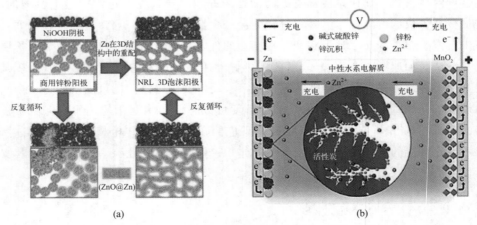

(a)　　　　　　　　　　　　　　　(b)

图 6.11　（a）粉末锌阳极和三维单片无周期海绵锌阳极[34]；（b）充电过程中
阳极产物在活性炭中沉积的示意图[35]

类似于碱性电解质中的 Zn 海绵结构，Pu 等人设计了一种 3D 纳米多孔平面金属 Zn 阳极 [图 6.12（a）]，得益于其独特的离子/电子转移双通道，循环后的锌阳极无明显枝晶，即使在 3500 次循环后，仍未在阳极表面上观察到 ZnO 和 Zn（OH）$_2$ 的不可逆副产物[36]。此外，Kim 等人利用周期性阳极氧化技术制备了一种涂有功能化 ZnO 层的六边形金字塔阵列结构锌阳极 （Zn@ZnO HPA） [图 6.12（b）]。HPA 结构可以显著增加锌阳极的活性比表面积，降低局部电流密度，同时功能化 ZnO 涂层具有梯度厚度，可以有效调控 Zn 沉积并减轻界面副反应，与原始 Zn 基对称电池相比，Zn@ZnO HPA 基对称电池的运行寿命提高 10 倍，电流密度提高 25 倍，且无 Zn 枝晶生长，所组装的 Zn@ZnO HPA/ MnO$_2$ 电池在 9A·g^{-1} 电流密度下循环 1000 次后的库仑效率仍保持在 99％ 以上，表现出优异的长期循环性[37]。这种周期性阳极氧化技术可实现超稳定的锌金属阳极，有望应用于高安全的储能系统。

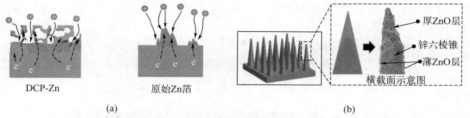

图 6.12 （a）原始 Zn 箔与双通道 3D 多孔 Zn 对比图[36]；（b）六边形金字塔 Zn@ZnO 阵列示意图及横截面结构[37]

除了金属锌，Jiang 和 Lang 等人开发出一种锌铝共晶合金用作高性能阳极材料，其具有锌和铝交替组成的层状结构，很大程度上解决了锌阳极的不可逆问题。在该材料中，层状结构不仅能促进锌从共晶 Zn$_{88}$Al$_{12}$ 合金中剥离，而且还能在 Al/Al$_2$O$_3$ 核壳结构之间产生层状纳米结构，从而引导锌的后续生长，以实现均匀的锌沉积/剥离过程，并且在无氧水系电解质中循环超过 2000h 后仍无明显的枝晶产生[38]。因此，采用 Zn$_{88}$Al$_{12}$ 合金和 K$_x$MnO$_2$ 阴极构成的锌离子电池具有高的能量和功率密度，并在 200h 循环后无明显的容量衰减，表现出良好的电化学稳定性（图 6.13）。

此外，Parker 等人开发了一种新颖的铸造和热处理程序，用于制备具有高质量和体积比容量的 3D 海绵锌电极（图 6.14），该电极能够在高电流下实现高达 89％ 的锌利用率，并且在 80 多次充放电循环后无明显的枝晶生长，虽然该电极含有黏合剂和抑制析氢的添加剂，但其不具有单独的刚性支撑层，只有在 DOD （放电深度）不超过 23％ 时才能保持较长的循环寿命，据推测，该泡沫结构在更深的放电深度可能会坍塌，导致锌沉积时结构的致密化[39]。

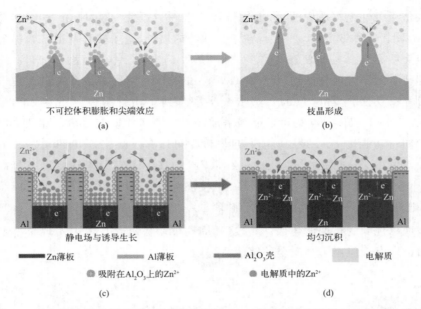

图 6.13 单金属锌电极沉积/剥离过程示意图：（a）体积变化而产生的大量裂纹和缺陷，
（b）锌枝晶生长；层状结构共晶锌/铝合金沉积/剥离过程示意图：（c）静电屏蔽和
诱导生长作用，（d）锌剥离过程中诱导锌均匀沉积行为[38]

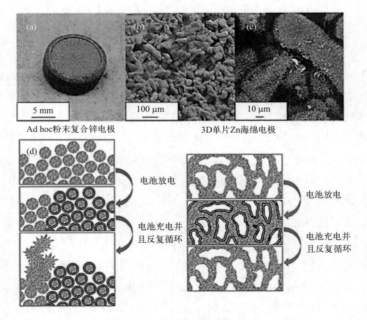

图 6.14　3D 多孔海绵锌电极

（a）光学照片；（b）、（c）SEM 图像；（d）相对于传统锌粉电极的循环寿命优势示意图[39]

6.3.2 锌燃料电池的电解质及添加剂研究进展

（1）电解质

锌燃料电池主要采用碱性和中性电解质。小功率电池采用中性电解质可以避免电解质碳酸化，以实现更优异的性能，常用的中性电解质为 NH_4Cl、KCl 等。目前，锌燃料电池的研究主要集中在碱性体系。碱性锌燃料电池可以输出较大的电流密度，供大功率设备使用，常用的碱性电解质为 KOH 和 $NaOH$。其电解质体系和铝-氧气电池类似，可参考第 3 章相关内容。

可充锌燃料电池面临的主要挑战来自强碱性电解质，此类电解质对活性阴极材料（环境空气）具有化学稳定性，但在很大程度上会导致锌金属阳极发生不可逆的电化学行为，包括高比表面积的枝晶、不均匀的电沉积/溶解以及持续的电解质腐蚀。相比于强碱性电解质，近中性水系电解质可以抑制锌枝晶和碳酸盐的形成。某些超浓电解质中也可以实现高度可逆的锌电沉积和电溶解，例如，Sun 等人选择具有高疏水性的三氟甲磺酸阴离子（$[TfO]^-$）的锌盐作为电解质组装锌-空气电池，其中，疏水性 $[TfO]^-$ 会因静电力而吸附在阴极表面，从而在内层亥姆霍兹层（IHL）中形成局部贫水环境，促进非质子的 $2e^-$ 氧还原反应在低浓度水性电解质中发生，如图 6.15 所示，因此，其正极放电产物为过氧化锌，具有更高的可逆性，同时所组装的电池还显示出更高的能量密度和更好的循环稳定性[40]。

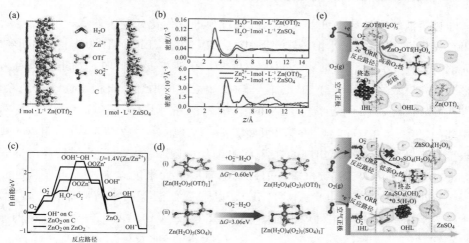

图 6.15　（a）$Zn[TfO]_2$ 和 $ZnSO_4$ 电解质中空气阴极的界面结构示意图；（b）H_2O 和 Zn^{2+} 的相应界面累积密度曲线；（c）ORR 过程的自由能图；（d）（i）$Zn(OTf)_2$ 和（ii）$ZnSO_4$ 电解液中去溶剂化及含超氧阴离子对的形成过程；（e）空气阴极表面的 IHL 和外亥姆霍兹层（OHL）分别在 $Zn[TfO]_2$ 和 $ZnSO_4$ 电解质中的反应过程示意图[40]

此外，通过凝胶电解质的官能团设计也能调控锌阳极的沉积行为。例如，Jiao 等人设计了一种聚丙烯酰胺-柠檬酸钠（PAM-SC）凝胶电解质（图 6.16），其中，SC 分子中含有大量的极化—COO^- 官能团。研究表明，极化—COO^- 基团具有亲锌作用，可以有效抑制 Zn 枝晶的生长。同时，极化—COO^- 基团和水分子之间的强氢键还能防止 PAM-SC 凝胶电解质在低温下冻结和在高温下蒸发，因此，PAM-SC 水凝胶不仅具有高的离子电导率（324.68mS·cm^{-1}），而且在空气中暴露 96h 后，保水率高达 96.85%，放电容量和功率密度为 746.1mA·h·g^{-1} 和 107.7mW·cm^{-2}，同时基于该凝胶电解质的柔性锌-空气电池在 −40℃的超低温下表现出良好的长循环稳定性[41]。

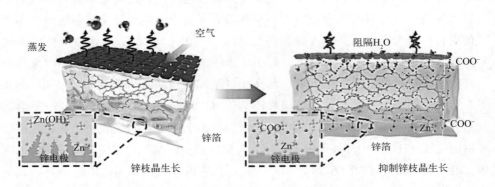

图 6.16　柔性锌-空气电池凝胶电解质中锌枝晶形成和水分蒸发示意图[41]

通过溶液结构设计也可以对锌的沉积行为进行优化处理。例如，Yang 等人提出在氯化锌（$ZnCl_2$）水溶液电解质中加入氯化锂（LiCl）作为支持盐，形成不同 R（结晶水含量）值的 Li_2ZnCl_4-RH_2O，在盐浓度较低时，水主要以自由水形式存在，仅有少量水与 Li$^+$ 配位，随着盐浓度的增加，自由水逐渐被消除，Cl$^-$ 则优先形成 $ZnCl_4^{2-}$ 阴离子或小的 $[ZnCl_{4-m}^{2-m}]_n$ 阴离子簇（$m=0$、1 或 2，即相邻的 Zn^{2+} 由 1 个 Cl 或 2 个 Cl 共享；$n\leqslant3$），如图 6.17 所示[42]。阴离子簇的长度受到随着 R 减小而出现的锂-氯接触增加的限制，从而保持了较高的离子电导率。通过优化 R，Li_2ZnCl_4·$9H_2O$ 电解质最大限度地提高了沮度（frustration），从而产生高熵电解质（HEE），以抑制低温下的水解和结晶。因此，基于该高熵电解质的锌-空气电池在 −60～+80℃的工作温度下表现出优异的循环稳定性。

利用电解质基团与 Zn 特定晶面的强相互作用可从源头上抑制枝晶的产生。例如，Fan 等人研究设计了一种磺酸盐官能团化纳米复合材料 QSGPE（命名为纳米-SFQ），并将其应用于柔性水系锌-空电池（图 6.18），该纳米-SFQ 表现出高离子电导率、强耐碱性和优异的锌稳定性，在柔性水性锌-空气电池（FAZAB）中

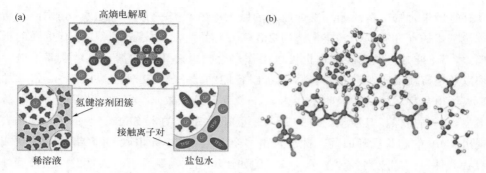

图 6.17 （a）不同电解质中的溶液结构示意图；（b）通过分子动力学模拟 $Li_2ZnCl_4 \cdot 9H_2O$

电解质，$[ZnCl_{4-m}^{2-m}]_n$ 阴离子簇和水与附近 Li^+ 配位的代表性构型[42]

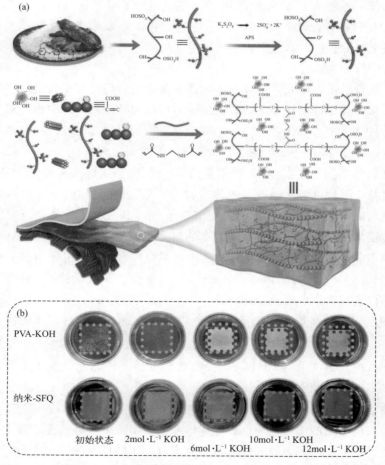

图 6.18 （a）纳米-SFQ 合成过程示意图；（b）PVA-KOH 和纳米-SFQ 浸泡

在不同浓度的 KOH 溶液中的光学照片[43]

具有打破聚合物电解质循环寿命瓶颈的巨大潜力。进一步研究表明，强阴离子磺酸盐基团的存在有助于暴露优选的 Zn（002）晶面，对枝晶的形成具有更强的抵抗力[43]。此外，纳米吸附剂也可以用作聚合物电解质添加剂，以增强离子电导率以及电解质的吸收和保留能力，所制备的纳米-SFQ 表现出 $186mS \cdot cm^{-1}$ 的高离子电导率，电解质吸收率高达 85.0%（质量分数），电解质保留能力也显著增强，一周后保持其质量的＞90%[43]。因此，基于纳米-SFQ 组装的 FAZAB 表现出 450h 的超长循环时间。此外，由多个 FAZAB 单元串联/并联组装的带状或线状器件可以集成到各种电子设备（例如血压计、夜跑臂带、柔性发光二极管屏幕、手表等）中，以作为可穿戴条件下高度可靠的电源。

由此可见，在碱性电解质中，锌枝晶的生长、锌负极的钝化以及锌负极上的析氢反应都不可忽略[44]。除此以外，锌-空气电池的半开放结构导致了正极性能的下降，由于常用的 OH^- 基电解质会与空气中 CO_2 发生反应，所形成碳酸盐沉淀物堵塞电极的孔隙，从而影响空气正极的反应，进一步降低电池的工作电压和能量密度[40]。

在这种背景下，研究人员开发出中性和酸性电解质。在中性电解质中，氯化物和硫酸盐因其高导电性和无碳酸盐生成的特点而被应用。近中性电解质可以避免电解质与空气中二氧化碳的反应，减少锌负极的腐蚀，有效提高电池的循环寿命，例如，Sumboja 等人在 $pH \approx 7$ 的氯基电解质中实现了在 $1mA \cdot cm^{-2}$ 下 1V 的放电电压和 2V 的充电电压，所制备的锌-空气电池能够实现长达 90d 的循环，远远超过基于碱性电解质的锌空电池（41d）[45]。氯化锌作为一种溶解度极高的锌盐，其高浓度溶液也被应用于锌-空气电池。日本产业技术总合研究所相关研究人员尝试从控制电解质中锌离子浓度的角度充分发挥锌负极的理论比容量。在浓度约等于 $28mol \cdot L^{-1}$ 的氯化锌溶液中，不存在自由的水分子溶剂，仅有阳离子 $[Zn(H_2O)_{6-x}]^{2+}$ 和阴离子 $[ZnCl_4]^{2-}$，实现了无枝晶生成的锌沉积/溶解反应，不仅表现出高的库仑效率（$\approx 99\%$）以及稳定的长循环性能，而且没有 CO_2 中毒的现象，所组装的锌-空气电池可以以 $1000mA \cdot h \cdot g^{-1}$ 的高可逆容量在 30℃下运行超过 100 个循环[46]。但是，在近中性的电解质中，由于反应动力学缓慢和反应物浓度低（如 H^+），会使放电电压下降而充电电压上升，导致较大的 ORR/OER 极化[45]。

酸性电解质可以克服近中性电解质的催化限制，为 ORR 提供更高的氧化还原电位，提高电池的工作电压。但金属锌在酸性溶液中不可避免地发生剧烈的溶解和析氢，因此应考虑电池的整体结构，充分利用酸性电解质的优势，实现其长循环寿命和高工作电压，Li 和 Manthiram 报道了一种由锌金属阳极、碱性阳极液、钠超导体型锂离子固态电解质、酸性磷酸盐缓冲阴极液和空气电极组成的酸碱解耦锌-空气电池[47]。其中，酸性电解质可以有效缓解碱性电解质中碳酸盐的形成和枝晶引起的短路问题。该解耦电池不仅显示出 1.92V 的高放电电压，而且在 200h 的循环过程中表现出良好的电化学稳定性，为实现高性能锌-空气电池提供了一种新的方法。

除了水系电解质外，仅由阳离子和阴离子组成的离子液体是锌-空气电池电解质的另一选择。由于其本征高离子浓度，离子液体表现出高的热稳定性，低的蒸汽压，对金属盐的高溶解能力和较大范围的电化学窗口[48]。这些特性可以克服开放体系中与水系电解质相关的主要问题，如锌腐蚀、失水和二氧化碳吸收等。此外，由于离子液体由大量的阳离子和阴离子组合而成，其理化性质高度可调，可通过电解质设计或优化满足某些性能要求，如 Zn/Zn^{2+} 的氧化还原行为、电池工作电压和工作温度范围等[49]。

目前，可充锌-氧气电池离子液体电解质的研究仍处于早期阶段，与传统的碱性电解质相比，基于离子液体的可充锌-氧气电池的电化学性能高度依赖于阳离子和阴离子组分的性质，不同的离子液体，锌阳极和正极的反应过程也有所不同，例如，在三氟甲磺酸锌电解质中，锌发生如下的双电子转移反应[50]：

$$Zn^{2+} + 2e^- \rightleftharpoons Zn \tag{6.6}$$

然而，在含有双氰胺阴离子（DCA^-）的离子液体中，锌离子会与阴离子形成络合物离子，金属锌的氧化还原过程转变为两步的单电子转移过程：

$$Zn(DCA)_x^{(x-2)-} + e^- \rightleftharpoons Zn(DCA)_x^{(x-1)-} \tag{6.7}$$

$$Zn(DCA)_x^{(x-1)-} + e^- \rightleftharpoons Zn + x(DCA)^- \tag{6.8}$$

但是，离子液体电解质通常黏度较高，造成离子电导率相对较低，导致迟缓的锌和氧的氧化还原反应动力学。同时，有限的工作电流密度是制约离子液体电解质在二次锌-氧气电池应用的另一难题。因此，相比于碱性体系，离子液体基可充锌-氧气电池没有明显优势。

传统的二次锌-氧气电池普遍采用碱性液体电解质，但液态体系通常需要体积庞大且刚性的外部封装结构，给器件整体结构设计和微型化带来困难。另外，金属燃料电池属于开放体系，水系电解质中不可避免的水分蒸发会降低电池寿命，因此准固态和固态电解质逐渐成为了研究人员的开发重点。半固态电解质具有良好的柔韧性和离子传导能力，可以同时作为电解质和隔膜，不仅可以防止内部短路，还大大简化了器件的设计和制造过程。此外，由于其有限的含水量和高弹性模量，半固态电解质还可以减轻高活性锌电极与水电解质之间的副反应。

半固态电解质多为聚合物基凝胶电解质。在众多聚合物中，聚乙烯醇（PVA）和聚丙烯酰胺（PAM）具有优异的亲水性、良好的化学和电化学稳定性而被广泛用作聚合物基体（图 6.19）。在 PVA 基凝胶电解质中，PVA-KOH 电解质体系在柔性可充电锌-空气电池中应用最为广泛。有趣的是,基于 PVA-KOH 凝胶电解质的可充电锌-空气电池具有可弯曲、拉伸和编织功能,目前已经开发出电缆型和三明治型多种结构,但 PVA-KOH 凝胶电解质的保水能力差,暴露于空气中时会有体积缩小的现象,相应的离子电导率会随之逐渐降低,一些电解质添加剂,如保水剂,可以限制聚合物电解质水分流失,延长电池的使用时间[51]。另外,通过设计一种能够有效稳定水分子的离子导体来修饰 PVA 基凝胶电解质,也可以提高电解质的保水能力,从而延长柔性可充电锌-空气电池的使用寿命[52]。

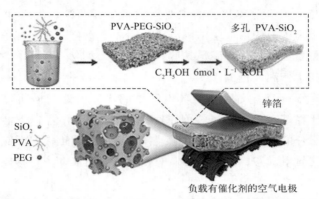

图 6.19　PVA-KOH 凝胶电解质合成示意图[51]

（2）电解质添加剂

根据性质不同,电解质添加剂可分为两类:一类是无机添加剂,另一类是有机添加剂。常见的无机添加剂包括金属盐、氧化物和氢氧化物。研究表明,LiF、KF、SnO、CdO、In_2O_3、$BiCl_3$、K_3BO_3、PbO、Li_3BO_3、K_2CO_3 和硅酸盐离子等多种无机添加剂都能够有效抑制阳极上锌枝晶的生长,例如,Wang 等人研究了 $BiCl_3$ 作为电解质添加剂的作用,发现在电极过电位 $\eta = -100mV$ 和 $-200mV$ 时,Bi^{3+} 都能抑制碱性电解质中锌电极枝晶的形成[53]。除此之外,Kim 等人通过在碱性溶液中加入 SnO 有效地抑制了锌镀层的枝晶生长,深入研究发现,少量的 SnO 对氧化还原过程有着极为重要的影响,会在阳极表面沉积层厚度上形成一层均匀的锡镀层,以抑制锌枝晶生长,而添加过量的 SnO 会导致表面粗糙并生成含有大量纯 Sn 相互之间弱结合的多孔颗粒[54]。除了单一无机添加剂,J. Alberto Blazquez 团队通过在碱性电解质中同时引入 ZnO、KF 和 K_2CO_3 添加剂,并进一步和 Nafion 分子涂覆锌颗粒的锌电极结合使用（图 6.20）,成功调节了电解质中锌盐的溶解度和锌阳极表面的形貌,最终实现库仑效率的提升和电池寿命的延长[55]。

有机添加剂主要是不同种类的聚合物或表面活性剂,例如聚酰胺（PA）、乙二醇（EG）、聚乙二醇（PEG）、四烷基氢氧化铵（TAAH）、全氟表面活性剂［包括烃链

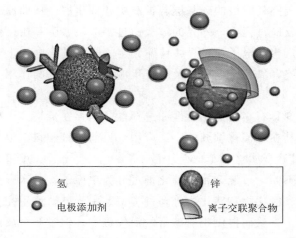

| 氢 | 锌 |
| 电极添加剂 | 离子交联聚合物 |

图 6.20 电解质添加剂和 Nafion 离子涂覆锌颗粒示意图[55]

表面活性剂十六烷基三甲基溴化铵（CTAB）]、支链聚醚酰亚胺（PEI）和聚丙烯酸（PAA）等,有机添加剂可以吸附在锌电极表面的活性位点上,避免锌离子在同一位点上大量沉积而形成枝晶。例如,十二烷基三甲基溴化铵(DTAB)具有良好的保湿性和化学稳定性,通常用于抑制碳钢在井水中的腐蚀,也被引入到锌-空气电池中[56]。在含有饱和氧化锌的 $7.0mol \cdot L^{-1}$ KOH 中,DTAB 良好的吸附力和保湿性有利于在锌电极表面形成均匀的保护层,大大提高了锌离子的扩散速率和锌电极的利用率。另外,电解质添加剂在低温锌-空气电池中的可行性同样得到验证,如图 6.21 所示,Zhang 研究了表面活性剂十二烷基硫酸钠(SDS)在碱性凝胶电解质中的兼容性,发现其能够起到抑制电池极化和锌负极表面枝晶生长的作用,而且在低温下也能保持一定的有效性[57]。

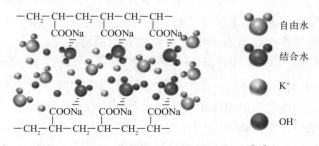

| 自由水 |
| 结合水 |
| K^+ |
| OH^- |

图 6.21 表面活性剂 SDS 的分子结构[57]

6.3.3 锌燃料电池的空气阴极及催化材料

空气阴极以碳布为基底材料,以铂炭、炭黑、聚四氟乙烯（PTFE）等为辅助材料，共同构成空气阴极的碳基层、扩散层和催化层，从而使空气阴极起到相应作用。在电极反应过程中，外界的氧气通过扩散层、碳基层、催化层进入装置内；同时，阳极产生的电子通过导线传输到空气阴极的集电层上，再由集电层传输至催化层；最终，氧气、电子以及阴极反应液在催化剂的作用下在催化层发生还原反应。

贵金属催化剂具有高的催化活性和选择性，但存在价格高、稀缺性和耐久性差等缺点，限制其在电催化领域的广泛应用。目前，锌燃料电池空气阴极的研究主要集中在 3d 过渡金属（TM，M 为 Fe、Co、Mn、Ni、Cu 和 Mo 等）及其化合物。由于结构不同，过渡金属基催化剂可分为单原子、纳米合金、氧化物、氢氧化物、硫化物、氮化物和磷化物等多种类型。由于 d 轨道不完全填充，过渡金属很容易得失电子，从而提供相对丰富的活性位点。但过渡金属的半导体或绝缘特性不仅会导致其本征电导率差，还会阻碍电子在其表面和电解质界面上的传输，导致催化活性不理想。为提高过渡金属基催化剂的催化性能，纳米化、杂原子掺杂和导电物质负载等多种改性策略被发展。一般来说，纳米化可以增加过渡金属基催化剂的比表面积，从而暴露更多的活性位点；杂原子掺杂包括金属和非金属元素掺杂，通过改变活性中心的电子结构来提高过渡金属基催化剂的催化性能；针对过渡金属基材料导电性差，通常将其负载到导电基底上提高材料的整体导电性，也是提升催化性能的一种有效策略。

（1）过渡金属单原子催化剂（TMSAC）

过渡金属单原子催化剂（TMSAC）是一种新型的多相催化材料，由孤立的金属原子负载在载体（如碳材料）上构成，过渡金属单原子催化剂不仅具有超高的反应活性，而且具有近乎 100% 的原子利用效率，对 ORR 和 OER 均表现出优异的催化活性，然而，由于表面自由能的增加，单原子倾向于聚集成大尺寸的团簇，因此，如何在合成过程中将单原子分散在载体上以防止单原子聚集，并提高其催化性能，是过渡金属单原子催化剂研究面临的挑战之一[58]。同时，由于对氧的强吸附作用和产生非活性 MOOH 中间体，部分过渡金属单原子催化剂表现出较差的 OER 活性。

为进一步提升过渡金属单原子催化剂的性能，设计多级结构、引入杂原子和离子调节等一系列改性策略被提出。利用多尺度结构工程可以在碳基载体上合成单原子，以增大催化剂的比表面积并增加其活性位点，从而促进电荷传输和传质过程，在此基础上，具有可控孔隙结构、高比表面积、高电导率等特点的金属有机化合物和碳模板是单原子材料的理想载体。如图 6.22 所示，Li 等人开发了一种负载在介孔氮掺杂碳载体上的铁单原子催化剂（Fe SA/NC），该催化剂具有可及的金属位点和优化的电子金属-载体相互作用[59]。实验和理论计算结果表明，金属活性中心的电子结构可以调节铁中心的电荷分布，从而优化含氧中间体的吸附/脱附，使得含有 FeN_4O 位点的 Fe SA/NC 在整个 pH 范围内具有良好的 ORR 活性，在碱性、酸性和中性电解质中的半波电位（$E_{1/2}$）分别为 0.93V、0.83V 和 0.75V（$vs.$ SHE）。此外，在碱性条件下，OER 在 $10mA \cdot cm^{-2}$ 下表现出 320mV 的低过电位。基于该 Fe SA/NC 组装的锌-空气电池在峰值功率密度、比容量和循环稳定性方面均优于 $Pt/C + RuO_2$ 体系。

图 6.22　Fe SA/NC 的合成及形貌表征[59]

（a）合成路线示意图；（b）SEM 图像；（c）、（d）TEM 图像；（e）HR-TEM 图像及 SAED 模式；

（f）高分辨率 AC HAADF-STEM 图像；（g）EDS 元素分布图像

除了多级结构设计，Han 等人提出一种杂原子掺杂策略用于合成双金属单原子催化剂，具体过程为通过热解多巴胺包覆的金属有机框架，将原子分散的二元 Co-Ni 位点嵌入 N 掺杂的空心碳纳米立方体（CoNi-SA/NC）中，并结合球差电子显微镜和 X 射线原子吸收光谱技术确定 CoNi-SA/NC 中原子隔离的双金属构型（图 6.23），在碱性介质中用作氧电催化剂时，CoNi-SA/NC 表现出优异的双功能催化性能，优于其他同类催化剂和先进的贵金属催化剂，以高效率、低过电位和高可逆性推动了实用型锌-空气电池的发展。此外，理论计算进一步表明均匀分散的单原子和相邻的 Co-Ni 双金属中心的协同效应可以优化吸附/脱附过程，降低整体反应能垒，从而促进可逆的氧电催化反应[60]。

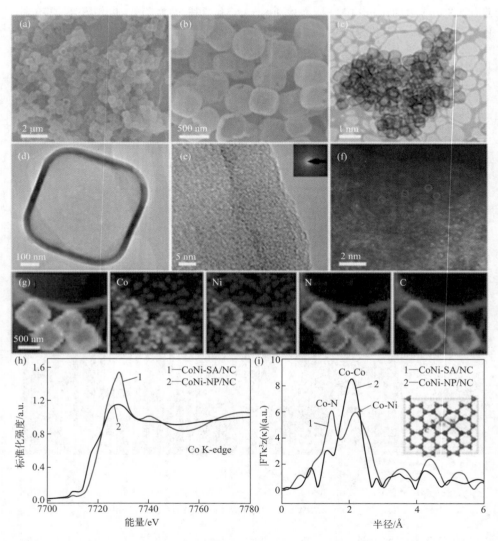

图 6.23　CoNi-SA/NC 催化剂[60]

（a）、（b）SEM 图像；（c）、（d）TEM 图像；（e）HRTEM 图像；（f）HAADF-STEM 图像；（g）元素分布图像；（h）CoNi-SAs/NC 和 CoNi-NPs/NC 的 Co K-edge XANES 图谱；（i）相应的傅里叶变换图谱，插图为镍钴双位点模型

此外，离子调控也是提高过渡金属材料催化活性的另一合理途径。一般来说，离子调控方法通常应用于 MOF 基单原子催化剂，但其分离单原子的机制尚不明确，阻碍了具有双功能催化活性的过渡金属单原子催化剂的进一步发展。目前，只有少数基于 MOF 衍生化合物能够成功地在相应的碳载体上制备均匀分散的单原子催化剂，通过对 MOF 前驱体的离子调控，利用尺寸效应来提高 MOF 衍生的单原子催化剂的催化性能变得至关重要。基于此，Deng 等人通过控制 Co-ZIF 前驱体中锌掺杂剂的添加量，在原子水平上实现钴的空间限域，并在氮掺杂碳上制备出不同尺寸的 Co 纳米颗粒、Co 团簇及 Co 单原子，分别命名为 Co-NP@NC、Co-AC@NC 和 Co-SA@NC，如图 6.24 所示[61]。通过将 Co 颗粒尺寸减小到单原子水平，揭示了锌离子对 Co 催化剂电化学活性的离子效应。

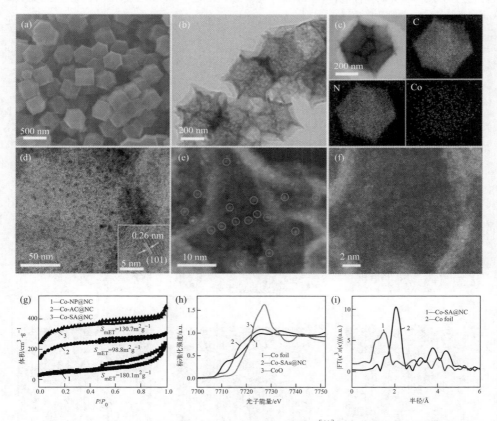

图 6.24　Co-SAs@NC 催化剂[61]

(a) SEM 图像；(b) TEM 图像；(c) 元素分布图像；(d) 高倍 TEM 图像，插图为单个粒子的 HRTEM
图像；(e) Co-ACs@NC 的 HAADF-STEM 图像；(f) Co-SAs@NC 的 HAADF-STEM 图像；
(g) N₂ 吸附-解吸等温线；(h) Co-SA@NC、Co 箔和 CoO 的 Co XANES 光谱；
(i) Co-SAs@NC 和 Co 箔的 Co K 边谱的傅里叶变换

（2）过渡金属合金催化剂（TMAC）

双金属及多金属合金由于其导电性、催化活性和稳定性的提高而逐渐受到关注。多金属合金的晶格应变和电子结构差异能够有序重构合金结构和降低氧吸附，从而提高其催化性能。由于几何和电子结构的改变会导致氧气吸附能和解吸能的变化，不同的金属合金会表现出特殊的 ORR 和 OER 催化活性。

Cho 等人通过超临界反应结合 900℃ 热处理制备出了一种均匀分散在碳基质中的三元 $Ni_{46}Co_{40}Fe_{14}$ 纳米合金催化剂（C@NCF-900），由于过渡金属之间电荷转移的增加和额外 Fe 元素的影响，C@NCF-900 表现出比铂族金属（PGM）和二元镍钴基纳米合金催化剂（C@NC-900）更低的过电位，如图 6.25，在所有过渡金属基电催化剂中，C@NCF-900 在 $0.1 mol \cdot L^{-1}$ KOH 中不仅具有最高的半波电位（0.93V），表现出最高的 ORR 性能，而且在 10000 次循环后仅出现

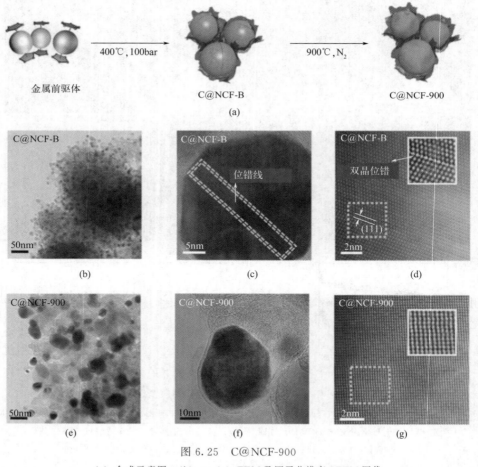

图 6.25　C@NCF-900

（a）合成示意图；（b）～（g）TEM 及原子分辨率 STEM 图像

极小的活性衰减（0.006V），表现出优异的 ORR/OER 活性。不仅如此，其在 58％的放电深度下同样具有优异的循环性能[62]。

由于金属合金和金属化合物之间晶格应变的差异会导致电势和结构相的变化，利用其他过渡金属氧化物和氮化物等来优化合金的催化性能是制备可充电锌-空气电池活性电极的另一种有效方法。过渡金属合金（TMA）的导电性、耐久性和双功能催化活性也可以通过与过渡金属化合物结合来提高，因为它们不仅占据了局部活性催化位点，还可以改变电子结构并促进电荷转移。基于过渡金属氮化物优异的导电性能，Goodenough 等人将结构良好的 Fe_3Pt 金属合金锚定在多孔金属 Ni_3FeN 上合成一种 Fe_3Pt/Ni_3FeN 催化剂，可以在减少 Pt 消耗的同时进一步提高催化剂的电导率和催化性能[63]。

（3）过渡金属氧化物/氢氧化物催化剂

虽然过渡金属单原子和合金催化剂表现出优异的催化性能，但它们通常需要严格的合成条件，严重限制其规模化生产。相比之下，过渡金属氧化物（TMO）催化剂具有合成方法简单、化学成分稳定、耐腐蚀性高等特点，同时 TMO 多变的价态和晶体结构赋予其丰富的氧化还原活性位点，因此在锌-空气电池中具有广阔的应用前景。但 TMO 的半导体性质导致其导电性较差，一定程度上限制了其电催化活性。为提高 TMO 的导电性，一系列改性策略被发展以获得更好的催化性能。例如，Chen 等人开发了一种高效的 Co 金属修饰的三维有序大孔氮氧化钛双功能催化剂（3D OM-Co@TiO_xN_y），如图 6.26 所示，该催化剂通过 Ar/NH_3 气氛整流引入丰富的氧空位，能够改变 TMO 的供体密度，提高其催化活性，该催化剂的 ORR 半波电位为 0.84V，所组装的 ZAB 在 900 次循环后仅表现出约 1％的能效损耗，表现出优异的电催化性能。此外，氧空位还可以确保超细金属纳米颗粒的成核和结构稳定性，对提高 TMO 的电催化活性起着重要作用[64]。

过渡金属氢氧化物催化剂（TMHC），包括单金属氢氧化物、双金属氢氧化物甚至三金属氢氧化物，由于其成分和结构可调，逐渐成为有效的双功能氧电催化剂而备受关注，TMHC 通常具有良好的 OER 性能，但 ORR 性能较差，常采用减小尺寸、控制多孔和空心形貌以及构建杂化催化剂等策略来促进其双功能催化性能[59]。Zhan 等人发现大尺寸如几百纳米的氢氧化物颗粒的氧电催化性能较差，由于其比表面积和表面活性较低，为提高此类材料的催化性能，他们采用水热结合冷冻干燥的方法合成了一种厚度约 14nm、横向尺寸约 80nm 的六方 $Co(OH)_2$ 纳米片（图 6.27），当该纳米片与氮掺杂还原氧化石墨烯（N-rGO）复合时，其 OER 和 ORR 电位差可降低至 0.87V，与最先进的非贵金属双功能催化剂相当，这种双功能性可归功于 $Co(OH)_2$ 的纳米化以及 $Co(OH)_2$ 和 N-rGO 之间的协同作用。此外，基于 $Co(OH)_2$ 空气电极组装的锌-空气电池也显示出与最先进的锌-空气电池相当的性能[65]。

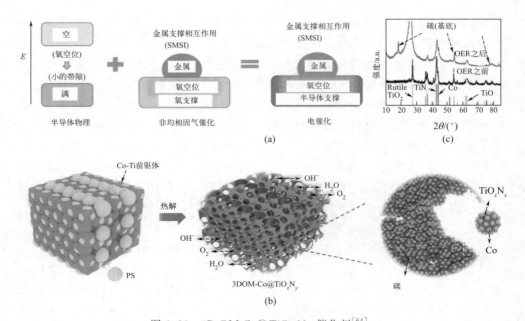

图 6.26　3D OM-Co@TiO$_x$N$_y$ 催化剂[64]

（a）半导体负载金属电催化剂的设计策略流程图；（b）制备过程及碳层诱导的
Co 界面约束效应示意图；（c）反应前后的 XRD 谱图

图 6.27　六方 Co(OH)$_2$ 纳米片[65]

（a）、（b）TEM 图像；（c）XRD 图谱；（d）HRTEM 图像

（4）过渡金属硫化物催化剂

过渡金属硫化物（TMDC）催化剂具有电子结构可控、本征活性成分高、长期稳定性好等优点，同样是重要的氧电催化剂。然而，TMDC 较差的反应性和电子导电性以及较快的电子与空穴复合严重限制了其催化性能。近年来，科研人员对 TMDC 进行了广泛探索，通过纳米结构设计、结合导电衬底和调节电子结构等策略来提高其催化性能。

由于难以平衡 ORR 和 OER，TMDC 通常表现出单一电化学活性。为解决这一问题，科研人员采用金属有机框架合成了多种结构可控的 TMDC 催化剂。如图 6.28 所示，Mu 等人通过在 ZIF-8 衍生的 N/C 骨架上吸附 Mo 和 S 源后进行退火处理得到一种 Mo-N/C@MoS$_2$ 双功能催化剂，不同于 MoS$_2$，Mo-N/C@MoS$_2$ 不仅表现出优异的导电性，而且在 HER、OER 和 ORR 反应中表现出极高的多功能电催化活性和稳定性，当用作锌-空气电池阴极电催化剂时，其在 5mA·cm^{-2} 的条件下的功率密度为 196.4mW·cm^{-2}，而且在 25mA·cm^{-2} 的条件下，即使经过 48h 循环，仍具有极佳的稳定性，该催化剂出色的电催化性能源于其独特的化学成分、三相活性位点以及可实现快速传质的多级孔结构的协同效应[66]。

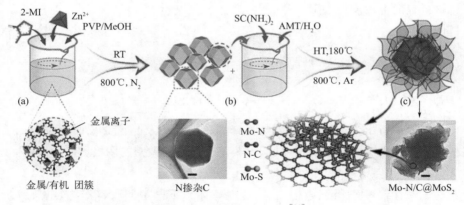

图 6.28 Mo-N/C@MoS$_2$[66]

（a）合成示意图；（b）N/C 的 TEM 图像；（c）Mo-N/C@MoS$_2$ 的 TEM 图像

6.4
锌燃料电池的回收与再生

电解过程是锌-氧气电池产业链中的重要环节，机械充电式锌燃料电池的应用需要电解装置，该电解装置将更换下来的 ZnO 电解还原，完成"Zn-ZnO-Zn"的循环，在机械充电式锌-氧气电池的产业化过程中，实现 ZnO 的电解还原具有重要意义[67]。

根据现有的湿法冶金技术，国内还原氧化锌矿的能耗水平是 2380kW·h·t^{-1}，国外仅为 1920kW·h·t^{-1}，如果单电池以 1.22V 放电，每吨锌可以放电 1MW·h，其能量转换效率为 42%～52%，值得注意的是，上述电解锌效率是电解锌矿的效率，而处理废旧锌-氧气电池的还原过程在由 ZnO 与 KOH 溶液作为电解质构成的体系中，在降低能耗方面仍具有巨大潜力[67]。因此，将废旧电池中的 ZnO 电解回收再利用是十分必要的。电解锌工艺主要有以下三种：

（1）传统湿法冶金（酸性体系）

对于锌矿，湿法炼锌工艺大致分焙烧、浸出、净化、电沉积等步骤，而将氧化锌混合物还原成锌粉只需最后一个步骤，锌电解技术可选用的方法也较多，有流动床法、喷射床法等。具体步骤是将锌从锌矿中用硫酸浸取出来后，净化硫酸锌溶液，然后将其送入电解槽中，用含有 Ag 0.15%～1.0% 的铅板作阳极，压延纯铝板作阴极，二者并联悬挂在电解槽内并通以直流电，最终在阴极上析出金属锌[67]。

该过程的电极反应如下：

阴极：
$$Zn^{2+} + 2e^- \longrightarrow Zn \tag{6.9}$$

阳极：
$$H_2O - 2e^- \longrightarrow 2H^+ + \frac{1}{2}O_2 \tag{6.10}$$

总反应：
$$ZnSO_4 + H_2O \longrightarrow Zn + H_2SO_4 + \frac{1}{2}O_2 \tag{6.11}$$

金属锌的析出为电结晶过程，包括新晶核的生成及晶核成长两个过程。当新晶核生成速度大于晶核成长速度时，可获得表面结晶致密的阴极锌。

（2）碱性体系电解锌

对于碱性锌-氧气燃料电池，若在该电解体系下电解回收锌产物，电解锌再用作碱性电池的"燃料"，则相当于"碱性-酸性-碱性"体系的一个循环，酸碱体系的转换势必会造成不必要的能耗，因而传统的湿法冶锌工艺并不适用于锌燃料电池中锌的回收再利用[68]。

与酸性体系相比，碱性溶液体系中制备的锌具有电流效率高、槽压低、能耗低等优点，更适合锌产物的回收和利用，在碱性溶液中，电解锌受多种因素的影响会呈不同的形态，包括海绵状、枝晶状、石头状、层状、苔藓状等，不同形貌的锌性能不同，所以在电解中应结合锌粉的用途对电解环境进行控制，锌-氧气电池对锌的纯度、稳定性及缓蚀能力均有一定的要求，电解过程中的环境温度、电解质的浓度等参数对电解效果影响较为突出,合理调控对电解效果影响较为突出的重要参数可极大地提高电解效率和产量,而电解锌的使用效果和产出量又会影响到整个电池系统循环的良性运作[68]。

（3）电解锌后处理工艺

电解锌从电解设备中取出后,面临着继续使用的问题。但是从电解设备取出的电解锌并不能直接使用,因为其中含有大量的水。同时,电解锌的孔率高、比表面大并且活性高,在再处理的过程中,需要避免电解锌的氧化问题。由于其极易氧化,通常需要用蒸馏水进行保护,而蒸馏水的保护又会使锌的孔道内存在过多水,影响其再反应过程中碱的浓度,不利于电池再反应。因此,电解锌的处理工艺非常重要。此外,电解锌的再配膏工艺同样对电池的使用影响较大,结合电解锌的特点,在进行再次配膏时,要保持工艺的一致性,将电解锌的处理工艺与再配膏的过程结合,以降低电解锌的氧化率[68]。

另一个重要的问题就是电解锌和配制好的锌膏的储存问题。电解锌的活性很高,通常的处理方法是将电解极板上的电解锌刮取后收集在有蒸馏水的密闭容器内,使用时再经过去水、配膏等步骤处理,在储存过程中,要尽可能地保证电解锌处于稳定的状态,一旦氧化则会影响再次使用的放电效果,当电解锌被配制成膏后,也要注意保持其不被氧化,需要密切关注电解锌的强活性所造成电池放电的容量损失[68]。

6.5
锌燃料电池的应用与发展

锌燃料电池是一种高比能电池,已被广泛应用到便携式计算机、电子装置、遥控设备等领域。近年来随着电动车迅速发展,锌燃料电池存在更广阔的发展空间。锌燃料电池具有能量高、零污染、不燃爆、可循环利用等特点,非常适宜用作电动汽车的动力电源,具有很大的开发潜能,因此锌燃料二次电池也成了各研究机构的开发重点。此外,锌燃料电池在电站储能调峰、军用电源等领域也有相关实践应用。

6.5.1 锌燃料电池的常规应用

6.5.1.1 助听器用锌燃料电池

助听器用电池目前主要有汞电池、氧化银电池和锌燃料电池。据统计和预测分析,近几年我国助听器用电池中锌燃料电池市场份额接近 80%,因此我国是锌燃料电池大踏步商业化的领军者。锌燃料电池的容量比其他电池高 3～10 倍，是所有实用电池体系中最高的。锌燃料电池作为电源还具有工作电压平稳等优点，是耳背式、耳内式和耳道式高级助听器的最佳电源。

我国珠海至力电池有限公司最新推出的一款至力长声系列转盘装电池，其性能得到了大大改进，主要体现在：①使用时间更长，使用全新日本零件及德国高能锌粉，放电容量提高 30％，达到了国际先进水平；②放电功率更大，重负载能力提高，完全可以满足最新型大功率全数字式助听器的电源要求；③保质期更长，通过改进工艺及采用日本进口密封胶带，使电池保质期达到两年以上；④包装更美观方便，采用国际流行转盘包装及颜色标记系统，各型号电池更易识别，携带更方便。目前这种产品已经出口到美国、德国等十余个国家和地区，质量达到国际同类产品的先进水平。

6.5.1.2 便携设备用锌燃料电池

随着信息时代的到来，手机、寻呼机等便携式用电器的使用量迅速增加，而它们大部分使用的是圆柱系列或方形系列电池。对于使用者而言，具有较长的使用时间以及实惠的价格的电器更具吸引力。锌燃料电池由于具备高比能密度等优点，一直是重点研究的对象。

（1）手机用锌燃料电池

手机用锌燃料电池一般是由 4 只开路电压为 1.4V 的单体电池串联组成，标准容量为 3300mA·h，比能量为 227W·h·kg^{-1}，电池为扁方形扣式结构，其组成为：负极盖、锌膏、密封圈、正极壳、隔膜、空气电极、吸水纸、封口涂胶等。电池在手机中一次性使用时间的长短主要决定于两大因素：①手机的机型种类。不同机型的手机，它们的开机、网络搜索、待机、呼叫、接收、通话等功能所需功耗各不相同，功率大则电池使用时间短。②移动通信网络。网络覆盖度越大，手机消耗功率越小，电池使用时间越长[69]。以色列 Electric Fuel 公司和美国 Evonyx 公司率先将锌燃料电池推向手机应用领域。随后，我国根据手机的性能要求，采用新工艺研制了方形结构的手机用锌燃料电池，电池能量密度为 220W·h·kg^{-1}，最大输出功率可达 3.6W。在手机使用方面，随着购买与使用费用的不断降低，极大地刺激了移动电话消费，其数量不断增加，目前我国的拥有量已接近 3000 万部。利用锌燃料电池一次使用寿命长的特点，在合理的价格范围内，锌燃料电池将成为移动电话电源一种很好的选择。

（2）寻呼机用锌燃料电池

由于很多用电器的功率比较高，在目前极限电流条件下，锌燃料电池还很难满足要求，但通过催化剂改性和改善外界空气的流动可以解决这些问题。此外，目前用电器的发展方向是功耗逐渐缩减，如 CDMA（code division multiple access）码分多址手机的功耗，以上所述的锌燃料电池可满足。当然，锌燃料电池仍存在受环境影响较大的缺点，但类似于扣式锌燃料电池在助听器上得到广泛应用，其在寻呼机等用电器上也能充分发挥所具有的高比能量、放电电压平稳等优势。适宜使用锌燃料电池的寻呼机，仅仅在中国的使用量就达到 5000 万个以上，如果包括其他国家，其总数能达到数亿个。以每个寻呼机每年平均消费 4 只电池计算，考虑到市场的接受能力，初期以 10％的占有率为目标，其市场容量就达到了数千万只。

6.5.1.3　锌燃料电池在纯电动汽车上的应用

锌燃料电池具有高比能量、低成本、无污染、不燃爆、可循环利用等优势，适宜用作电动汽车的动力电源。目前国内外电动汽车用锌燃料动力电池主要采用机械充电式锌燃料电池和锌料循环式锌燃料电池两种结构，这两种结构都是通过更换锌负极使电池连续工作。

① 机械充电式锌燃料电池是指在电池完全放电后，将电池中用过的锌电极取出，换入新的锌电极或者将整个电池完全更换，使用过的锌电极运输至锌回收再生工厂进行回收再加工，实现循环再利用。以色列的 ElectricFuel 公司研制开发的电动大巴车用锌燃料电池就是采用上述结构[70]。

锌负极的集流体是蜂窝状，锌膏装在蜂窝里，当锌膏反应完全之后，用自动更换装置更换锌膏，达到机械充电的目的，锌燃料电池组是由 47 个单体电池组成，开路电压为 67V，工作电压为 57～40V，容量为 325A·h，质量为 88kg，比能量大约为 200W·h·kg^{-1}[70]。一辆大巴车需使用 3 个电池模块，每个模块由 6 个锌燃料电池组组成，另外配合高功率的 Cd/Ni 电池组，其最高时速可以达到 71km·h^{-1}。另外，德国 Benz 汽车公司的 MB 410 型电动厢式汽车，采用 150kW·h 的锌燃料电池，从法国的 Chamber 越过阿尔卑斯山，连续爬坡 150km，山的最高处 2083m，公路全程 244km，最后到达意大利的都灵，仅消耗了 65％的电量（97.5kW·h）。该车从德国的 Bremen 到 Bonn，最高车速达到 120km·h^{-1}，一次充电后走完 425km 的路程。

② 锌膏循环式锌燃料电池是将配好的锌膏源源不断送入电池内，同时将反应完的混合物排出电池外，只要空气中的氧气供应充足，电池就可以持续供电[70]。

美国 Metallic Power Inc. 公司研制了一种锌膏循环锌燃料电池系统，电池以锌粒填充床为阳极，锌电极四周设有电解质分配道，电池放电时由于锌的不断氧化还原导致填充床内部电解质的密度高于分配道中的电解质，使电解质发生对流，提高了电极内部的传质速度，采用这种方法设计的 55kW 锌燃料电池用作电动汽车的动力电源，比功率可达到 97W·kg^{-1}，比能量可达到 228W·h·kg$^{-1[70]}$。国内长力联合能源技术有限公司也开发了锌膏循环式的锌燃料电池组锌。锌燃料电池是由一组带有进料装置的电池单体和锌膏储存槽连通构成，电池单体外侧是空气电极，内腔是与空气电极平行的负极集流体，下部设有截止阀和注入口，电池单体与进料装置连接的一侧设有锌膏输入流道，另一侧有锌膏溢流管路。电池工作时，由驱动电机、驱动连杆、容积泵组成的进料装置将锌膏储存槽中的锌膏挤压到电池单体中，锌膏流过电池内空气电极和负极集流体的缝隙，发生氧化还原反应，之后经过溢流管道回到锌膏储存槽，往复循环，直至锌膏性能衰减，更换锌负极时只需将锌膏储存槽中的锌膏全部排出，再注入新的锌膏，电池能量便可得到补充[70]。

6.5.1.4　锌燃料电池规模化储能

（1）发电站储能和调峰

电池工作一定时间后，锌粉会变为氧化锌。一种电站的蓄能原理为用电解法将氧化锌还原为锌粉，此时消耗电网中过剩的电力，相当于将电能储存在锌粉里。锌与氧化锌相互转换的循环过程，就是电能储存和释放的过程。一般说来，锌燃料电池的平衡电位是 1.62V，电解过程的槽电压在 2.3V 左右，是影响储能效率的主要因素。用锌燃料电池制作电站，必须解决两个难题：一是氧化锌分离技术，二是电池的大型化，因此必须对传统电池结构进行改造。最新研究出的一种折叠式气体电极设计可以很好地解决这两个问题。目前的实验室技术是 20℃时 1V 放电 100mA·cm^{-2}。例如，把一个单电池设计成 5kW，单电池的反应面积大约是 5m^2。1000 个单电池就可以组成 5MW 的小型电站。以此作为储能单元，可以根据电网的需求累加。与常规蓄电池相比，锌燃料电池在储能效率、调峰容量、建造成本、维护运营费用和使用年限等方面均具备较大的优势。总之，利用锌燃料电池技术建设调峰电站兼具环保、安全、高效的优点，它可以调节电力负荷和峰谷差，实现电力资源的合理利用，值得大力研究和开发。

（2）应急备用电源

锌燃料电池还可用作备用电源代替笨重的铅蓄电池。如 300A·h 的单体圆柱形锌燃料电池，其质量仅为 0.75kg，而同样的铅蓄电池的质量则大于 8kg。最近市场上已经开始出现各式各样的应急备用电源，其串联组装的电池可提供较高的电压，比铅酸电池容量提高 10 倍，达到 300W·h·kg^{-1}。美国的 Quantum Sphere 公司推出的 Met Air 系列电池性能指标如表 6.2 所示，其质量轻、容量大，甚至可以在 100℃ 以上使用，展现了优异的性能。

表 6.2　Met Air 系列电池性能指标

Met Air 电池系统性能综述	类型锌燃料电池
质量(36 个电池串联):22.9lb/10.4kg	尺寸(长×宽×高)(6×9.8×16.8)cm³
标称电压(直流)12V	容量(C-40;4.5A)180A·h/2.3kW·h
最大恒电流 10A	峰值电流 12A(500ms)
价格 130 美元/(kW·h)	系统附件:100W 交流电转换器、110V 交流电插座、四个 USB 接口、灯光和状态显示器

注:1lb=0.45359kg。

另外,锌燃料电池可以在没有工业电的地方,如野外、山区、林区、海上用作电源。近几年,锌燃料电池在潜艇、无人机等军事领域的研究也逐步开展。

6.5.2　展望和总结

现代城市环境中的储能、电动移动器件和柔性电子产品亟需经济实惠、质量轻和体积小的电池。从这个角度来看,可充电锌燃料电池极具发展前途,与其他二次电池相比(例如 $150\sim280W\cdot h\cdot kg^{-1}$ 或 $600\sim700W\cdot h\cdot L^{-1}$ 的锂离子电池),它们可以提供高能量密度($400\sim800W\cdot h\cdot kg^{-1}$ 或 $800\sim1400W\cdot h\cdot L^{-1}$),并且可以以非常低的成本进行制造,尽管目前已开展大量研究,但现有的可充电锌燃料电池仍有很大的发展空间,材料科学与工程的具体需求如下[71]:

① 可逆锌电极需要具有高比例的可利用活性材料,能够高效充电并在至少数百次充电和放电循环中保持其容量,可以通过电沉积和先进的铸造技术对锌负极进行结构改性,以及通过添加剂和化学掺杂进行成分改性。

② 新的电解质技术使锌燃料电池得以长期运行,到目前为止,水系碱性电解质一直是锌燃料电池中应用最广泛的电解质,但存在严重的碳酸盐形成和电解质蒸发的相关问题,导致其在锌燃料电池中的直接应用面临严峻挑战。尽管离子液体电解质不易蒸发,可以抑制析氢等副反应,能够有效提高电池效率和循环寿命,但其仍存在高黏度、锌和氧电化学反应动力学低和成本高等几个缺点。

③ 新型、廉价的双功能电催化剂需要具有以下特征:包含双官能团,需要深入了解电解质中复杂的氧还原和析出过程;多功能性,要求其在宽温域、电压以及水系和非水系电解质中发挥作用;可扩展性,易于将催化剂掺入空气电极结构中,从而实现商业化和广泛应用。此外,为了在基础研究和商业应用之间建立有效联系,必须在实况测试条件下研究催化剂。

④ 先进的空气电极设计。目前在研究阶段，许多锌燃料电池采用的空气电极设计与普通碱性燃料电池中的设计相似，其中催化剂主要由碳基气体扩散电极支撑，然而，在碱性电解质中反复放电和充电条件下，碳材料极易被腐蚀。此外，由于使用辅助材料，空气电极的制备通常很烦琐，研究人员提出了使用高度耐腐蚀的碳材料或金属网/泡沫的新策略，将催化剂直接生长于其表面，这种方法摆脱了传统碳基底的复杂制备过程，对大规模制造大有裨益。

在过去几年中，开发商已成功推出可充电锌燃料液流电池，其主要优势是成本低、对环境影响小。美国一家电力公司宣布采购 13 MW 的锌燃料电池储能电站，证明了对电网规模可充电锌燃料电池的信心。环境友好的锌燃料电池也是替代铅酸电池的绝佳候选者。基于本章所讨论的研究领域的重大进展，有望实现更小、更轻、能量密度更高的可充电锌燃料电池，使锌燃料电池适用于更多的储能应用，其中最紧迫的是电动汽车。到目前为止，锂离子电池相对较高的成本和有限的能量密度导致电动汽车在很大程度上依赖于政府补贴。锌燃料电池的实施可以缓解这一问题，锌燃料电池成本更低，能量密度更高，具有高安全性。此外，在车辆加速等情况下，电池需要高功率性能和快速放电能力。在这方面，特斯拉和马自达等公司还为电动汽车提出了双储能系统，该系统将用于加速和再生制动的高功率电源与用于基本负载的高能量密度电源结合。锌燃料电池具有平坦的放电曲线，因此非常适合作为这些系统的能量密集组件，几乎可以在任何充电状态下提供稳定的功率输出。研究人员还展示了一种新型混合空气电极，在可充电锌燃料电池上进行镍-锌和锌-氧气反应，为电动汽车推进提供极高功率密度和快速放电能力。由于当前电池器件刚性且厚重的外壳，目前开发具有微型尺寸和形状适应性的电子设备仍存在技术瓶颈，采用柔性固态电解质的可充电锌燃料电池被认为是可行的解决方案。

迄今为止，锌燃料电池已成为解决储能问题最具潜力的候选者。利用碱性锌基电池中锌电极的现有制造基础设施和一次金属-空气电池中的空气电极设计，可以快速扩大可充电锌燃料电池的生产规模和商业化。总而言之，高能量密度、安全性和低成本这些特性使得可充电锌燃料电池能够支持日益增长、数字化和低碳的全球经济的能源需求。因此，学术界和工业界对这项技术的研究和开发具有重要意义。

参考文献

[1] 丁世军.空气雾化法生产细锌粉的试验研究 [J].有色矿冶，2002（06）：30-31.
[2] 起华荣，杨钢，史庆南，等.锌/空气电池无汞锌粉制备技术现状 [J].云南冶金，2006（05）：38-42.

［3］ 张磊.生物质碳基杂化材料的制备、表征及电催化性能研究［D］.广州：华南理工大学，2019.

［4］ Fu J，Cano Z P，Park M G，et al. Electrically Rechargeable Zinc-Air Batteries：Progress，Challenges，and Perspectives［J］. Advanced Materials，2017，29（7）：1604685.

［5］ 李美荣.构建高效锌-空气电池界面材料［D］.重庆：重庆大学，2020.

［6］ Deiss E，Holzer F，Haas O. Modeling of an Electrically Rechargeable Alkaline Zn-Air Battery［J］. Electrochimica Acta，2002，47（25）：3995-4010.

［7］ Ma H，Wang B，Fan Y，et al. Development and Characterization of an Electrically Rechargeable Zinc-Air Battery Stack［J］. Energies，2014，7（10）：6549-6557.

［8］ Skyllas-Kazacos M，Chakrabarti M H，Hajimolana S A，et al. Progress in Flow Battery Research and Development［J］. Journal of The Electrochemical Society，2011，158（8）：R55.

［9］ 王秋丽.碳基氧电极锌-空气液流电池性能影响因素及提升策略研究［D］.北京：北京化工大学，2019.

［10］ Gouérec P，Poletto L，Denizot J，et al. The Evolution of the Performance of Alkaline Fuel Cells with Circulating Electrolyte［J］. Journal of Power Sources，2004，129（2）：193-204.

［11］ Gaikwad A M，Whiting G L，Steingart D A，et al. Highly Flexible，Printed Alkaline Batteries Based on Mesh-Embedded Electrodes［J］. Advanced Materials，2011，23（29）：3251-3255.

［12］ Cano Z P，Park M G，Lee D U，et al. New Interpretation of the Performance of Nickel-Based Air Electrodes for Rechargeable Zinc-Air Batteries［J］. The Journal of Physical Chemistry C，2018，122（35）：20153-20166.

［13］ Mathias M，Roth J，Fleming J，et al. Handbook of Fuel Cells-Fundamentals，Technology and Applications［J］. Fuel cell technology and applications，2003，3：517-537.

［14］ Diggle J W，Despic A R，Bockris J O M. The Mechanism of the Dendritic Electrocrystallization of Zinc［J］. Journal of The Electrochemical Society，1969，116（11）：1503.

［15］ Simičić M V，Popov K I，Krstajić N V. An Experimental Study of Zinc Morphology in Alkaline Electrolyte at Low Direct and Pulsating Overpotentials［J］. Journal of Electroanalytical Chemistry，2000，484（1）：18-23.

［16］ Wang R Y，Kirk D W，Zhang G X. Effects of Deposition Conditions on the Morphology of Zinc Deposits from Alkaline Zincate Solutions［J］. Journal of The Electrochemical Society，2006，153（5）：C357.

［17］ Popov K I，Krstajić N V. The Mechanism of Spongy Electrodeposits Formation on Inert Substrate at Low over Potentials［J］. Journal of Applied Electrochemistry，1983，13（6）：775-782.

［18］ McLarnon F R，Cairns E J. The Secondary Alkaline Zinc Electrode［J］. Journal of The Electrochemical Society，1991，138（2）：645.

［19］ 翁晓琳.锌空气电池的关键部件及其多孔导电陶瓷基底负载银阴极的研究［D］.广州：华南理工大学，2018.

［20］ Dirkse T P，Hampson N A. The Zn（Ii）/Zn Exchange Reaction in Koh Solution—Ⅲ.

Exchange Current Measurements Using the Potentiostatic Method [J]. Electrochimica Acta, 1972, 17 (6): 1113-1119.

[21] Gilliam R J, Graydon J W, Kirk D W, et al. A Review of Specific Conductivities of Potassium Hydroxide Solutions for Various Concentrations and Temperatures [J]. International Journal of Hydrogen Energy, 2007, 32 (3): 359-364.

[22] Jung C Y, Kim T H, Kim W J, et al. Computational Analysis of the Zinc Utilization in the Primary Zinc-Air Batteries [J]. Energy, 2016, 102: 694-704.

[23] Sunu W G, Bennion D N. Transient and Failure Analyses of the Porous Zinc Electrode: I Theoretical [J]. Journal of The Electrochemical Society, 1980, 127 (9): 2007.

[24] Chang T S, Wang Y Y, Wan C C. Structural Effect of the Zinc Electrode on Its Discharge Performance [J]. Journal of Power Sources, 1983, 10 (2): 167-177.

[25] Adler T C, McLarnon F R, Cairns E J. Low-Zinc-Solubility Electrolytes for Use in Zinc/Nickel Oxide Cells [J]. Journal of The Electrochemical Society, 1993, 140 (2): 289.

[26] Zhang X G. Fibrous Zinc Anodes for High Power Batteries [J]. Journal of Power Sources, 2006, 163 (1): 591-597.

[27] 马超. 柔性可充锌-空电池锌电极的电化学制备及电池性能 [D]. 天津大学, 2018.

[28] Lee T S. Hydrogen over Potential on Pure Metals in Alkaline Solution [J]. Journal of The Electrochemical Society, 1971, 118 (8): 1278.

[29] Lee C W, Eom S W, Sathiyanarayanan K, et al. Preliminary Comparative Studies of Zinc and Zinc Oxide Electrodes on Corrosion Reaction and Reversible Reaction for Zinc/Air Fuel Cells [J]. Electrochimica Acta, 2006, 52 (4): 1588-1591.

[30] McBreen J. Zinc Electrode Shape Change in Secondary Cells [J]. Journal of The Electrochemical Society, 1972, 119 (12): 1620.

[31] Parker J F, Chervin C N, Nelson E S, et al. Wiring Zinc in Three Dimensions Re-Writes Battery Performance-Dendrite-Free Cycling [J]. Energy & Environmental Science, 2014, 7 (3): 1117-1124.

[32] Yan Z, Wang E, Jiang L, et al. Superior Cycling Stability and High Rate Capability of Three-Dimensional Zn/Cu Foam Electrodes for Zinc-Based Alkaline Batteries [J]. RSC Advances, 2015, 5 (102): 83781-83787.

[33] Bouwhuis B A, McCrea J L, Palumbo G, et al. Mechanical Properties of Hybrid Nanocrystalline Metal Foams [J]. Acta Materialia, 2009, 57 (14): 4046-4053.

[34] Parker J F, Chervin C N, Pala I R, et al. Rechargeable Nickel-3d Zinc Batteries: An Energy-Dense, Safer Alternative to Lithium-Ion [J]. Science, 2017, 356 (6336): 415-418.

[35] Li H, Xu C, Han C, et al. Enhancement on Cycle Performance of Zn Anodes by Activated Carbon Modification for Neutral Rechargeable Zinc Ion Batteries [J]. Journal of the Electrochemical Society, 2015, 162 (8): A1439.

[36] Guo W, Cong Z, Guo Z, et al. Dendrite-Free Zn Anode with Dual Channel 3d Porous Frameworks for Rechargeable Zn Batteries [J]. Energy Storage Materials, 2020, 30: 104-112.

[37] Kim J Y, Liu G, Shim G Y, et al. Functionalized Zn@ ZnO Hexagonal Pyramid Array

for Dendrite-Free and Ultrastable Zinc Metal Anodes [J]. Advanced Functional Materials, 2020, 30 (36): 2004210.

[38] Wang S B, Ran Q, Yao R Q, et al. Lamella-Nanostructured Eutectic Zinc-Aluminum Alloys as Reversible and Dendrite-Free Anodes for Aqueous Rechargeable Batteries [J]. Nature communications, 2020, 11 (1): 1634.

[39] Shen X, Zhang R, Shi P, et al. How Does External Pressure Shape Li Dendrites in Li Metal Batteries? [J]. Advanced Energy Materials, 2021, 11 (10): 2003416.

[40] Sun W, Wang F, Zhang B, et al. A Rechargeable Zinc-Air Battery Based on Zinc Peroxide Chemistry [J]. Science, 2021, 371 (6524): 46-51.

[41] Jiao M, Dai L, Ren H R, et al. A Polarized Gel Electrolyte for Wide-Temperature Flexible Zinc-Air Batteries [J]. Angewandte Chemie, 2023, 135 (20): e202301114.

[42] Yang C, Xia J, Cui C, et al. All-Temperature Zinc Batteries with High-Entropy Aqueous Electrolyte [J]. Nature Sustainability, 2023, 6 (3): 325-335.

[43] Fan X, Wang H, Liu X, et al. Functionalized Nanocomposite Gel Polymer Electrolyte with Strong Alkaline-Tolerance and High Zinc Anode Stability for Ultralong-Life Flexible Zinc-Air Batteries [J]. Advanced Materials, 2023, 35 (7): 2209290.

[44] Zhao Z, Fan X, Ding J, et al. Challenges in Zinc Electrodes for Alkaline Zinc-Air Batteries: Obstacles to Commercialization [J]. ACS Energy Letters, 2019, 4 (9): 2259-2270.

[45] Sumboja A, Ge X, Zheng G, et al. Durable Rechargeable Zinc-Air Batteries with Neutral Electrolyte and Manganese Oxide Catalyst [J]. Journal of Power Sources, 2016, 332: 330-336.

[46] Chen C Y, Matsumoto K, Kubota K, et al. A Room-Temperature Molten Hydrate Electrolyte for Rechargeable Zinc-Air Batteries [J]. Advanced Energy Materials, 2019, 9 (22): 1900196.

[47] Li L, Manthiram A. Long-Life, High-Voltage Acidic Zn-Air Batteries [J]. Advanced Energy Materials, 2016, 6 (5): 1502054.

[48] Dou Q, Liu L, Yang B, et al. Silica-Grafted Ionic Liquids for Revealing the Respective Charging Behaviors of Cations and Anions in Supercapacitors [J]. Nature Communications, 2017, 8 (1): 2188.

[49] Gordon C M, Muldoon M J, Wagner M, et al., in Ionic Liquids in Synthesis, 2007, 7-55.

[50] Xu M, Ivey D G, Xie Z, et al. Electrochemical Behavior of Zn/Zn (Ⅱ) Couples in Aprotic Ionic Liquids Based on Pyrrolidinium and Imidazolium Cations and Bis (Trifluoromethanesulfonyl) Imide and Dicyanamide Anions [J]. Electrochimica Acta, 2013, 89: 756-762.

[51] Fan X, Liu J, Song Z, et al. Porous Nanocomposite Gel Polymer Electrolyte with High Ionic Conductivity and Superior Electrolyte Retention Capability for Long-Cycle-Life Flexible Zinc-Air Batteries [J]. Nano Energy, 2019, 56: 454-462.

[52] Gao H, Li J, Lian K. Alkaline Quaternary Ammonium Hydroxides and Their Polymer Electrolytes for Electrochemical Capacitors [J]. RSC Advances, 2014, 4 (41):

21332-21339.

[53] Wang J M，Zhang L，Zhang C，et al. Effects of Bismuth Ion and Tetrabutylammonium Bromide on the Dendritic Growth of Zinc in Alkaline Zincate Solutions [J]. Journal of Power Sources，2001，102 (1)：139-143.

[54] Kim H I，Shin H C. Sno Additive for Dendritic Growth Suppression of Electrolytic Zinc [J]. Journal of Alloys and Compounds，2015，645：7-10.

[55] Mainar A R，Colmenares L C，Grande H J，et al. Enhancing the Cycle Life of a Zinc-Air Battery by Means of Electrolyte Additives and Zinc Surface Protection [J]. Batteries，2018，4 (3)：46.

[56] Liu K，He P，Bai H，et al. Effects of Dodecyltrimethylammonium Bromide Surfactant on Both Corrosion and Passivation Behaviors of Zinc Electrodes in Alkaline Solution [J]. Materials Chemistry and Physics，2017，199：73-78.

[57] Zhang W. Han X，Hu W. Gel Electrolyte with the Sodium Dodecyl Sulfate Additive for Low-Temperature Zinc-Air Batteries [J]. ACS Applied Materials & Interfaces，2023，15 (32)：38403-38411.

[58] 李光华.铁基材料的电催化性能研究及其空气电池应用 [D].南京：南京航空航天大学，2021.

[59] Li Z，Ji S，Xu C，et al. Engineering the Electronic Structure of Single-Atom Iron Sites with Boosted Oxygen Bifunctional Activity for Zinc-Air Batteries [J]. Advanced Materials，2023，35 (9)：2209644.

[60] Han X，Ling X，Yu D，et al. Atomically Dispersed Binary Co-Ni Sites in Nitrogen-Doped Hollow Carbon Nanocubes for Reversible Oxygen Reduction and Evolution [J]. Advanced Materials，2019，31 (49)：1905622.

[61] Han X P，Ling X F，Wang Y，et al. Spatial Isolation of Zeolitic Imidazole Frameworks-Derived Cobalt Catalysts：From Nanoparticle，Atomic Cluster to Single Atom [J]. Angew Chem Int Ed，2019，58：5359-5364.

[62] Nam G，Son Y，Park S O，et al. A Ternary Ni46co40fe14 Nanoalloy-Based Oxygen Electrocatalyst for Highly Efficient Rechargeable Zinc-Air Batteries [J]. Advanced Materials，2018，30 (46)：1803372.

[63] Cui Z，Fu G，Li Y，et al. Ni3fen-Supported Fe3pt Intermetallic Nanoalloy as a High-Performance Bifunctional Catalyst for Metal-Air Batteries [J]. Angewandte Chemie International Edition，2017，56 (33)：9901-9905.

[64] Liu G，Li J，Fu J，et al. An Oxygen-Vacancy-Rich Semiconductor-Supported Bifunctional Catalyst for Efficient and Stable Zinc-Air Batteries [J]. Advanced Materials，2019，31 (6)：1806761.

[65] Zhan Y，Du G，Yang S，et al. Development of Cobalt Hydroxide as a Bifunctional Catalyst for Oxygen Electrocatalysis in Alkaline Solution [J]. ACS Applied Materials & Interfaces，2015，7 (23)：12930-12936.

[66] Amiinu I S，Pu Z，Liu X，et al. Multifunctional Mo-N/C@ MoS$_2$ Electrocatalysts for Her，Oer，Orr，and Zn-Air Batteries [J]. Advanced Functional Materials，2017，27 (44)：1702300.

[67] 徐献芝，苏润，吕正.锌空气燃料电池在电力系统调峰中的应用电力系统自动化 [J].
2004（16）：97-100.

[68] 宋辉，徐献芝，熊晋，等.锌空气电池中锌的回收制备方法 [J].电池工业，2008
（05）：311-314.

[69] 李升宪.用于移动电话的锌空气电池研究 [J].电池，2002（05）：264-265.

[70] 景义军，郭际，孟宪玲，等.汽车用锌空气动力电池研究现状 [J].电源技术，2011，
35（10）：1302-1303.

[71] 佘菀馨.基于自模板法的分级多孔 Co/N/C 基氧电催化剂的结构调控及性能研究 [D].
武汉：华中科技大学，2019.

第 7 章

金属−CO_2电池

CO_2 是常见的大气温室气体和污染物之一，大量使用化石燃料导致二氧化碳排放增加，进而引起气候异常。为了应对气候变化，目前迫切需要一种捕获和转化二氧化碳的解决方案。金属-CO_2 电池是一种很有前途的技术，可以捕获和回收 CO_2，同时作为可再生能源网络的储能解决方案。虽然金属-CO_2 电池的研究非常活跃，但该技术仍处于研究初期的阶段。因此，在实现实用的金属-CO_2 电池配置之前，需要了解一些该电池运行的基本机制。金属-CO_2 电池的研究涉及多种阳极材料（如锂、钠、锌、铝、镁或钾）。本章首先介绍了不同金属-CO_2 电池的基本电化学原理和机制；随后介绍了金属-CO_2 电池的材料选择、设计思路、电化学充放电机理和催化行为；最后对金属-CO_2 电池进行了总结与展望。

7.1
金属-CO_2 电池概述

除可再生能源发电外，碳捕集与转化和碳封存技术也已成为应对气候变化的一种有效方法。实施碳捕集与封存的最大挑战在于捕集和分离二氧化碳的初级方法，但这种方法通常建造成本高昂，运行能耗大。一旦 CO_2 被捕获和隔离，就可以将其储存或转化为碳产品，用于化学加工和制造[1]。金属-CO_2 电池已成为一种独特经济高效的 CO_2 利用技术，它提供了一种将 CO_2 捕获与发电相结合的机制，而不需要电力输入。在放电模式下，金属阳极氧化产生电子，电子通过外电路到达阴极，如含有钌纳米颗粒的活性碳纳米纤维可作为阳极使用[2]。通过适当的电化学反应，阴极能够利用进入的电子捕获 CO_2 并将其还原成其他化学物质。金属-CO_2 电池的工作原理如图 7.1 所示[3]，在 Li-CO_2 电池中，完整的反应过程为 $4Li^+ + 3CO_2 + 4e^- \longrightarrow 2Li_2CO_3 + C$[4]。与锂离子电池相比，金属-$CO_2$ 电池技术具有高安全、能量密度大的优势，可为可再生能源网络提供更具成本效

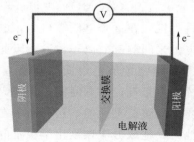

图 7.1　金属-CO_2 电池的工作原理示意图[3]

益的储能系统。传统的 CO_2 捕集与封存方法在捕集 CO_2 时需要输入能量，相比之下，金属-CO_2 电池技术在使用时产生电能，只有在充电时才需要能量，而在使用时即可产生电能。

前期 CO_2 电化学转化以及金属-O_2 电池的研究对于金属-CO_2 电池的初始设计具有一定参考意义。在一般的金属-CO_2 电池结构中，阳极通常是活性金属箔，电解质通常是含有离子的液体，阴极通常是具有高表面积的碳基材料。阳极的选择显著地改变了电池的电化学性质，并在一定程度上决定了电解质的选择。

（1）阴极材料

溶解的 CO_2 气体是金属-CO_2 电池中具有电化学活性的阴极材料，但电池放电仍然需要一个电流收集器来转移电子以发生反应。与其他类型电池配置中的阴极设计类似，阴极集流器需要具有导电性，在电池的工作电压范围内稳定，并且与电池中的其他组件不发生反应。同时，一种实用的电池阴极还要价格低廉且可大规模生产。最后，与所有电池组件一样，电池阴极应该具有最小数量的非活性材料，以便最大限度地提高体积比能量密度。在金属-CO_2 电池中，阴极既是电流收集器又是反应表面。通过制造具有高表面积的阴极，降低充放电过程中表面的局部电流密度，从而可以降低电化学过电位。基于以上考虑，金属-CO_2 电池最常见的阴极结构是由低质量分数的黏合剂添加剂固定在一起的纳米结构导电碳材料。碳在高电压下具有高导电性和稳定性，其纳米结构可提供高表面积[5]。这种阴极结构实际上源于早期使用气相反应剂的燃料电池研究，如碱性燃料电池[6]。

（2）电解液

在其他类型的电池中，金属-CO_2 电池使用的电解质可与锂离子电池共享。而与其他应用相比，金属-CO_2 电池中使用的电解质需要能够溶解 CO_2。在非 CO_2 电池的研究中，CO_2 可溶于大多数常见的水电解质和非水电解质，因此在金属-CO_2 电池的电解质选择方面存在显著的重叠。适用于金属-CO_2 电池的电解质有如下几个特点：①电解质的电化学稳定性窗口由其最低未占据分子轨道（LUMO）和最高已占据分子轨道（HOMO）决定。理想情况下，电解质应该在相关的电压窗口内保持稳定，在这个电压窗口内，电解质只是作为一种化学惰性介质，以实现两个电极之间的有效离子传输，因此在电池运行过程中不会分解[7]，应该很容易地溶解电池中的电解质盐和反应产物，以避免积聚和堵塞电极。②电解质不应挥发或有毒，以方便制造，因为挥发性溶剂会在电池运行过程中蒸发。③电解质不应该是黏性的，这样离子在电池内的运输就不会受到阻碍。④电解质对电池的其他成分应该是化学稳定的，以避免意外的副反应和腐蚀[8]。常见的电解质是一种液体溶剂，其溶解盐由基于阳极材料的阳离子和惰性阴离子组成，以平衡电解质中的电荷，但要满足上述所有要求仍然具有挑战性。

（3）阳极材料

金属-CO_2 电池的阳极材料在极大程度上决定了电池的电化学性能。工作电压和实际容量取决于特定的电池配置，但阳极材料的物理和化学性质对这两个特性都有理论上限。由于锂具有最低的标准氢电位（−3.04V）和最高的理论容量（3860mA·h·g^{-1}），这就科学地解释了为何锂是最常用的阳极材料。阳极材料的选择除了影响电池的性能外，还会显著改变电池的充放电过程。阳极材料与电池中其他电化学活性成分（如 CO_2）之间的化学相互作用与元素种类直接相关，不会在阳极材料之间转换。即使在锂电池和钠电池等阳极电化学非常相似的情况下，也可以观察到电化学方面的一些差异。表 7.1 总结了不同阳极材料之间的电化学特性差异，包括各类基本性质，如阳极半反应、标准还原电位、理论比容量、典型放电产物、吉布斯自由能以及标准反应势。

表 7.1　阳极材料及放电产物的电化学性能

材料	阳极半反应	标准还原电位/V	理论比容量/mA·h·g^{-1}	典型放电产物	吉布斯自由能/J·mol^{-1}	标准反应势/V
Li	$Li^+ + e^- \longrightarrow Li$	−3.04	3860	$Li_2CO_3 + C$	−1132.12	2.8
Zn	$Zn(OH)_4^{2-} + 2e^- \longrightarrow Zn + 4OH^-$	−1.285	820	$Zn(OH)_4^{2-} + CO$	−553.5	1.2
Na	$Na^+ + e^- \longrightarrow Na$	−2.713	1165	$Na_2CO_3 + C$	−1044.4	2.35
Al	$Al^{3+} + 3e^- \longrightarrow Al$	−1.676	2980	$Al_2(CO_3)_3 + C$	—	—
Mg	$Mg^{2+} + 2e^- \longrightarrow Mg$	−2.356	2205	$Mg(HCO_3)_2$	—	—
K	$K^+ + e^- \longrightarrow K$	−2.924	685.5	$K_2CO_3 + CO$	−1063.5	2.48

7.2
各类金属-CO_2 电池的基本原理及研究进展

由于 Li-CO_2 电池在所有金属-CO_2 电池中具有最高的理论能量密度（1876W·h·kg^{-1}），目前已被广泛研究[9]。其他碱金属阳极如钠和钾相对价格低廉，但能量密度低于锂。这三种阳极材料作为碱金属，具有相似的电化学性质。其他金属（如镁、铝和锌）涉及多个电子转移过程，使阳极具有更高的理论容量。但这些阳极的反应活性比碱金属低，它们的低电压窗口可以允许更广泛的电解质和阴极材料的应用，我们将基于不同金属阳极逐一讨论其用于金属-CO_2电池的特性。

几乎所有金属-CO_2电池的电化学性能涉及CO_2的充放电反应都发生在阴极上。因此，了解不同电化学测试阶段的电池阴极对于理解金属-CO_2电池的电化学过程非常重要。除了傅里叶红外光谱（FTIR）、扫描电子显微镜（SEM）、X射线衍射（XRD）和拉曼（Raman）光谱等方法外，差分电化学质谱（DEM）是研究电池电化学的一项强大技术。在DEM中，当电池充电和放电时，使用气相色谱和质谱法测量金属-CO_2电池产生和消耗的气体，气体析出量与产生电能的比值可以为放电和充电机理提供信息。

由于阳极材料对金属-CO_2电池的电化学性能影响最为显著，目前对金属-CO_2电池的探索常以不同的阳极材料来划分。本节将分别介绍基于不同阳极材料（锂、锌、钠、铝、镁和钾）的金属-CO_2电池研究进展。

7.2.1　Li-CO_2电池研究进展

Li-CO_2电池装置作为一种绿色可持续能源设备，其理论能量密度高（1876W·h·kg^{-1}），并且可以同时实现先进储能和碳中和，因此具有很好的应用前景。但该电池的研发仍处于起步阶段，面临许多科学和技术挑战，如放电产品Li_2CO_3的分解动力学缓慢、过电位较高、倍率性能较差和循环寿命有限等问题，这些问题严重阻碍了Li-CO_2电池的发展和市场化应用。此外，如式（7.1）所示，Li-CO_2电池基于CO_2的氧化还原反应，理论上可以实现1876·W·h kg^{-1}的能量密度，但是如何制备高效的催化剂材料促进电池可逆且快速的电化学反应是该体系电池的另一个研究重点。

$$4Li + 3CO_2 \rightleftharpoons 2Li_2CO_3 + C \qquad (7.1)$$

1996年亚伯拉罕等介绍了一种可充电的Li-O_2电池[10]。他们首次使用扩散膜将氧气与其他气体分离，并将电解质分解生成的CO_2视为污染气体处理[11,12]。然而，Takechi等研究发现将CO_2引入反应体系中可以增加电池的容量，故而后续实验均采用混合气CO_2/O_2用于测试表征[13]。关于Li-CO_2电池的实际测试在近些年才开始深入探索，由Xu等人在实验过程中发现该电池经测试后也具有充放电容量[14]。

在2013年，Xu等人首次制备获得了一次Li-CO_2电池，他们将多孔炭黑包覆在铝网上充当阴极材料，使用金属Li箔作为阳极物质，电解质由1-丁基-3-甲基咪唑双（三氟甲磺酰基）亚胺盐构成，同时向其中引入1mol·L^{-1} Li［TFSI］增强其离子导电性能[15]。早期的研究发现，积累的Li_2CO_3会导致正极表面发生钝化反应，从而降低电池循环寿命，使用的离子液体电解质因其组分的稳定性和疏水特性有助于缓解该反应的侵蚀影响[16]。此外，该电池装置对温度有很强的依赖性，其首圈的放电容量与 $Li-O_2$ 的放电容量相当，在 100℃下的放电容量接近 $4000mA \cdot h \cdot g^{-1}$[17]。其他研究同样证实，在大多数 $Li-CO_2$ 电池装置中 Li_2CO_3 是主要的放电产物[18]。Liu 等人首次将（$LiCF_3SO_3$）-TEGDME 电解质用于可逆充放电 $Li-CO_2$ 电池研究，该电池能够可逆降解生成的 Li_2CO_3。进一步结合 XRD 表征技术，检测到放电产物 Li_2CO_3 的出现与充电后产物的消失[19]。然而无定形碳或其他放电产物并未检测到，这是由于大多数电池使用碳基阴极，其放电产物很难被表征观察到。

在 2017 年，Qiao 等人对非质子环境下 $Li-CO_2$ 的放电和充电机制进行了系统分析[20]。结合金溅射阴极增强原位拉曼技术，能够在含有 $0.5mol \cdot L^{-1}$ 高氯酸锂添加剂的 DMSO 电解质放电过程中观察到 Li_2CO_3 和 C 的形成。在固定 CO_2 浓度时，电池放电深度可达 1.80V，同时观察到 Li_2O 在反应过程中出现。他们首先提出，Li_2O 是由过量的金属 Li 和 CO_2 的直接反应生成：

$$4Li + CO_2 \longrightarrow 2Li_2O + C \tag{7.2}$$

此外，如果充电过程产生活性氧中间体，高性能的 $Li-CO_2$ 电池可能需要淬火氧中间体来抑制电解质的降解。因此，了解氧气是如何影响 $Li-CO_2$ 电池的电化学性能对研发高性能 $Li-CO_2$ 电池非常重要。通过在充电过程中淬灭活性氧中间体，需要在纯 $Li-CO_2$ 电池中引入氧气。目前，对于 $Li-O_2$ 电池的研究已经趋于成熟，故而基于 $Li-CO_2$ 电池的研究可以参考 $Li-O_2$ 电池的研究路线[21]。

Zhang 等人观察到碳酸锂生长在 Ni 掺杂的石墨烯阴极旁边，使用 SEM 和选择区域电子衍射（SAED）技术对形成的薄层鉴定为碳的非晶材料薄膜，同时结合差分电化学质谱（DEM）法检测到 CO_2 的消耗和生成过程[22]。Han 等人报道了利用钌（Ru）阳离子和氨基（—NH_2）之间在碳量子点（CQD）或含氮基 NCB 上的不同络合效应，在碳纳米盒基底上制备了一种含有 Ru 原子簇（Ru-AC）和单原子 $Ru-N_4$（RuSA）复合位点的新型催化剂（RuAC + SA @ NCB）[23]。通过密度泛函理论（DFT）计算发现，$Ru-N_4$ 作为活性位点，其电子结构受到相邻 RuAC 物种的显著调节，因此优化了 $Ru-N_4$ 位点与反应中间体的相互作用，有效降低了 CO_2 析出反应（CO_2ER）和 CO_2 还原反应（CO_2RR）中限速步骤的能垒。具体而言，由于加速了 C 从 RuAC＋SA@NCB 表面上的解吸，CO_2 还原反应中活性位点的毒害效应得到有效缓解，从而使放电电压向上移动。该工作表明在不同金属原子组装体之间建立具有电子协同作用的新型催化剂，可以增强金属-CO_2 电池中的 CO_2ER/CO_2RR 电催化活性。

为进一步筛选高效的催化剂，并且对 Li-CO_2 电池（LCB）充放电过程中产物的化学成分和形态演变进行原位分析。潘峰等人设计了具有以下优点的新型多功能片上 LCB 测试平台：①多功能 LCB 测试平台具有更经济、高效、可控制的特点，允许对六个典型的纳米催化剂进行高通量评估，并优化工作参数。②在同一平台集成多种电化学测试和原位表征手段，包括三电极配置、EC-Raman、EC-AFM、EC-FTIR 等。此外，无碳电极的使用增强了电化学 CO_2 转化分析的精度。③基于片上测试平台参数优化后所组装的扣式电池以及软包电池展现出优异的电化学性能，如超低过电势、超高能效、超长循环时间[24]。多功能片上测试平台的设计主要有四个步骤：①通过电子束蒸发在 SiO_2/Si 晶片上沉积了几何形状可控的金（Au）和铜（Cu）电极，分别作为正极和负极集流体；②同样手段在晶片上沉积了厚度为 100nm 的纳米颗粒催化剂（Pt、Au、Ag、Cu、Fe 和 Ni）；③利用热蒸镀沉积了 Li 金属阳极；④装配电解质和气体注入通路以及 Ag/AgCl 参比电极，并用玻璃片和环氧树脂封装，以进行电解质注入和测试。

Yang 等人通过超快加热装置设计并合成了具有（111）晶面取向的三维多孔 Pt 催化剂，极大地提升了 Li-CO_2 电池的综合性能[25]。在 $20\mu A \cdot cm^{-2}$ 电流密度下，实现 0.45V 的超低过电位和超过 1000h 的循环稳定性，并在低催化剂负载的情况下最大限度地利用催化剂，为合成下一代高性能催化剂提供了绿色高效的方法。DFT 计算表明，Pt 催化剂的（111）晶面具有更快的 CO_2 转化动力学，可以显著提升 Li-CO_2 电池的充放电动力学性能。而利用超快加热法制备出的多孔和（111）晶面择优取向的催化剂具有更多的催化反应位点，可以提升电池的放电容量，并有助于电解质浸润和 CO_2 传输。同时，膜状放电产物的形成有利于充电过程中 Li_2CO_3 的分解，提高了 Li-CO_2 电池的能量效率和可逆性，延长了 Li-CO_2 电池的循环寿命。此外，进一步结合先进的表征技术（Raman 和 DEMS），证明了在该催化剂下 Li-CO_2 电池实现 Li_2CO_3 的可逆反应过程。

为进一步理解 Pt 催化剂所展示出的优异电化学性能背后的反应机理和过程。Pan 等人通过电化学原位 EC-Raman 光谱、EC-FTIR 光谱、EC-AFM 研究了充放电过程中反应产物的化学组成和形貌的演变，如图 7.2 所示[24]。首先进行了原位 EC-Raman 光谱测试，在充电过程中，来自 Li_2CO_3 和碳产物的拉曼峰强同时减小，且在充电完成后，恢复到与 OCP 状态近似水平。此外，进行了 EC-AFM 测试，以研究基于 Pt 电极的 LCB 形貌演变。OCP 状态下电极表面干净，在随后的放电过程中电极表面颗粒逐渐形成，当放电到 2.0V 时，颗粒的直径已经增长到约 400nm。在随后的充电过程中，颗粒逐渐变小。充电完成后，所有颗粒消失。结合 EC-Raman 和 EC-AFM 结果，对于基于 Pt 的 LCB，在放电过程中仅形成 Li_2CO_3 和碳产物。即使在极低的充电电位下，Li_2CO_3 和碳产物仍可完全分解，显示出优异的可逆性和高能量效率。

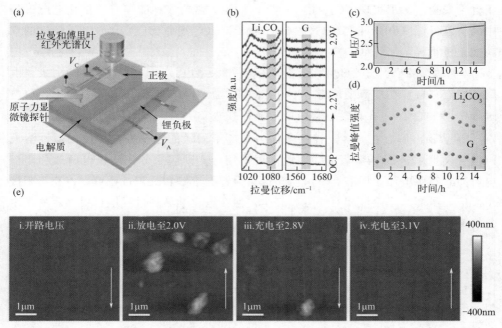

图 7.2　（a）具有原位拉曼光谱、红外光谱和原位 AFM 功能的 LCB 测试平台示意图；（b）EC-Raman 谱线；（c）基于 Pt 催化剂的 GCD 曲线；（d）充放电拉曼峰强度的变化；（e）EC-AFM 图像[24]

　　显然，以 Li-CO_2 电池为代表的下一代金属-CO_2 电池，无论在日常生活中还是在工业生产中，都将在有效的 CO_2 固定和先进的能源储存方面发挥至关重要的作用。虽然 Li-CO_2 电池的发展仍处于起步阶段，但系统地了解其关键问题，包括高过电位、可逆性差和低倍率能力，将是促进其大规模实施的重要一步。为了实现高可逆的 Li-CO_2 电池，研究人员克服了反应途径表征、氧化还原反应动力学缓慢、高效催化剂的开发、电解质和界面改性等困难，展开了全面的努力。Li-CO_2 电池的进一步发展需要多学科和跨领域的研究，从化学工程到材料科学、电化学和纳米技术等相关知识的融合。尽管面临多种挑战，但在不断努力下，未来将有望获得具有高效 CO_2 固定和高储能性能的实用 Li-CO_2 电池。

7.2.2　Zn-CO_2 电池研究进展

　　与锂基电池相比，锌基电池也受到了很多关注。锌负极具有无毒、低成本、能量密度大等优点，早在 1997 年，Zn-O₂ 电池技术就被开发出来，作为电动汽车可能的储能解决方案[26-28]。近年来，含 CO_2 的锌基电池受到越来越多的关注。在平衡电力供应和碳循环方面，水系 Zn-CO₂ 电池比有机电池更环保、更耐用且更安全。为了实现可充电的 Zn-CO₂ 电池，需要一种能够有效催化充电过程中的析氧反应（OER）、放电过程中的电化学 CO_2 还原反应，以及高选择性的双功能正极材料。

典型的 Zn-CO₂ 电池包括 Zn 金属阳极、水系电解质和气体扩散碳阴极。电解质中有一层双功能薄膜，将 pH 值不同的阴极和阳极电解质分开。其中，放电过程中产生的 Zn^{2+} 在碱性电解质中形成锌酸盐 $Zn(OH)_4^{2-}$[29]，锌酸盐比单独的 Zn^{2+} 更容易溶解，在大多数锌基电池中是离子输送的优选方法。使用碱性溶液可能会发生 CO_2 的溶解反应，因此需要使用分离薄膜来分离阴极电解质和阳极电解质。有些电池使用酸性电解质，这使得锌的溶解和沉积过程可直接充当阳极半反应。虽然水系溶液相对便宜和安全，但在电化学循环过程中也更加容易将水分解成氢气和氧气，这给具体设计 Zn-CO₂ 电池带来了一些挑战。

Xie 等人[30] 在 2018 年制备了第一个可充放电的 Zn-CO₂ 电池，阴极电解质为 $1mol \cdot L^{-1}$ NaCl 和 $0.1mol \cdot L^{-1}$ HCOONa 水溶液，阳极电解质为 $1mol \cdot L^{-1}$ KOH 和 $0.02mol \cdot L^{-1}$ $Zn(CH_3COO)_2$ 水溶液。选择阴极时主要考虑了其对 CO_2 还原反应的催化活性和对 CO_2 还原反应的特异性析氧反应和析氢反应，并使用钯纳米片作为阴极材料。该电池在低过电位 0.38V 时的还原产物为 HCOOH，法拉第效率高达 89%，反应机制如下：

$$CO_2 + 2H^+ + 2e^- \Longleftrightarrow HCOOH \tag{7.3}$$

$$Zn^{2+} + 4OH^- \Longleftrightarrow Zn(OH)_4^{2-} \tag{7.4}$$

$$Zn(OH)_4^{2-} \Longleftrightarrow ZnO + 2OH^- + H_2O \tag{7.5}$$

Li 等人[31] 制备了一种高效的 BiOF 双阴离子催化剂，用于可逆水系 Zn-CO₂ 电池的正极。在 $250mA \cdot cm^{-2}$ 大电流密度下，该 BiOF 对 CO_2 电还原的选择性达到 97%±2%。DFT 计算表明，不同阴离子掺杂可以调节反应的速控步骤及其能垒。使用 BiOF 正极构建的 Zn-CO₂ 电池允许高达 1.8V 的大开路电压，$4.51mW \cdot cm^{-2}$ 的峰值功率密度，高达 200 次循环的良好可逆性，以及高达 1.2V 的放电电压。值得注意的是，在放电过程中，$HCOO^-$ 法拉第效率最大可达 92%，能量转换效率约为 70.74%。该项研究为提高 Zn-CO₂ 水系电池的放电电压、可逆性和选择性提供了一种潜在的策略，扩大了 CO_2 固定和转化技术的选择范围。

Luo 等人提出并制备了一种基于锚定 Fe-P 纳米晶体氮掺杂碳多面体（Fe-P@NCP）双功能阴极的二次水系 Zn-CO₂ 电池，基于绿色环保的水系电解液，

实现了对 CO_2 的高效可逆利用，且非固态放电产物使其具有良好的循环性能[32]。该工作采用自模板化的沸石咪唑类骨架（ZIF-8）锚定 Fe-P 活性位点，然后进行原位高温煅烧，成功制备了锚定在氮掺杂碳多面体内的铁基 Fe-P 纳米晶催化剂（Fe-P@NCP），并获得了优异的析氧/CO_2 电还原双功能催化活性。该 Fe-P@NCP 催化剂粒径约为 55nm，活性位点纳米晶尺寸在 2nm 左右，不仅能够实现最优 $-0.55V$（相对于可逆氢电极）电位下高达 95% 的 CO 法拉第效率，并且在中性电解质中析氧反应达到 $10mA \cdot cm^{-2}$ 所需过电位为 840mV，Tafel 斜率最低为 $121mV \cdot dec^{-1}$。此外，使用 Fe-P@NCP 阴极构建的水系 Zn-CO_2 电池获得优异的可逆充放电性能，其峰值功率密度为 $0.85mA \cdot cm^{-2}$，能量密度为 $231.8W \cdot h \cdot kg^{-1}$，循环耐久稳定性超过 500 次且保持 7d 充放电循环无明显衰减。该电池的高选择性和高效率归因于高比表面积的 N 掺杂碳多面体（ZIF-8）上负载分散均匀的 Fe-P 纳米晶，利用磷原子增加多电子 p 轨道，可以有效增加催化活性位点数量和界面电荷转移电导率，实现高产物选择性和 Zn-CO_2 电池长循环寿命。Tharamani C. Nagaiah 等制备了由离子液体（IL）和金属有机骨架（MOF）衍生的管状 B、N 共掺杂碳（C-BN@600）作为阴极催化剂、锌箔作为阳极的水系可充电 Zn-CO_2 电池[33]。研究表明，C-BN@600 催化剂在电化学 CO_2 还原为甲醇方面表现出较高的活性，法拉第效率为 74%，产率为 $2665\mu g \cdot h^{-1} \cdot mg^{-1}$ cat。组装的电池在放电过程中连续消耗 CO_2 并将其转化为甲醇，同时能量密度达 $330W \cdot h \cdot kg^{-1}$ 且功率密度为 $5.42mW \cdot cm^{-2}$，在 $1mA \cdot cm^{-2}$ 下可稳定运行超过 12d（＞300h，800 周期）。

与其他电池体系相比，新兴的水系 Zn-CO_2 电池还处于初级阶段，有待进一步深入研究。尽管如此，可充电水系 Zn-CO_2 电池体系能够在放电过程中将阴极 CO_2 还原与电解水析氧有效结合起来，使得 CO_2 能够连续转化为多种多样的含碳燃料，并提高电池的充放电效率和循环寿命。目前，该电池装置同样存在一些局限性，限制其进一步发展，具体方面如下：

① 从反应动力学和过电位的角度来看，开发高效的双功能催化剂阴极仍然是 Zn-CO_2 电池最重要的研究方向。设计对 CO_2 电还原和析氧均具有高活性的双功能催化剂阴极非常具有挑战性。

② 目前为止，报道的 Zn-CO_2 电池主要获得 3 种放电产物，即 CO、CH_4 和甲酸，而由 Zn-CO_2 电池产生的高阶含碳产物（例如 CH_3OH、C_2H_5OH 和 C_2H_4）很少报道。CO_2RR 产物类型与催化剂阴极的选择性密切相关。铜基材料在 CO_2 电还原领域已证明能够有效地催化 CO_2 还原成多碳化学品；然而，铜基材料的析氧性能往往较差。需要更进一步开发 CO_2 电还原和析氧催化性能优异

的铜基催化剂，提高 $Zn-CO_2$ 电池放电产物的多样性。

③ 包括阴极电解质和阳极电解质在内的电解质在 $Zn-CO_2$ 电池中起着至关重要的作用，影响电池的整体性能，包括电压窗口、循环稳定性、反应动力学，甚至产品选择性。与碱金属-CO_2 系统中常用的有机电解质不同，水性电解质由于水分解而通常表现出相对较低的工作电压，但具有较高的安全性和离子电导率。电解质的化学成分直接影响 CO_2 的扩散和中间体的吸附行为。因此，通过使用添加剂的策略，改变电解质的组成，以实现高稳定性、调节界面电化学和促进反应动力学，对进一步提高水系 $Zn-CO_2$ 电池目标产物选择性和电池整体性能，具有重要意义。此外，电池长期运行，阴极电解质和阳极电解质的浓度差异导致电化学性能下降也应被广泛关注。此外，最近研究中使用超高浓度的盐包水电解质，通过直接使用环境中的空气实现了锌基电池的循环稳定性能[34]，在能源利用和碳捕获等方面表现出较好的应用前景。然而低放电电压和能量密度阻碍了 $Zn-CO_2$ 电池在便携式设备和电动汽车中的广泛应用。除此之外，在充电过程中的析氢反应使 $Zn-CO_2$ 电池无法达到 100％ 的库仑效率，并且产生易燃的氢气体，可能会引起安全问题。

④ 阳极表面的锌自腐蚀、锌枝晶和析氢竞争反应会导致电池容量、寿命和耐久性的严重下降。阳极优化策略获得无枝晶锌负极并延缓锌自腐蚀，抑制析氢竞争反应，已在锌离子电池和锌空气电池领域取得了显著的进展。然而，阳极优化策略在 $Zn-CO_2$ 电池领域却很少受到关注。因此，期待更多致力于阳极优化工程的研究工作，从而进一步提高 $Zn-CO_2$ 电池的 CO_2 还原和电池性能。

7.2.3 Na-CO_2 电池及相关研究

金属 Na 具有丰度高、价格低廉等优点，是 Li 金属阳极的理想替代品之一。Na 元素在元素周期表中与金属 Li 位于相同的主族，因此 Na 电池的理论研究可以参考 Li 电池的相关进展，并有望取得成功。Na-CO_2 电池不仅直接利用 CO_2，而且使用丰富且低成本的钠替代锂，是一项很有潜力的技术。Na-CO_2 电池放电过程中，CO_2 通常被转变为碳酸钠（Na_2CO_3）和碳，也可以通过催化剂设计实现放电生成 $Na_2C_2O_4$ 产物，在充电过程中 Na_2CO_3 应被分解放出 CO_2，从而实现可逆的放电-充电过程。虽然电池理论比容量密度高达 $1100W \cdot h \cdot kg^{-1}$，但充电过程中仍存在过电位大、循环性能差等问题，这可能与 Na_2CO_3 极低的电子和离子电导率有关。

2016 年，Hu 等人[35] 以钠箔阳极、多壁碳纳米管阴极和 $1mol \cdot L^{-1}$ NaCl＋TEGDME 电解质制造了第一个可充放电的 Na-CO_2 电池。该电解质对

Na 具有稳定性、低挥发性和高离子电导率。与 Li-CO_2 电池的放电反应相比，钠离子的放电反应是完全可逆的，理论放电电位为 $-4.07V$，反应式如下：

$$4Na^+ + 3CO_2 + 4e^- \rightleftharpoons 2Na_2CO_3 + C \tag{7.6}$$

该 Na-CO_2 电池在不添加催化剂来调整电池电化学稳定性的情况下依旧具有较好的性能，这是由于不断地消耗非晶碳从而增加了电池库仑效率。

如图 7.3 所示，通过原位 Raman 光谱、XRD 和 XPS，在放电过程中观察到 Na_2CO_3 的生成，同时观察到在充电过程中放电产物完全降解。通过电子能量损失光谱检测银电极的变化，观察到 C 物质在放电和充电过程的降解。使用便携式 CO_2 分析仪对充电过程中 CO_2 气体的演变进行观察，发现其与理论值非常吻合。此外，使用透射电镜（TEM）和能谱仪（EDS）同样观察到了放电和充电过程中的 CO_2 产物。

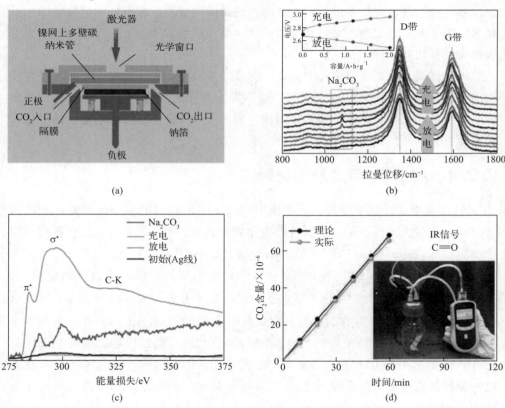

(a)

(b)

(c)

(d)

图 7.3　Na-CO_2 电池特性[35]

（a）原位拉曼光谱装置示意图；（b）放电和充电过程中的拉曼吸收光谱（插图为相应的放电/充电曲线）；
（c）在给定状态下，银线阴极与 Na_2CO_3 的 EELS 变化；（d）排放过程中 CO_2 的演化数据与
提出的排放机制（插图为原位二氧化碳演变检测）

在 2018 年，Sun 等人[36] 使用 Super P/Al 阳极和预填充的多壁 CNT/Na_2CO_3 阴极制备了一种对称的 $Na-CO_2$ 电池，证实 Na_2CO_3 是主要的放电产物。在充电过程中证明了 Na 在阳极上无枝晶生长，并使用拉曼和气相色谱法检测了充电电化学过程。此外，利用线性扫描伏安法优化了 Na_2CO_3/CNT 的比例，有助于降低其分解电压。在 2020 年，Thoka 等人[37] 比较了 $Li-CO_2$ 和 $Na-CO_2$ 电池的过电位、循环稳定性和循环行为。在这两种电池中，添加了 Li[TFSI]/Na[TFSI] 盐的 TEGDME 溶剂被用作电解质，掺杂 CNT 的 Ru 催化剂被用作阴极。Ru 被证明对电池的循环稳定性至关重要，可以将循环寿命从 35 次增加到 100 次。同时，Ru 催化剂能够降低充电过程中金属碳酸盐降解反应的过电位，在 $500mA \cdot g^{-1}$ 电流密度下，$Na-CO_2$ 电池在初始和 100 次循环后都具有较低的过电位。使用拉曼和 XPS 对两种电池在 15 次充放电循环后进行表征，研究发现这两种电池的放电产物都没有完全降解。如果碳酸钠在这些电池中的降解确实消耗无定形碳而不需要催化剂，那么 $Na-CO_2$ 电池将会是 $Li-CO_2$ 电池一个非常有吸引力的替代品。

由于低成本、高能量密度和生态友好性，$Na-CO_2$ 电池具有较大的优势和巨大的潜力。然而，在充电过程中与 Na_2CO_3 分解过程中并未观察到氧气，剩余的氧原子的存在形式仍然不清楚，因此，后续深入研究 $Na-CO_2$ 电池中的氧化分解机制对实现高性能的电池装置十分重要。

7.2.4 $Al-CO_2$ 电池及相关研究

Al 的化学活性相对较低，因此比 Li 和 Na 具有更高的安全性。此外，铝的含量高、容量大、易于制造，而且该金属氧化属于三电子转移反应，使得铝的理论比容量（$2980mA \cdot h \cdot g^{-1}$）在所有金属负极中位居第二。

2018 年，Ma 等人[38] 报道了一种以 Al 箔为阳极、以离子液体为电解质、以 Pd 包覆纳米多孔金（NPG@Pd）为一体化催化剂阴极的可再充 $Al-CO_2$ 电池。其阴极采用纯 CO_2 作为活性材料。该电池在 $333mA \cdot g^{-1}$ 的电流密度下在放电和充电平台之间显示出低至 0.091V 的电位差，因此其能量效率（EE）高达 87.7%。放电时 CO_2 在正极被还原、与铝离子形成 $Al_2(CO_3)_3$ 和 C，并在充电时分解。这项工作为开发用于固定 CO_2 的高效、高安全性、绿色和可再充电的能源装置提供了基础和技术支持。Jayaprakash 等人[39] 使用导电碳作为阴极，由 $AlCl_3$ 组成的离子液体作为电解质，然而该电池表现出较低的放电容量和较差的可循环性能。Lin 等人[40] 研制了一种初级电池装置，通过实时质谱分析（DART-MS）、SEM-EDS、XPS 和热重分析-FTIR（TGA-FTIR），提出了以草酸铝为放电产物的电池放电机制。在该放电机制中，超氧化物和 Al^{3+} 首先通过电化学反应形成。该反应过程是由超氧化物与 CO_2 反应生成几种活性 $CO_4^{\cdot-}$、CO_4^{2-} 和 $C_2O_4^{2-}$，草酸盐（$C_2O_4^{2-}$）可以与 Al^{3+} 相互作用形成草酸铝，采用质谱分析法实时检测到产物草酸铝的形成过程。

Sadat 等人[41] 设计了一种初级的 Al-CO_2 电池，其中通过在气体进料中引入 20% 的氧气来减少二氧化碳。该电池由铝金属阳极、离子液体电解质和纳米结构碳阴极组成，放电平台在 1.4V 左右，放电速率为 $70mA \cdot g^{-1}$，最终放电容量为 $13000mA \cdot h \cdot g^{-1}$。进一步利用 X 射线光电子能谱（XPS）鉴定了放电产物为草酸铝，但在充电时没有观察到放电产物的分解，使其成为一次电池。因此，他们提出了类似于 Li-CO_2 电池的可逆反应机理，如式（7.7）所示。考虑到其他金属-CO_2 电池中普遍存在金属碳酸盐放电产物，碳酸铝的形成存在合理性。在充电过程中，只观察到大部分放电产物降解，因此该反应的可逆性并没有得到充分证明。

$$4Al + 9CO_2 \rightleftharpoons 2Al_2(CO_3)_3 + 3C \qquad (7.7)$$

Ding 等人[42] 使用纳米结构 Bi_2S_3 作为阴极电催化剂并组装了水系 Al-CO_2 电池，用于在放电时选择性地将 CO_2 转换为甲酸酯。其中，Bi_2S_3 纳米片通过简单的溶剂热反应制备获得。在流体电池中测量时，CO_2 还原的电流密度高达 $\pm400mA \cdot cm^{-2}$ 并具有接近 100% 的选择性。进一步通过配对 Bi_2S_3 阴极和 Al 阳极组装了水系 Al-CO_2 电池，该电池表现出良好的工作电压（$\pm0.6V$）、大短路电流密度（$80mA \cdot cm^{-2}$）和出色的放电稳定性，峰值功率密度为 $\pm11mW \cdot cm^{-2}$，甲酸生产速率为 $0.5mmol \cdot cm^{-2} \cdot h^{-1}$（$\pm0.3V$ 时）。

Al-CO_2 电池在放电时会产生碳酸铝，而使用类似电解质的 Al-空气电池会产生草酸铝。对碳酸铝和草酸铝都没有很好的表征方法，其他相关性质如吉布斯自由能和电导率等都少有报道。研究表明，草酸钠的生成焓变化（$-1318kJ \cdot mol^{-1}$）比碳酸钠（$-1130.7kJ \cdot mol^{-1}$）要大[43]。引入更多的活性氧可以形成更稳定的放电产物，但这两种化合物的稳定性还没有得到很好的理解。在 Al-CO_2 电池技术适应实际应用之前，还需要进一步研究 Al-CO_2 电池的反应机理。

7.2.5　Mg-CO_2 电池及相关研究

Mg-CO_2 电池以温室气体 CO_2 为正极活性物质，具有高效的能量储存和 CO_2 的增值利用等优点，是新一代极具吸引力的电池候选产品。然而，与其他金属-CO_2 电池体系相比，由于 Mg-CO_2 电池在非水环境中存在氧化还原反应动力学相对较慢、放电产物分解能垒较大、多电子三相正极反应可逆性较差等关键问题，迄今为止非水系 Mg-CO$_2$ 电池受到的关注仍然较少。

Xu 等人[44] 首先制备并报道了一种 Mg-CO$_2$ 电池，但该电池放电容量较低。此后，研究人员开发了混合气体的 Mg-O$_2$/CO$_2$ 电池。研究结果表明，混合气体 Mg-O$_2$/CO$_2$ 电池在不改变结构的情况下显示出容量增加的潜力。该结构采用 1mol·L^{-1} Mg(ClO$_4$)$^{2-}$ 碳酸丙烯酯作为电解液，Super P 作为阴极材料，在一次充放电测试中证明了混合气体 Mg-O$_2$/CO$_2$ 电池装置的应用。

Guo 等人[45] 报道了一种"一石二鸟"的策略，通过液体丙烯酰胺（PDA）介质化学方法，在传统电解质中实现高可逆和高倍率的 Mg-CO$_2$ 电池。通过化学吸附 CO$_2$ 和调整 Mg^{2+} 的溶剂配位，PDA 的引入对正/负极都存在优化作用。在正极反应中，PDA 可以改善多相界面的相容性，促进 Mg^{2+} 的快速脱溶剂和扩散，降低 CO$_2$ 电还原的势垒，形成可分解的放电产物 MgC$_2$O$_4$，从而加快 CO$_2$ 电还原的动力学。对于负极反应，PDA 诱导原位形成 Mg^{2+} 导电固体电解质界面（SEI），实现高可逆的沉积/溶解 Mg。测试发现，在 PDA 介质的助力下，在 0.25mol·L^{-1} Mg[TFSI]$_2$-TEGDME 电解质中，可逆 Mg-CO$_2$ 电池可以获得在 200mA·g^{-1} 下循环 70 次，使用寿命超过 400h 的稳定循环性能和优异的倍率性能，在 100～2000mA·g^{-1} 下，过电位为 1.5V。更重要的是，该系统也可以在 0℃ 或 −15℃ 的低温下正常工作，证明了 Mg-CO$_2$ 电池高的 CO$_2$ 利用能力和潜在的前景。该研究中展示的 CO$_2$ 捕获和转化的酰胺介导化学策略为开发高性能金属-CO$_2$ 电池提供了新的途径。

最近，Kim 等人[46] 报道了一种二次 Mg-CO$_2$ 电池，其电解质为 1mol·L^{-1} NaCl 和 1mol·L^{-1} KOH 的水溶液，阳极为镁合金，气体释放阴极由碳纸滴铸与催化油墨（Pt/C＋IrO$_2$）组成。进一步采用恒流测量、FTIR、XRD 和气相色谱等方法研究了 Mg-CO$_2$ 电池的电化学反应机理，发现电池在放电过程中消耗 CO$_2$ 并产生 H$_2$ 气体的电压在 0.75V 以上，在 3.1V 以下充电时产生 Cl$_2$ 和 O$_2$ 气体。在 20mA·cm^{-2} 下，Mg-CO$_2$ 电池在 80 次循环中表现出良好的循环稳定性，但电容充放电曲线缓慢，没有明显的电压平台。这种 Mg-CO$_2$ 电池装置能够产生多种气体产物，在工业化应用方面具有发展前景。

Liu 等人[47] 开发一种基于 Mo$_2$C-CNT 催化阴极、非水电解质和镁金属阳极的可充电 Mg-CO$_2$ 电池。其中，Mo$_2$C-CNT 催化阴极可通过调节 CO$_2$ 还原途径大大降低 Mg-CO$_2$ 电池的充电过电位。各种非原位和原位实验以及理论计算的结果表明，Mo$_2$C 催化剂不仅可以诱导表面分子吸附以加快反应动力学，还可以提高 CO$_2$ 还原过程中对 MgC$_2$O$_4$ 的选择性得到更高的法拉第效率。这项工作展示了可充电非水系 Mg-CO$_2$ 电池的一种有前景的战略选择，可同时解决能源和环境问题。

Luo 等人[48] 提出了一种水分辅助的可充电非水系 Mg-CO$_2$ 电池，该电池在 CO$_2$ 气氛中运行，其循环寿命超过 250h，并在 $200mA \cdot g^{-1}$ 下保持超过 1V 的放电电压。结合实验观察和理论计算，水分辅助 Mg-CO$_2$ 电池的反应为 $2Mg + 3CO_2 + 6H_2O \Longleftrightarrow 2MgCO_3 \cdot 3H_2O + C$。设计水分辅助可充电 Mg-CO$_2$ 电池将促进多价金属-CO$_2$ 电池的发展。图 7.4 (a) 显示，Mg-CO$_2$ 电池放电时，Mg 离子络合物转移到正极，并与 CO$_2$ 和 H$_2$O 反应。随后，放电产物储存

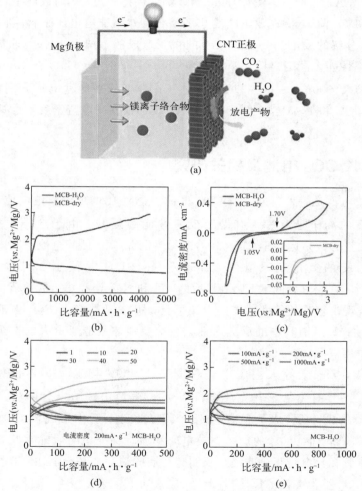

图 7.4 （a）MCB-H$_2$O 示意图；（b）$500mA \cdot g^{-1}$ 下的恒流充放电曲线，每个过程持续 10h 或达到截止电压（3V）；（c）MCB-H$_2$O 和 MCB-dry 的 CV 曲线，扫速为 $0.2mV \cdot s^{-1}$；（d）MCB-H$_2$O 在 $200mA \cdot g^{-1}$ 下的循环性能；（e）MCB-H$_2$O 的倍率性能[48]

在碳纳米管正极中。在充电时，产物被分解回起始物质。同时还组装了完全干燥的 Mg-CO_2 电池进行比较，如图 7.4（b），在 500mA·g^{-1} 下，将充放电时间控制在 10h，该装置在不超过 0.4V 的放电平台下具有相对较低的放电容量（580mA·h·g^{-1}），在 0.75～1.08V 范围内呈现出更稳定的放电平台，在 2.12～3V 范围内呈现出充电平台，具有更小的电压极化值。如图 7.4（c）显示，分别在 1.05V CO_2 还原和 1.70V CO_2 氧化起始电位下，含水的 Mg-CO_2 电池表现出比干燥的 Mg-CO_2 电池更高的电流密度。如图 7.4（d）所示，MCB-H_2O 在 200mA·g^{-1} 下连续循环 50 圈，仍能保持超过 1V 的放电平台，电压极化小至 0.63V。前 30 圈充放电曲线几乎重叠，然后充电电压平台缓慢增加，这可能是由未分解的放电产物在正极上的积累造成的。图 7.4（e）评估了 MCB-H_2O 的倍率性能，固定容量为 1000mA·h·g^{-1}。MCB-H_2O 在 100mA·g^{-1}、200mA·g^{-1}、500mA·g^{-1} 和 1000mA·g^{-1} 下的平均过电势分别为 0.50V、0.60V、0.98V 和 1.45V，这表明 MCB-H_2O 即使在高电流密度下也具有良好的可逆性。

7.2.6　K-CO_2 电池及相关研究

K-CO_2 电池是一种新型金属-CO_2 电池。金属 K 的理论放电电位与钠相似，但具有更高的离子迁移率，有助于反应性能的提升。由于地壳中 K 的丰度（1.5%，质量分数）远高于 Li（0.0017%），因此基于 K 的电池研究成为另一个可能。K^+/K 的氧化还原电位 [2.93V（$vs.$SHE）] 低于 Na^+/Na [2.71V（$vs.$SHE）]，且溶解后的 K^+ 比溶解后的 Li^+ 和 Na^+ 半径小，脱溶能低，因此 K 电池往往表现出较高的倍率性能。由此可见，开发高性能 K-CO_2 电池具有重要意义。但由于 K 具有较高的反应活性，会给电池体系造成重大的安全问题，限制了其规模化应用。

2018 年，Zhang 等人报道了一种固态 K-CO_2 电池，并使用原位 TEM、EDP 和 EELS 实时分析了其充放电行为[49]，电池由碳纳米管阴极、K 阳极和 K_2O 电解质构成。研究人员观察到碳纳米管在放电过程中形成 K_2CO_3 球，并在充电过程中降解。K_2CO_3 的球体在放电时膨胀，在充电时收缩。此外，他们观察到碳纳米管在充电过程中收缩，表明碳物质的消耗。基于上述研究结果，他们提出了 K-CO_2 纳米电池的反应机理，反应式如下：

$$2K + 2CO_2 \longrightarrow K_2CO_3 + CO \tag{7.8}$$

$$2K_2CO_3 + C \longrightarrow 4K + 3CO_2 \tag{7.9}$$

根据这一反应，K-CO_2 电池在放电时产生 CO 气体，充电时消耗碳产生

CO_2。放电产物是充满 CO 的碳酸钾空心壳。由于这种影响，在放电过程中产生的 CO 实际上是在 K_2CO_3 壳层降解的充电过程中观察到的。在放电过程中产生 CO 而在充电过程中不被消耗，这可能是对 K-CO_2 电池循环稳定性的挑战。同样的挑战也适用于充电过程中碳的消耗而不是放电过程中碳的产生。

戴黎明教授等人基于先前对三维碳电催化剂的研究，开发了一种简易的方法来获得具有三维网络结构的氮掺杂的碳纳米管和还原氧化石墨烯复合物（N-CNT/RGO）的电催化剂[50]。他们将此电催化剂用于构造和开发 K-CO_2 电池，N-CNT 可以有效地防止 RGO 纳米片的重新堆叠，因而不仅最大化地暴露了氮掺杂的活性位点，还提供了力学性能稳定的多孔结构，同时该结构具有良好的三维导电路径，可进行有效的电子/电解质/CO_2 气体传输，并具有足够的比表面积可有效容纳放电产物 K_2CO_3。此种 K-CO_2 可充电电池在 $500mA \cdot h \cdot g^{-1}$ 和 $300mA \cdot h \cdot g^{-1}$ 的有限比容量下可分别达到 40 和 250 个循环（长达 1500h）。同时基于密度泛函理论（DFT）计算和实验观察的反应机理研究揭示了 P121/c1 型 K_2CO_3 的形成和分解，表明了 K-CO_2 电池具有良好的可逆性。

使用金属 K 作为负极，由于金属 K 对电解质和水的反应性高，可能产生枝晶生长，因此存在严重的安全隐患，稳定性差。与 K 金属相比，K 基合金的化学活性要低得多，因此具有更安全、更稳定的特性。Liu 等人展示了一种新型 K 基金属电池[51]。结合同步 X 射线纳米层析成像、低温 FIB 扫描电镜、表面科学分析和中尺度模拟，阐明了集流体润湿性如何影响 K 金属电沉积的三维形貌、微观结构和 SEI 性能。模拟结果表明，基底-金属相互作用对平面生长和枝晶生长起着关键作用，解释了润湿行为、电化学性能和电沉积形态/结构之间的相关性。为了防止阳极 K 和水之间发生剧烈的副反应，科研人员选择了 KSn 合金阳极，具有减少枝晶形成的功能，这是由于锡和钾之间的合金化反应抑制了金属活性位点的搭建，同时他们使用邻酸基功能化的多壁碳纳米管作为阴极。由于 HCOOH 与 K_2CO_3 结构相似，他们提出 HCOOH 基团与 K_2CO_3 分子之间的强离子相互作用可以削弱碳酸钾中的 C＝O 双键，从而导致电池的电荷电位降低，进一步表明对 K-CO_2 电化学的研究是有意义的。此外，他们提出了一种可逆的放电机制，反应式如下：

$$4KSn + 3CO_2 \Longleftrightarrow 2K_2CO_3 + C + 4Sn \tag{7.10}$$

南开大学陈军院士团队[52] 以 KSn 合金为负极，以含羧基多壁碳纳米管（MWCNT-COOH）为正极催化剂构建了可充电 K-CO_2 电池。通过多种方法研究了 K-CO_2 电池在充放电过程中的电化学氧化还原机理，通过拉曼光谱仪监测正极组分的演变 [图 7.5（a）]。图 7.5（b）中的放电和充电结果表明，原位电池工作正常。图 7.5（c）和（d）分别为拉曼光谱和相应的放电/充电过程的颜色映射剖

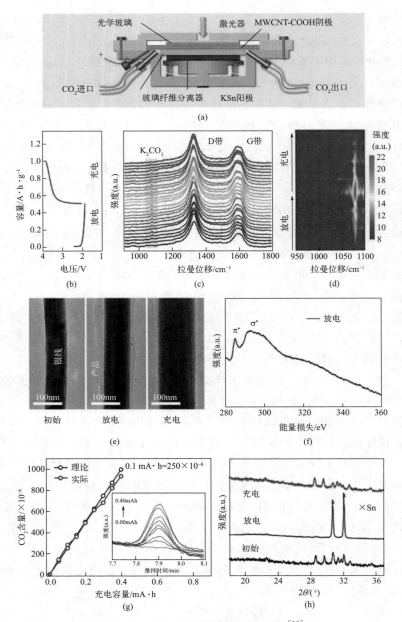

图 7.5　K-CO$_2$ 电池的氧化还原机理[52]

（a）用于原位拉曼测试的 K-CO$_2$ 电池原理图；（b）电池的放电和充电曲线；（c）原位拉曼光谱；
（d）放电和充电过程中相应的颜色映射剖面图；（e）Ag 正极在原始、放电和带电状态的 TEM 图像；
（f）先用稀盐酸再用水洗后的充电 Ag 正极的 EELS；（g）原位气相色谱在选定带电状态下检测
到的二氧化碳（插图为每个状态下对应的气相色谱图谱）；（h）KSn 负极在原始、
完全放电和完全充电状态下的 XRD 谱图

面图。在原始状态下，MWCNT-COOH 的峰分别为 D 带（约 $1330cm^{-1}$）和 G 带（约 $1596cm^{-1}$）。同时，利用电子能量损失谱（EELS）对清洗过的正极进行了表征。在约 285eV 和约 293eV 处出现的能量损失峰分别是由 C 的 $1s \rightarrow \pi^*$ 和 $1s \rightarrow \sigma^*$ 跃迁引起的［图 7.5（f）］，证明了 C 是放电产物之一。为了进一步研究 K-CO_2 电池的可逆性，通过原位 GC 检测充电产物，首先将 K-CO_2 电池在纯 CO_2 气氛下放电至 $0.40mA \cdot h$，然后将 CO_2 全部替换为纯 Ar 充电。为了避免酯基电解质的干扰，在电池中使用醚基电解质。此外，选取了 8 种有代表性的带电态进行检测，结果见图 7.5（g）。测试结果表明，实际释放的 CO_2 量与理论值接近。根据上述研究，正极处的电化学氧化还原反应，可描述为 $4K^+ + 3CO_2 + 4e^- \rightleftharpoons 2K_2CO_3 + C$。该结果可通过 TEM 测试进一步说明［图 7.5（e）］图 7.5（h）的 X 射线衍射（非原位 XRD）图谱显示，负极侧的合金化/脱合金反应是高度可逆的（$KSn - e^- \rightleftharpoons K^+ + Sn$）。采用非原位 SEM 观察了 KSn 负极在放电和充电过程中的形貌演变。结果表明，充分放电充电后，KSn 负极的形貌变化不明显，说明电池系统具有较高的可逆性。

目前，K-CO_2 电池的研究还处于起步阶段，对其充电产物和其他放电产物仍不清楚。由于 K_2CO_3 难以分解，导致 K-CO_2 电池的充电过电位较大，循环稳定性能较差。一方面，K_2CO_3 具有绝缘性质且不易分解；另一方面，从热力学的角度来看，K_2CO_3 中稳定且键能大的 C=O 键本身增加了其分解的难度。因此，弱化 C=O 键，可以从根本上促进 K_2CO_3 的分解。然而，目前对于选择合适的正极催化剂来减弱 K_2CO_3 的 C=O 键方面的研究较少，尚未有相关文献的报道。

7.3
总结与展望

金属-CO_2 电池是一种很有前景的能量储存和转换技术，有可能彻底改变能源工业。电池基于二氧化碳的可逆电化学还原形成金属碳酸盐，可以根据需要储存和释放能量。在这些电池中使用二氧化碳作为活性成分有其储量丰富、低成本和环保的优点。这种金属-CO_2 电池理论能量密度高，而且价格比传统的锂离子电池便宜。高能量密度使金属-CO_2 电池成为电动汽车和其他能源密集型应用的一个有吸引力的选择。近年来，金属-CO_2 电池的发展受到了广泛关注，许多研究小组致力于提高其性能和效率。尽管如此，在这项技术具有商业可行性之前，还必须克服一些挑战。

首先，低效率的二氧化碳还原和演变反应，严重限制了电池的能量密度。并且在放电过程中，在阴极上形成固体碳酸盐会导致电极钝化和性能下降。而低效率的 CO_2 析出反应会导致绝缘金属碳酸盐在阴极表面堆积，大大增加了充放电过电位，最终堵塞了气体扩散路径，阻碍了电荷载流子的运输，导致电池失效。此外，二氧化碳的还原是一个复杂的电化学过程，可能会导致不需要的副产品的形成，比如一氧化碳，这会降低电池的性能和安全性。由于效率低，循环寿命有限，金属-CO_2 电池目前无法达到与锂离子电池等其他电池相同的能量密度和循环寿命，限制了金属-CO_2 电池的实际应用。

为了应对这些挑战，研究人员提出了几种研究方向和方案。一种方法是使用高效阴极催化剂来促进 CO_2 还原和反应动力学，并提高对所需产物的选择性。另一种方法是改善阳极材料，以防止阳极钝化和枝晶形成，并提高电池寿命。此外，先进的表征技术，如原位光谱和显微镜可以为反应机制提供有价值的见解，并有助于优化电池的整体性能。

在 Li-CO_2 电池中，目前通常认为存在一种产生激发态氧的电荷机制，但这种氧的身份尚未直接确定。尽管目前对于金属-CO_2 电池的研究有了实质性的进展，但仍需进一步理解其中电化学原理。此外，虽然已经提出了许多处理激发态氧和防止其副反应的策略，但仍然缺乏相关的直接证据。Qiao 等人观察到在高电荷速率下电化学过程中的氧演化过程，但这一观察结果并没有在随后的研究中得到很好的解决。因此，虽然现在对 Li-CO_2 电池电化学的理解已经取得了足够的进展，可以合理地设计 Li-CO_2 电池中的催化剂，但是电池内部氧演化对 Li-CO_2/O_2 的电化学影响机制尚未得到完全解决。

Zn-CO_2 电池由于其低挥发性和毒性，是最接近商业应用的金属-CO_2 电池。Zn-CO_2 电池面临的主要挑战是促进充电反应和阻碍氢的析出，以及在电池的电化学过程中将氧排出。为此，需要一种有效的催化剂，但同时不影响电池自身电化学过程。目前的研究进展还不能完全解决 Zn-CO_2 电池的问题和挑战，但水溶液电解质结合高效催化剂可能是有效的方法。

目前，研究人员对于 Na-CO_2 和 Li-CO_2 电池的理解仍需进一步深入，并亟需进一步合理设计低成本、高性能的催化剂来促进这些电池中的电化学反应。对 Li-CO_2 电池电化学的理解并不能简单复制到更重的碱金属上，但可以预测这些 Li 金属的替代金属会以类似的方式运行。研究发现，碱金属-CO_2 电池放电反应产物均为金属碳酸盐。然而，Li-CO_2 电池的电化学机制存在一定程度的复杂性，这在 Na-CO_2 或 K-CO_2 电池中都没有观察到。与碱金属-CO_2 电池相比，人们对 Al-CO_2 电池和 Mg-CO_2 电池的了解更少。虽然已经确定了两种电池化学物质的放电产物，但表征仍然不够充分。Al-CO_2 电池的放电产物为草酸铝

$[Al_2(C_2O_4)_3]$ 和碳酸铝 $[Al_2(CO_3)_3]$，Mg-CO_2 电池的放电产物为碳酸氢镁 $[Mg(HCO_3)_2]$。然而，碳酸铝是一种几乎完全未被表征的材料，同时碳酸氢镁如果从水溶液中除去将会自发分解[15,53]。由于观察到 Al-CO_2 和 Mg-CO_2 电池中的放电产物均会沉积在电池阴极上，因此需要更加充分的表征以获取更多放电产物的有效信息。在各种金属-CO_2 电池电化学中，通过添加掺杂剂在提高电池寿命方面取得了优异的效果。然而，对催化剂的作用认识还不够充分。贵金属催化剂的发展始终受到成本高、储量有限的限制。因此，深入研究过渡金属催化剂在金属-CO_2 电池电化学过程中的作用，将有助于合理设计金属-CO_2 电池的正极材料。

尽管存在以上挑战，但目前金属-CO_2 电池的研究仍然展现出了良好的前景。金属-CO_2 电池的基本问题包括金属碳酸盐的稳定性、电解质界面的稳定性和枝晶生长。纳米结构碳在金属碳酸盐降解中的催化作用已经得到了深入的研究，其中氮和金属共掺杂碳纳米结构或金属氧化物催化剂作为廉价的催化阴极表现出良好的效果。利用原位光谱技术研究金属-CO_2 电池的放电机制，可以更好地了解电解质的行为。充电和放电过程中的 DEMS 为 Li-CO_2 电池提供了很好的研究方式。这些方法可为其他金属-CO_2 电池化学反应机理的研究提供参考。综上所述，金属-CO_2 电池的发展仍处于早期阶段，但这些电池作为可持续和低成本的储能解决方案具有巨大的潜力。金属-CO_2 电池的高理论能量密度使其在电动汽车和其他能源密集型应用方面具有较好的应用前景。然而，在提高电化学反应的效率和稳定性，以及开发适合的催化剂等方面仍面临许多重大的挑战。尽管如此，该领域的研究仍然展现出了光明的前景，金属-CO_2 电池可能在未来的能源存储中发挥重要作用。

参考文献

[1] Folger P. Carbon Capture and Sequestration（CCS）in the United States [C]. Congressional Research Service，2017.

[2] Qiao Y，Xu S，Liu Y，et al. In situ Synthesis of Ultrafine Ruthenium Nanoparticles for a High-rate Li-CO_2 Battery [J]. Energy Environmental Science，2019，12（3）：1100-1107.

[3] Biography V，Wei M. Heterogeneous Electrocatalysts for Metal-CO_2 Batteries and CO_2 Electrolysis [J]. ACS Energy Letters，2023，8（4）：1818-1838.

[4] Hou Y，Wang J，Liu L，et al. Mo_2C/CNT：An Efficient Catalyst for Rechargeable Li-CO_2 Batteries [J]. Advanced Functional Materials，2017，27（27）：1700564.

[5] Ebbesen T，Lezec H，Hiura H，et al. Electrical Conductivity of Individual Carbon Nanotubes [J]. Nature，1996，382（6586）：54-56.

[6] Bidault F，Brett D，Middleton P，et al. Review of Gas Diffusion Cathodes for Alkaline

Fuel Cells [J]. Journal of Power Sources，2009，187（1）：39-48.

[7] Wei S，Choudhury S，Tu Z，et al. Electrochemical Interphases for High-Energy Storage Using Reactive Metal Anodes [J]. Account of Chemical Research，2018，51（1）：80-88.

[8] Aurbach D，Talyosef Y，Markovsky B，et al. Design of Electrolyte Solutions for Li and Li-ion batteries：a Review [J]. Electrochimica Acta，2004，50（2）：247-254.

[9] Li C，Guo Z，Yang B，et al. A Rechargeable Li-CO_2 Battery with a Gel Polymer Electrolyte [J]. Angewandte Chemie International Edition，2017，56（31）：126-9130.

[10] Abraham K，Jiang Z. A Polymer Electrolyte-based Rechargeable Lithium/oxygen Battery [J]. Journal of the Electrochemical Society，1996，143（1）：1.

[11] Gowda S，Brunet A，Wallraff G，et al. Implications of CO_2 Contamination in Rechargeable Nonaqueous Li-O_2 Batteries [J]. Journal of Physical Chemistry Letters，2013，4（2）：276-279.

[12] Lu J，Li L，Park J，et al. Aprotic and Aqueous Li-O_2 Batteries [J]. Chemical Reviews，2014，114（11）：5611-5640.

[13] Takechi K，Shiga T，Asaoka T. A Li-O_2/CO_2 Battery [J]. Chemistry Communication，2011，47（12）：3463-3465.

[14] Xu S，Das S，Archer L. The Li-CO_2 Battery：a Novel Method for CO_2 Capture and Utilization [J]. RSC Advances，2013，3（18）：56-6660.

[15] Ogasawara T，Debart A，Holzapfel M，et al. Rechargeable Li_2O_2 Electrode for Lithium Batteries [J]. Journal of the American Chemical Society，2006，128（4）：1390-1393.

[16] Kuboki T，Okuyama T，Ohsaki T，et al. Lithium-air Batteries Using Hydrophobic Room Temperature Ionic Liquid Electrolyte [J]. Journal of Power Sources，2005，146（1-2）：766-769.

[17] Feng H，Jia M，Lin Y，et al. Unveiling the Reaction Mechanism and $^1O_2$ Suppression Effect of CO_2 in Li-CO_2/O_2 Battery through the Reacquaintance of Discharge Products [J]. Energy Storage Materials，2023，61：102886

[18] Zhang Z，Zhang Q，Chen Y，et al. The First Introduction of Graphene to Rechargeable Li-CO_2 Batteries [J]. Angewandte Chemie International Edition，2015，54（22）：6550-6553.

[19] Zhang X，Wang C，Li H，et al. High Performance Li-CO_2 Batteries with NiO-CNT Cathodes [J]. Journal of Materials Cheistry A，2018，6（6）：2792-2796.

[20] Qiao Y，Yi J，Wu S，et al. Li-CO_2 Electrochemistry：A New Strategy for CO_2 Fixation and Energy Storage [J]. Joule，2017，1（2）：359-370.

[21] Liu Y，Wang R，Lyu Y，et al. Rechargeable Li/CO_2-O_2（2：1）Battery and Li/CO_2 Battery [J]. Energy Environmental Science，2014，7（2）：677-681.

[22] Zhang Z，Wang X，Zhang X，et al. Verifying the Rechargeability of Li-CO_2 Batteries on Working Cathodes of Ni Nanoparticles Highly Dispersed on N-Doped Graphene [J]. Advanced Science，2018，5（2）：1700567.

[23] Lin J，Ding J，Wang H，et al. Energy Efficiency and Stability of Li-CO_2 Batteries via Synergy between Ru Atom Clusters and Single-Atom Ru-N_4 sites in the Electrocatalyst Cathode [J]. Advanced Materials，2022，34：2200559.

[24] Wang M, Yang K, Ji Y, et al. Developing Highly Reversible Li-CO_2 Batteries: from On-chip Exploration to Practical Application [J]. Energy Environmental Science, 2023, 16: 3960-3967.

[25] Chen S, Yang K, Zhu H, et al. Rational Catalyst Structural Design to Facilitate Reversible Li-CO_2 Batteries with Boosted CO_2 Conversion Kinetics [J]. Nano Energy, 2023, 117: 108872.

[26] Muiller S, Holzer F, Haas O. Optimized Zinc Electrode for the Rechargeable Zinc-air Battery [J]. Journal of Applied Electrochemistry, 1998, 28 (9): 895-898.

[27] Ahn S, Tatarchuk B. Fibrous Metal-carbon Composite Structures as Gas Diffusion Electrodes for Use in Alkaline Electrolyte [J]. Journal of Applied Electrochemistry, 1997, 27 (1): 9-17.

[28] Lee J, Kim S, Cao R, et al. Metal-air Batteries with High Energy Density: Li-air versus Zn-air [J]. Advanced Energy Materials, 2011, 1 (1): 34-50.

[29] Wu T, Zhang Y, Althouse Z, et al. Nanoscale Design of Zinc Anodes for High Energy Aqueous Rechargeable Batteries [J]. Materials Today Nano, 2019, 6: 100032.

[30] Xie J, Wang X, Lv J, et al. Reversible Aqueous Zinc-CO_2 Batteries Based on CO_2-HCOOH Interconversion [J]. Angewandte Chemie International Edition, 2018, 57 (52): 16996-17001.

[31] Wang H, Aslam M, Nie Z, et al. Dual-anion Regulation for Reversible and Energetic Aqueous Zn-CO_2 Battery [J]. Small methods, 2023: 2300867.

[32] Liu S, Wang L. Nitrogen-Doped Carbon Polyhedrons Confined Fe-P Nanocrystals as High-Efficiency Bifunctional Catalysts for Aqueous Zn-CO_2 Batteries [J]. Small, 2022, 18: 2104965.

[33] Kaur S, Kumar M, Gupta D, et al. Efficient CO_2 Utilization and Sustainable Energy Conversion via Aqueous Zn-CO_2 Batteries [J]. Nano Energy, 2023, 109: 108242.

[34] Sun W, Wang F, Zhang B, et al. A Rechargeable Zinc-air Battery Based on Zinc Peroxide Chemistry [J]. Science, 2021, 371 (6524): 46-51.

[35] Hu X, Sun J, Li Z, et al. Rechargeable Room-Temperature Na-CO_2 Batteries [J]. Angewandte Chemie International Edition, 2016, 55 (22): 6482-6486.

[36] Lu L, Sun C, Hao J, et al. A High-Performance Solid-State Na-CO_2 Battery with Poly (Vinylidene Fluoride-co-Hexafluoropropylene)-$Na_{3.2}Zr_{1.9}Mg_{0.1}Si_2PO_{12}$ Electrolyte [J]. Energy Environmental Materials, 2023, 6: e12364.

[37] Thoka S, Tsai C, Tong Z, et al. Comparative Study of Li-CO_2 and Na-CO_2 Batteries with Ru@CNT as a Cathode Catalyst [J]. ACS Applied Materials & Interfaces, 2021, 13 (1): 480-490.

[38] Ma W, Liu X, Li C, et al. Rechargeable Al-CO_2 Batteries for Reversible Utilization of CO_2 [J]. Advanced materials, 2018, 30 (28): 1801152.

[39] Jayaprakash N, Das S, Archer L, et al. The Rechargeable Aluminum-ion battery [J]. Chemical communication, 2011, 47 (47): 12610-12612.

[40] Lin M, Gong M, Lu B, et al. An Ultrafast Rechargeable Aluminium-ion Battery [J]. Nature, 2015, 520 (7547): 324-328.

[41] Wajdi I, Sadat A, Lynden A. The O_2-assisted Al/CO_2 Electrochemical Cell: A system for CO_2 Capture/Conversion and Electric Power Generation [J]. Science Advances, 2016, 2 (7): e1600968.

[42] Ding P, Zhang J, Han N, et al. Simultaneous Power Generation and CO_2 Valorization by Aqueous Al-CO_2 Batteries Using Nanostructured Bi_2S_3 as the Cathode Electrocatalyst [J]. Journal of Materials. Chemistry A, 2020, 8: 12385-12390.

[43] Li J, Dai A, Amine K, et al. Correlating Catalyst Design and Discharged Product to Reduce Overpotential in Li-CO_2 Batteries [J]. Small, 2021, 17 (48): 2007760.

[44] Madrid A, Modak A, Branch M, et al. Combustion of Magnesium with Carbon Dioxide and Carbon Monoxide at Low Gravity [J]. Journal of Propulsion and Power, 2001, 17 (4): 852-859.

[45] Peng C, Xue L, Zhao Z, et al. Boosted Mg-CO_2 Batteries by Amide-Mediated CO_2 Capture Chemistry and Mg^{2+}-conducting Solid-electrolyte Interphases [J]. Angewandte Chemie International Edition, 2024, 63 (2): e202313264.

[46] Kim J, Seong A, Yang Y, et al. Indirect Surpassing CO_2 Utilization in Membrane-free CO_2 battery [J]. Nano Energy, 2021, 82: 105741.

[47] Liu W, Sui X, Cai C, et al. A Nonaqueous Mg-CO_2 Battery with Low Overpotential [J]. Advanced Energy Materials, 2022, 12: 2201675.

[48] Zhang C, Wang A, Guo L, et al. A Moisture-assisted Rechargeable Mg-CO_2 Battery [J]. Angewandte Chemie International Edition, 2022, 61 (17): e202200181.

[49] Zhang L, Tang Y, Liu Q, et al. Probing the Charging and Discharging Behavior of K-CO_2 Nanobatteries in an Aberration Corrected Environmental Transmission Electron Microscope [J]. Nano Energy, 2018, 53: 544-549.

[50] Zhang W, Hu C, Guo Z, et al. High-Performance K-CO_2 Batteries Based on Metal-Free Carbon Electrocatalysts [J]. Angewandte Chemie International Edition, 2020, 59 (9): 3470-3474.

[51] Liu P, Yen D, Vishnugopi B, et al. Influence of Potassium Metal-Support Interactions on Dendrite Growth [J]. Angewandte Chemie International Edition, 2023, 62 (23): e202300943.

[52] Lu Y, Cai Y, Zhang Q, et al. Rechargeable K-CO_2 Batteries with a KSn Anode and a Carboxyl-containing Carbon Nanotube Cathode Catalyst [J]. Angewandte Chemie International Edition, 2021, 60 (17): 9540-9545.

[53] Seeger M, Otto W, Flick W, et al. Magnesium Compounds [J]. Ullmann's Encyclopedia of Industrial Chemistry, 2011.

第 8 章

外场/流体辅助空气电池

尽管金属燃料电池前景广阔，但目前的可充式金属燃料电池的电化学性能仍不能令人满意。许多电催化剂和电解质由于价格昂贵、合成复杂和产率低而难以实现商业化推广。引入光、磁、热和流体等外部能量场来增强催化材料反应动力学或者完全替代空气电池中某一半反应（如氧还原或析氧反应），从而优化金属燃料电池的充放电行为，被认为是一种解决金属燃料电池催化剂单一活性、循环效率低和使用寿命短的极具前景的策略。本章将从光、磁、热、流体等方面论述辅助型金属燃料电池的典型配置和工作原理；从材料合成的角度对电极的设计策略和最新实例进行总结、归纳和分析。

8.1
外场/流体辅助空气电池基本原理

在众多可充电式电池中，金属燃料电池因较高的理论能量密度（如 Li-O$_2$ 电池 $3500W \cdot h \cdot kg^{-1}$，Zn-空气电池 $1086W \cdot h \cdot kg^{-1}$）受到了广泛关注。然而，目前可充电式金属燃料电池仍面临着许多挑战，例如空气电极的低活性和不稳定性将导致电池低能量效率和不良循环寿命。因此，探究具有高活性位点和长循环稳定性的电催化剂对于实现高效可充式电池至关重要。理想的双功能催化剂应表现出优异的充放电循环性能，并且希望氧还原（ORR）和氧析出（OER）过程之间的电位最小化，使其接近理论状态以避免能量损失。一般来说，ORR 和 OER 对活性位点的要求不同，一种催化剂很难同时表现出两种优异的电化学性能。此外，在长期的循环充放电中，较高的 OER 氧化电位会不可避免地引发催

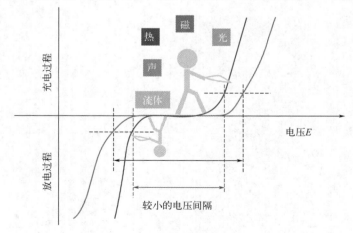

图 8.1　外场/流体辅助空气电池

化剂表面重构，导致催化位点不可逆变化，使得催化剂失活，严重影响了可充电式金属燃料电池的使用寿命。

将外部能量场应用于电池系统能从本质上解决电池不稳定和低能效的问题，提高电化学电池的性能。如图 8.1 所示，当另一能量场（如光、磁、热、声、流体等）引入单一电池体系中，将降低电池 ORR 和 OER 反应能量势垒，调节电极反应动力学，加速电荷传递过程，在器件中同时实现多重能量转换，显著提高电池能效。下面分别介绍各类外场/流体辅助空气电池的研究进展。

8.2
外场辅助空气电池

8.2.1 光辅助金属燃料电池

2014 年，Wu 等人[1] 首次通过集成额外的氧化还原介质耦合染料敏化 TiO_2 光电极作为耦合 $Li-O_2$ 的电池电极材料，制造了一种光辅助 $Li-O_2$ 电池。相比于黑暗条件下，在光照后充电电压急剧降低至 2.72V。这项开创性的研究提供了一种通过外场辅助解决金属燃料电池放电/充电过程瓶颈问题的新思路。近年来，利用光驱动优化 ORR/OER 动力学已成为高效金属燃料电池研究的新趋势。通过设计与目标电池匹配的新型半导体光催化剂，研究人员成功地构建了光辅助 $Li-O_2$（空气）、$Li-CO_2$、$Zn-O_2$（空气）和 $Al-O_2$（空气）等电池，实现了电化学性能的突破性提升。光辅助金属燃料电池的结构与常规金属燃料电池类似，主要由金属负极、电解质和具有光催化效应的多孔电极（光电催化剂）组成。其中，光催化剂的能带结构应根据目标电池的化学性质进行设计。比如，对非水系的 $Li-O_2$ 电池而言，光电催化剂的价带（valence band，VB）电位应低于 O_2/Li_2O_2 的氧化电位；对于水系的 Zn-空气电池而言，其价带电位应低于 O_2/OH^- 的氧化电位。相应地，在催化剂的导带（conduction band，CB）中，电子应表现出比金属燃料电池平衡电位更强的还原活性[2]。

在非水系光辅助 $Li-O_2$ 电池中，来自环境的 O_2 首先通过光电阴极扩散并溶解到电解质中。随后，吸附在光电催化剂上的 O_2 分子被光电子还原，与电解质中的 Li 结合，经过几个中间步骤转化为放电产物。同时，空穴被来自外部电路的电子中和。在随后的充电过程中，固体产物 Li_2O_2 分解并释放 O_2，电子迁移到外部电路。光辅助 $Li-O_2$ 电池的工作原理如下和图 8.2（a）所示：

在光作用下： $$光催化剂 \longrightarrow e_{h\nu}^- + h_{h\nu}^+$$

放电过程：

阳极：
$$Li \longrightarrow Li^+ + e^-$$

阴极：
$$O_2 + 2e_{h\nu}^- + 2Li^+ \longrightarrow Li_2O_2$$

充电过程：

阳极：
$$Li^+ + e^- \longrightarrow Li$$

阴极：
$$Li_2O_2 + 2h_{h\nu}^+ \longrightarrow O_2 + 2Li^+$$

类似地，在光辅助的 Li-CO$_2$ 电池中也存在相似的机理 [图 8.2（b）]：

在光作用下：
$$光催化剂 \longrightarrow e_{h\nu}^- + h_{h\nu}^+$$

放电过程：

阳极：
$$Li \longrightarrow Li^+ + e^-$$

阴极：
$$3CO_2 + 4e_{h\nu}^- + 4Li^+ \longrightarrow 2Li_2CO_3 + C$$

充电过程：

阳极：
$$Li^+ + e^- \longrightarrow Li$$

阴极：
$$2Li_2CO_3 + C + 4h_{h\nu}^+ \longrightarrow 3CO_2 + 4Li^+$$

在水系光辅助 Zn-空气电池中，光电阴极收集光子并产生电子空穴对。在碱性电解质中，O$_2$ 被激发的光电子还原为 OH$^-$，同时 Zn 被电化学氧化为 ZnO。在反向充电过程中，空穴迁移到光电阴极将 H$_2$O 氧化为 O$_2$，光电子迅速迁移到外电路，同时 Zn(OH)$_4^{2-}$ 还原为 Zn 和 OH$^-$。来自环境的 O$_2$ 首先通过光电阴极扩散并溶解到电解质中。光辅助锌-空气耦合电池的工作原理如下和图 8.2（c）所示：

在光作用下：
$$光催化剂 \longrightarrow e_{h\nu}^- + h_{h\nu}^+$$

放电过程：

阳极：
$$Zn + 4OH^- \longrightarrow Zn(OH)_4^{2-} + 2e^-$$
$$Zn(OH)_4^{2-} \longrightarrow ZnO + H_2O + 2OH^-$$

阴极：
$$O_2 + 4e_{h\nu}^- + 2H_2O \longrightarrow 4OH^-$$

充电过程：

阳极：
$$2Zn(OH)_4^{2-} + 2e^- \longrightarrow Zn + 4OH^-$$

阴极：
$$4OH^- + 4h_{h\nu}^+ \longrightarrow O_2 + 2H_2O$$

具体来说，光辅助金属燃料电池采用具有光响应的半导体作为电极，通过光催化、光电催化和可能的光热效应相结合的方式实现 ORR/OER 过程。在吸收足够能量的光后，半导体能够激发电子从 VB 到 CB，参与氧还原反应。同时，光激发产生的空穴可以参与氧化反应进程。根据目前的研究，光辅助金属燃料电池可以分成三类：①光辅助充电金属燃料电池；②光辅助放电金属燃料电池；

③光辅助充放电金属燃料电池。其半导体材料的选择应该满足以下条件：①材料本身应该具有电催化活性，有良好的 OER 和 ORR 电催化性能；②材料有良好的光响应活性，即电池反应理论平衡电势应介于材料的 CB 和 VB 之间，这样有利于光电化学反应的协同进行；③材料具有良好的光吸收特性，光照条件下的转换利用率高；④材料具有良好的使用寿命，对光生载流子和活性氧具有耐久性。

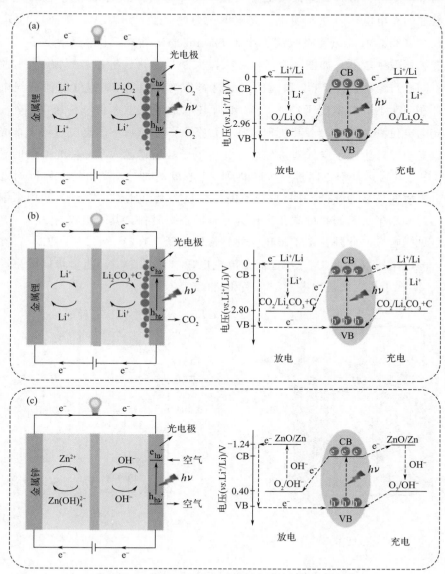

图 8.2　非水系和水系的光辅助金属燃料电池机制图[1]

（a）Li-O$_2$ 电池；（b）Li-CO$_2$ 电池；（c）Zn-空气电池

在各种光催化剂中，氧化物由于其高光响应性、化学稳定性、耐腐蚀性、低成本和合适的能带结构，被认为是最有潜力实际应用的材料之一。在 2014 年，Wu 等人[2] 首次报道了一种基于三碘化物/碘化物氧化还原穿梭的光辅助 Li-O₂ 电池。通过将染料敏化 TiO₂ 光电极与氧电极集成在一起，光电极在光照下产生三碘离子，随后扩散到氧电极表面并氧化 Li₂O₂。TiO₂ 光电极上产生的光电压补偿电池的充电电压，在照明下，充电电压急剧降低至 2.72V。然而，TiO₂ 的带隙较宽（3.2eV），只能吸收波长小于 390nm 的紫外光（仅占太阳光的 4%），太阳能利用效率较低。如图 8.3 所示，天津大学胡文彬、钟澄教授团队[3] 使用具有不同能带结构的 BiVO₄ 和 α-Fe₂O₃ 材料作为光辅助 Zn-空气电池的光电催化剂，在照明下分别实现了约 1.20V 和 1.43V 的低充电电位（传统 Zn-空气电池的充电电位高达约 2V）。其机理概括为：在太阳光照射下的充电过程中，光电极吸收光子并产生电子空穴对。然后，光生电子被迅速注入半导体光电极的导带（CB）中，并通过外部电路进一步转移到 Zn 电极；同时，光激发空穴同时迁移到光电极表面，从而降低 OER 反应所需的能量势垒。此外，南京大学周豪慎教授课题组采用了类石墨相的碳化氮作为光辅助正极材料，其带隙仅有 2.7eV，增加了可见光响应。此外，由于碳化氮的导带位置低 [1.7V (vs. Li⁺/Li)]，在光照下，充电电压仅有 1.9V，远远低于放电电压（约 2.7V），能量转换效率高达 142%，实现了从太阳能向电能的转换和存储。

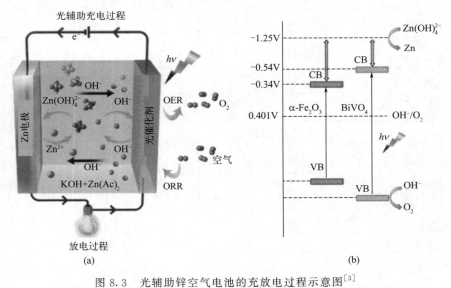

图 8.3　光辅助锌空气电池的充放电过程示意图[3]

（a）光辅助锌空气电池的基本结构和工作原理；（b）太阳光照射下光辅助充电过程的机理研究

除金属氧化物外，金属硫化物由于其合适的能带结构和电化学/化学稳定性也被认为是光辅助金属燃料电池的热门选择之一。比如，具有合适的导带电位 [2.0V（$vs.$ Li$^+$/Li）] 的硫化锌（ZnS）材料可加速分解 Li-O$_2$ 电池的中间产物 Li$_2$O$_2$，从而降低 OER 的反应电位。据报道，以硫化锌（ZnS）为光催化剂并原位附着在多壁碳纳米管（MWCNT）上构建的光电阴极，将 Li-O$_2$ 电池的充电电压显著降低至 2.2V[4]。此外，具有更小的带隙和优异的光电稳定性的光电极分级多孔 In$_2$S$_3$@CNT/SS 材料也被应用在 Li-CO$_2$ 电池中。其中，碳纳米管为氧化还原反应提供了丰富的活性位点，并为光生载流子提供了更短的扩散长度。而且，因为 In$_2$S$_3$ 的 CB 能级（3.38eV）低于碳纳米管（4.90eV）时，光电子可以自发地流入碳纳米管，增强载流子分离，在光电阴极界面上产生了更高的 CO$_2$RR 和 CO$_2$ER 的光电流响应，实现了超高放电电压（3.14V）和超低充电电压（3.20V），往返效率为 98.1%[5]。东南大学孙正明教授团队[6] 设计了一种在 FTO 基底上生长的六方 ZnIn$_2$S$_4$ 纳米片作为 Zn-空气电池的光电阴极材料，在光照下实现了 1.9mA·cm^{-2} 的光充电电流密度，其光能-化学能转换效率高达 1.45%。

此外，一些金属基半导体材料也被广泛报道应用于光辅助金属燃料电池中，如 BiVO$_4$、CeVO$_4$ 等金属钒酸盐。由于钒酸盐稳定性差，还需进一步探明失效机制，提出新型改性手段。值得一提的是，近年来具有良好的固有稳定性和钙钛矿/碳界面电荷转移的杂化钙钛矿材料也被开发光辅助金属燃料电池的应用。例如，金属-有机框架封装 CsPbBr$_3$ 纳米晶体作为光辅助的 Li-O$_2$ 电池的协同光电阴极材料。其中，CsPbBr$_3$ 和金属-有机框架分别作为光分解位点和 ORR/OER 催化位点，相比基于单组分光催化剂组装的 Li-O$_2$ 电池，此类钙钛矿型催化剂具有更低的过电位和更长的使用寿命[7]。

将多种半导体材料复合构筑成如 PN（或 NN）结、Z-/S-Scheme 异质结、Type Ⅰ/Ⅱ型异质结和肖特基结等异质结结构，不仅可以克服单一材料的固有缺点，还可以有效提高电荷分离效率，抑制电荷二次复合，加速表面反应动力学。吉林大学于吉红院士团队[8] 设计了一种具有优异的光收集能力、低复合率和高电导率的 NN 异质结 TiO$_2$-Fe$_2$O$_3$ 复合材料，可作为双功能光辅助 Li-O$_2$ 电池的光/氧电极材料 [图 8.4（a）和（b）]。当在光照下工作时，在 ORR 过程中光生电子参与了 O$_2$ 的还原，而产生的空穴有利于放电产物 Li$_2$O$_2$ 在充电时的分解。此外，由于放电产物形成沉积的过程被光照影响，从而影响了后续 OER 反应的进行。如图 8.4（c）所示，在没有照明的情况下获得的放电产物随机堆叠在阴极上，呈现出几百纳米大小的层状环形形态。覆盖电极表面的大颗粒产物，不仅阻碍了电解质与活性位点的有效接触，还破坏了催化剂的纳米结构，限制了电化

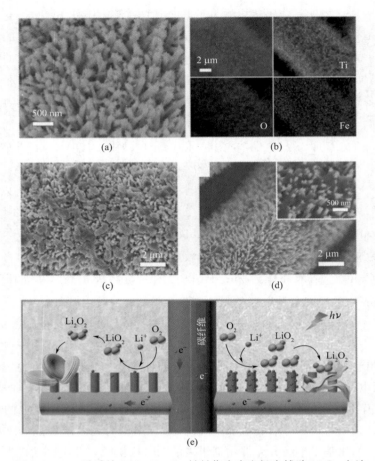

图 8.4　NN 异质结 TiO_2-Fe_2O_3 材料作为光电极光辅助 Li-O_2 电池
（a）SEM 图像；（b）元素含量分布；（c）无光照初始放电产物 SEM 图；（d）光照下初始放电
产物 SEM 图像；（e）不同光照条件下的放电机制示意图

学反应的进行。相比之下，在光照下沉积的产物呈现薄膜状，均匀分布在阴极的
阵列中［图 8.4（d）］。其放电产物的沉积机理为：当 Li-O_2 电池在无光照条件
下放电时，通过典型的溶液介导生长机制形成环状 Li_2O_2。具体来说，O_2 会经
历单电子还原，在阴极表面形成 LiO_2。然后，中间的 LiO_2 会扩散到电解质中，
并随后随机地在阴极上形成圆盘状 Li_2O_2 沉积物。随着颗粒尺寸的增大，圆盘
状 Li_2O_2 向环形形态演化。然而，在照明条件下，放电产物以不同的方式积累。
与放电-不照明过程类似，LiO_2 在阴极表面形成并扩散到电解质中。然而，由于
光生电子分布均匀、密度大、电导率高的优势，减缓了 LiO_2 的生成速度，导致
LiO_2 物质集中沉积在催化剂的近表面区域。同时，光照下催化剂电子结构的变

化增强了表面对 O_2 的吸附能力，加速了 ORR 过程。不稳定的 LiO_2 中间体快速发生歧化或还原反应，形成薄膜状的 Li_2O_2 优先在电极阵列之间沉积，而不是在催化剂的顶部，保持了电极微观结构的完整性［图 8.4（e）］。这种放电产物形态不仅有利于氧、锂离子和电子在 ORR 过程中的传质，而且有利于 Li_2O_2 快速分解，从而加速 OER 的反应进程。因此，在光照条件下，光辅助 Li-O_2 电池在放电和充电平台之间表现出 0.19V 的超低过电位，并具有较高的循环稳定性。除此之外，g-C_3N_4/$CoSe_2$、$NiOOH$/α-Fe_2O_3、TiN/TiO_2、$CdSe$/ZnS 等异质结材料也成功应用于光辅助的金属燃料电池中，这些特殊结构的构建对于提高电荷分离和转移效率、增强光吸收等都体现了显著作用。

虽然金属基半导体材料作为金属燃料电池的光电阴极被普遍认为能获得较高的能量转换，但半导体催化剂的导带和价带（CB 和 VB）中的光生电子和空穴的寿命必须与 ORR 或 OER 的反应过程兼容，材料选择范围狭窄，有效协调光生电子和空穴的双功能催化剂的研发仍然具有挑战性。近年来，研究人员围绕合成简单、成本低、光吸收宽、波段结构可调的聚合物半导体开展了一系列的研究。2021 年，南开大学李福军教授、陈军院士与康奈尔大学 Lynden A. Archer 教授等课题组[9] 合作设计了一种以 Co^{2+} 为金属节点和四氨基苯醌（TABQ）为有机配体的过渡金属-有机高分子（Co-TABQ）纳米片作为 Li-O_2 电池的光电阴极，其带隙高达 2.2eV。在光照条件下，放电电压达到 3.12V，比热力学极限高出 160mV。此外，聚三联噻吩（pTTh）、聚 1,4-二(2-噻吩基)苯（PBTD）等 P 型半导体材料作为光电极也能加速金属燃料电池的 ORR 过程。李福军教授团队首次研发的聚三噻吩半导体为光电阴极催化剂的 Zn-空气电池，可将光能直接转化为电能。光照后，光生电子在 pTTh 的导带中生成，然后注入 O_2 的 $\pi 2p^*$ 轨道，使其还原为 HO_2^-，HO_2^- 歧化为 OH^-，且驱动阳极 Zn 氧化为 ZnO。在超过 64h 的充放电循环中，放电电压显著增加到 1.78V，没有衰减，在同等条件下，比以 Pt/C 材料作为正极催化剂组装的 Zn-空气电池增加了 29.0%[10]。2020 年，由聚 1,4-二(2-噻吩基)苯（PDTB）和二氧化钛（TiO_2）半导体构建的一种夹心三明治结构材料作为高性能 Zn-空气电池的光电阴极也被此课题组报道：在放电过程中，PDTB 电极受光照产生光生电子进入材料导带，促进 ORR 反应的进行，提升电池的放电电压至 1.90V[11]。

总体来说，代表性的光催化剂包括金属氧化物（WO_3、Fe_2O_3、Cu_2O 和 Co_3O_4 等）、金属硫化物（ZnS、MoS_2、Zn_2S_4 和 In_2S_3 等）、氮化碳（C_3N_4、C_4N 等）、聚合物（pTTh、PBTD 等金属有机聚合物）及其衍生物被广泛报道。到目前为止，各种光辅助金属燃料电池的构建已经取得了重大进展（例如，Li-O_2、Li-CO_2、Zn-空气、Zn-CO_2 和 Al-空气电池）。表 8.1 列出了基于各种光电极的代表性光辅助金属燃料电池的配置和性能。

表 8.1 代表性光辅助金属燃料电池的配置和性能[1]

类型	光电极		电解质	光源	电流密度 /$mA\cdot cm^{-2}$	放电电压 /V	充电电压 /V	循环圈数	参考文献
	光催化剂	集流体							
Li-O_2	TiO_2/N719	Ti网	$LiClO_4$/LiI/DMSO	AM 1.5	0.016	—	2.72	4	[2]
Li-O_2	Defective TiO_2	碳织物	$LiClO_4$/TEGDME	300W Xe 灯	0.02	2.65	2.86	30	[12]
Li-O_2	Fe_2O_3/NiOOH	FTO	LAGP/LiCl/LiOH/H_2O	AM 1.5	0.12	2.64	3.03	150	[13]
Li-O_2	$CeVO_4$@CNT	碳纸	Li[TFSI]/TEGDME	Xe 灯	0.15	2.50	3.48	50	[14]
Li-O_2	C_3N_4	碳纸	$LiClO_4$/TEGDME	400W UV 灯	0.04	3.22	3.38	10	[15]
Li-O_2	$CsPbBr_3$@PCN-333(Fe)	碳纸	Li[TFSI]/TEGDME	—	0.01	3.19	3.44	100	[7]
Li-CO_2	ZnS@CNT	碳纸	Li[TFSI]/SCN	XEF-501S Xe 灯	0.026	—	2.08	50	[16]
Li-CO_2	TiO_2@Ag	Ti纤维	Li[TFSI]/$EMIMBF_4$/PVDF-HFP	400W UV	0.01	2.49	2.86	100	[17]
Li-CO_2	CNT@C_3N_4	CNT 纸	Li[TFSI]/$EMIMBF_4$/PVDF-HFP	350W Xe 灯	0.02	3.24	3.28	100	[18]
Li-CO_2	In_2S_3@CNT/SS	不锈钢网	Li[TFSI]/TEGDME	—	0.01	3.14	3.20	54	[5]
Zn-空气	α-Fe_2O_3	FTO	KOH/Zn(Ac)$_2$	500W Xe 灯	0.50	1.15	1.64	75	[3]
Zn-空气	$NiCo_2S_4$	FTO	KOH/Zn(Ac)$_2$	AM 1.5	0.67	1.32	1.91	230	[19]
Zn-空气	TiO_2@In_2Se_3@Ag_3PO_4	碳纸	KOH/Zn(Ac)$_2$	365nm UV	0.1	1.82	0.64	210	[20]
Zn-空气	PDTB/TiO_2	碳纸	KOH/Zn(Ac)$_2$	365nm UV	—	1.90	0.59	33	[11]
Al-空气	CuO/Cu_2O	FTO	NaOH/海藻酸钙水凝胶	500W Xe 灯	1	—	1.23	—	[21]
Zn-CO_2	Cu_2O/CuCoCr-LDH	FTO	KOH/Zn(Ac)$_2$	300W Xe 灯	0.025	1.22	2.07	55	[22]

8.2.2　磁场辅助金属燃料电池

磁场作为一种跨越物理空间传输能量的技术，基于磁流体动力学（MHD）效应、开尔文力效应、霍尔效应、自旋选择性效应、麦克斯韦应力效应和磁热效应，可以通过促进传质、加速电荷转移和增强电催化剂的活性来提高金属燃料电池的性能[23]。

增加外部均匀磁场的最常见方法是布置尺寸相同但极性相反的永磁体在电池的每一侧。通过永磁体相对于金属燃料电池的方向和距离的变化来调节外磁场的强度和方向，有利于实验室水平的机理研究和性能改进。在阳极/阴极侧放置静态的磁性块体，是最简单、便捷构建磁场的方式。通过改变磁铁的放置方向，即可产生平行或垂直于电池体系的磁场力。据报道，在外加磁场时，电池上的主要作用力/效应是洛伦兹力（FL）。具体来说，在充放电过程中，电池主要依靠电场驱动阳极和阴极之间的离子传输。如果将磁铁放置在电极附近，磁场力传递到电极表面，会导致电池中产生的带电粒子处于磁场之中。当带电粒子在磁场中转移和切割磁线时，电子受到洛伦兹力牵引，使得原来的运动模式改变为圆周状运动。由洛伦兹力引导的圆周状运动可以产生微小的涡旋并引导溶液对流，称为磁流体动力学（MHD）效应。磁场引起的 MHD 效应将增强电解质的离子转移，使得金属阳极表面均匀沉积从而有利于电池性能，大大提高能量效率、容量和循环稳定性 [图 8.5]。

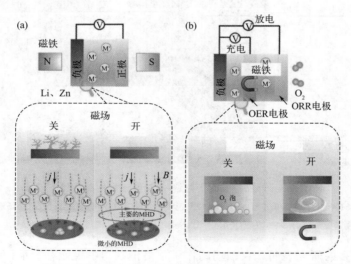

图 8.5　外加磁场对电池可能产生的影响示意图

（a）有和无外磁场的电池负极金属沉积过程；（b）有和无外磁场的气泡运动模式

此外，如图 8.6 所示，Liang 等人[24] 研究了碱性条件下静态磁场对锌阳极的影响。在磁场作用下，由于 MHD 效应的存在，有效抑制 Zn-空气电池中枝晶的生长，获得了表面粗糙度低至 $0.74\mu m$ 的均匀锌沉积物（无磁场的粗糙度高达 $61.46\mu m$）。此外，利用 COMSOL 仿真模拟了碱性电解质中 Zn^{2+} 受磁场影响的力和运动轨迹，证明了磁场作用下枝晶消除现象与磁场诱发的静电现象有关。此种磁场辅助的锌-空气电池展示了优异的电化学稳定性，在 $1mA \cdot cm^{-2}$ 的电流密度下，使用寿命（260h）远高于无磁测试时（100h）。在更大的电流密度下（$10mA \cdot cm^{-2}$），依旧表现出优异的循环性能（高达 200h）。类似地，Lu 等人[25] 发现质量更小、电载量小的 Li^+ 在磁场影响下也存在类似现象。由于 MHD 效应的产生，加速了溶液传质速率，降低了 Li^+ 的浓度梯度，减缓了浓度极化影响的树突型枝晶的生长，从而获得均匀致密的锂沉积层，提升了半电池和全电池的循环寿命和库仑效率。

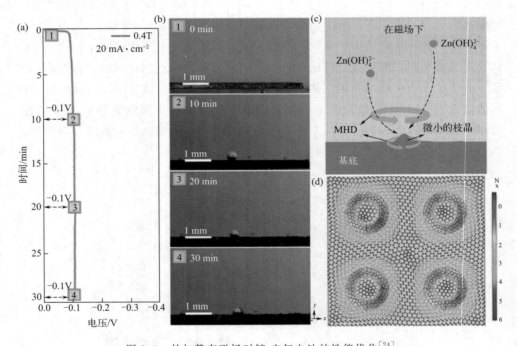

图 8.6　外加静态磁场对锌-空气电池的性能优化[24]

（a）在磁场影响下的锌沉积过程；（b）原位光镜观察不同时间的沉积情况；（c）磁场通过 MHD 效应对锌的影响；（d）COMSOL 仿真计算锌离子受磁场影响的力和轨迹

越来越多的研究表明，在磁场的作用下洛伦兹力不仅能有效地抑制充放电过程中金属阳极枝晶的生长，而且可以改善电催化剂运行的状态。在金属燃料电池的工作运行中，ORR 和 OER 的效率与氧的传质速率密切相关，提高传质速率，有利于充电和放电过程的进行。由于氧还原反应（ORR）是一个复杂的多步骤过程，涉及少量中间体。由于中间体与催化剂表面的过度结合，ORR 通常表现出缓慢的动力学，需要过电位来激活电子和质子转移以形成 H_2O，磁场引起的切向流体速度将有效减小电极表面扩散层厚度。早在 21 世纪初，Wakayama 等人通过在 Pt/C 阴极后面放置永磁体有效地增强了电化学通量，并且由于强磁场对 O_2 的强引力作用，ORR 电流随着磁场强度的增加而增加[26]。同时，磁性催化剂内部的微小磁场也可以在一定程度上提高电极性能，可以促进氧气的传质，增加双电层的电容，降低电荷转移的电阻，调节氧气覆盖率，并提高放电性能。Okada 等人通过在阴极催化剂层中直接插入 Nd/Fe/B 磁性颗粒，对阴极进行磁化，验证了内部磁场对金属燃料电池聚合物电解质中电化学氧还原的影响。根据阴极反应旋转垂直电极实验，Nd/Fe/B 磁铁颗粒可以增加氧的还原电流，提高了电池性能[27]。

类似地，在 OER 过程中，磁场力不仅有效消除了电解质中氧气泡黏附在电极表面的可能性，从而避免了因电阻增加而引起的性能下降[28,29]，还可以通过改变催化反应中催化剂的自旋选择性，包括两种自旋态的相互转化和中间体的自旋翻转，从而建立催化活性与微观结构之间的内在关系，选择最佳反应路径，大大提高 OER 反应效率。以钙钛矿材料中具有 d 轨道的 Co 原子为例，当成功诱导 Co 原子的自旋状态从低过渡态到中值态时，电子填充得到优化，使得材料吸附能降低和本征电导率提高，加速了电子传输，确保了更快的 OER 动力学。在外加磁场中，材料的自旋排列从无序态到有序态的转变，将导致表面能的变化，从而影响反应物的吸附[30]。如图 8.7（a）和（b）所示，Ding 等人[31] 报道一种磁催化 Co 基纳米笼双功能催化剂，只需施加中等（350mT）的磁场，利用电磁感应即可直接增强氧催化活性。外加磁场使 Co 原子被磁化成具有高自旋极化的纳米磁体，促进了氧中间体的吸附和电子转移，显著提高了催化效率。对于 ORR，半波电位增加了 20mV，对于 OER，在 $10mA \cdot cm^{-2}$ 电流密度下的过电位降低了 15mV。如图 8.7（c）和（d）所示，Xu 等人[32] 报道磁场辅助的 NiO/FNi 光电阴极能够在 $Li-O_2$ 电池中表现出优异的 ORR 和 OER 催化活性。得益于洛伦兹力的电荷分离作用，在测试装置外表面施加强度为 5mT 的磁场时，电池能够表现出 96.7％的超高往返效率，在 $0.01mA \cdot cm^{-2}$ 的电流密度下稳定循环超过 120h。新加坡南洋理工大学徐梽川教授团队[33] 通过在磁场作用下对 Co 基 3d 过渡族氧化物自旋极化电子进行调控，实现了 OER 反应效率的迅速提升。研究人员分别对具有铁磁性 $CoFe_2O_4$、反铁磁性 Co_3O_4 和顺磁性商业化的 OER 催化剂 IrO_2 施加磁场前后的 OER 催化性能进行研究，结果表明，在 1 T 的恒定磁场作用下，具有铁磁性的 $CoFe_2O_4$ 样品在碱性环境中的 OER 催化性能明显提高，非铁磁性催化剂 Co_3O_4 和 IrO_2 则基本没有变化。通过实验和理论计算证明，自旋极化电子作用于 OER 反应的第一步电子转移过程，即所吸附的羟基发生了去质子化步骤，主导了三线态 O_2 分子的产生。在不同梯度磁场作用下，铁磁催化剂 $CoFe_2O_4$ 的电流密度随着磁场强度的增加而增加，磁场从 1T 直接降为 0，$CoFe_2O_4$ 的 OER 性能仍保持不变。当利用振荡模式退磁后，$CoFe_2O_4$ 的 OER 性能降低到施加磁场前的初始值，其 Tafel 斜率回到 120mV·dec^{-1}，与无磁场时相同。此外，Fu 等人[34] 在 2023 年提出了一种通过磁场来调控 Fe-N-C 局部自旋态来增强 Zn-空气电池 ORR 反应的策略。通过引入 Fe-N-C 与 Cu-N-C 之间的非键合相互作用来操纵 Fe 中心的晶场，并在催化剂上施加外部磁场以诱导自旋极化。结果表明，在磁场下，此催化剂显示出高 ORR 活性，其半波电位（$E_{1/2}$）为 0.86V。其组装的 Zn-空气电池可提供 170mW·cm^{-2} 的功率密度，远高于无磁场时的运行状态（155mW·cm^{-2}）。

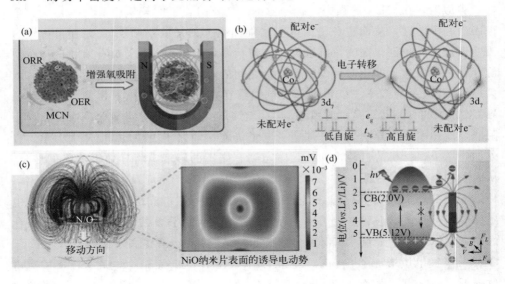

图 8.7　磁场改变催化剂自旋选择性的示例

（a）磁催化钴基纳米笼双功能催化剂构建的 Zn-空气电池机制图；（b）磁催化钴基纳米笼的 3d 电子转移[31]；（c）在磁场影响下 NiO/FNi 光电极的磁化曲线；
（d）NiO/FNi 光电极的价带变化示意图[32]

8.2.3　热场辅助金属燃料电池

除了磁效应，利用材料的电热效应来提升金属燃料电池反应过程中能量的转换，也引起了科学界极大的兴趣。从宏观上来说，热电转换效应意味着热能与电能之间的直接转换，能减少中间过程中不必要的能量损失。

2023 年，Han 等人[35] 基于塞贝克效应（Seebeck effect）设计了一种利用余热提高 Zn-空气电池能源效率的呼吸式空气电极。由于 P 型 $Ca_3Co_4O_9$ 和 N 型 $CaMnO_3$ 半导体复合构建的空气电极具有温度差异，在两种物质间将产生热电流。产生的热电塞贝克电压补偿了部分 OER/ORR 过电位，辅助了 Zn-空气电池中的充放电过程。图 8.8 说明了此种新式热辅助 Zn-空气电池的基本结构和工作机制，它包含物理解耦和串联连接的双空气电极系统。在充电过程中，$Ca_3Co_4O_9$ 表面积累的空穴引起了强烈的氧化反应，加速了 OER 反应，而且将 Co^{3+} 氧化成高价态，以增强其固有的催化活性。在放电反应中，ORR 反应发生在 $CaMnO_3$ 材料的表面。相比传统的多电子转移过程的 ORR 反应，热电效应产生多余的电子可以直接将电解质中的 O_2 还原为 OH^-，使得 ORR 的反应加速。热电产生的空穴通过外部电路迁移到阳极，从而补偿了部分 ORR 过电位。当温度梯度为 200℃时，析氧过电位和还原过电位分别提高了 101mV 和 90mV。呼吸式 Zn-空气电池的能量效率达到了 68.1%。

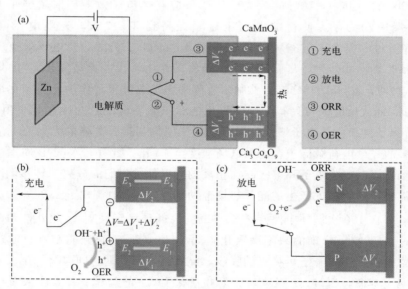

图 8.8　热辅助 Zn-空气电池设计和工作原理[35]

（a）基于塞贝克效应制备的热辅助 Zn-空气电池示意图；（b）充电过程详解；（c）放电过程详解

除传统热电材料外，光热材料也被引入热场辅助的金属燃料电池空气阴极的设计中。光热材料，可以吸收太阳光再将其以热能的形式释放出来，再通过热化学途径直接调节电催化过程。在光化学途径中，光激发的"热"载流子（电子或空穴）可以在光照射下产生，然后参与电催化反应。在热化学途径中，催化剂在光照射下将吸收的光子能量转换为热能，促进了电荷载流子的转移并提高电催化活性。此类应用于热辅助金属燃料电池的光热催化剂应满足以下重要的设计标准以获得优异的催化性能：①具备在整个太阳光谱吸收范围内的强烈光吸收能力和光热转化能力，并且有较小的透射率和反射率；②光吸收剂上产生的热能可通过传热过程使得催化剂表面温度升高，此类材料需要具有良好的热稳定性；③作为ORR 和 OER 反应进行的场所，需要具备丰富的催化活性位点。

当光的频率与导带电子的谐振频率相匹配时，电磁波会在导电材料与介电介质（例如空气或水）之间的界面处引起电子的集体振荡[36]。这种电子振荡可以限制在亚波长结构上，这被称为表面等离子体共振（SPR）。SPR 激发可以导致局部电场的显著增强，并在等离子体结构的表面产生高浓度的高能（热）电子[37]。将具有局域表面等离子体共振效应的 Au、Ag、Ru 和异质掺杂半导体等纳米材料引入催化剂材料中，不仅可以有效提升太阳能利用效率，还可以通过诱导超热电子和空穴转移，使得晶格加热，促进电催化反应。2021 年，具有局部表面等离子体共振的银纳米粒子（Ag NP）材料首次被用于 Li-O_2 电池中作为光热催化剂材料。其中，诱导的等离子体热效应和热电子效应同时增强了 ORR、OER 的反应动力学，使得放电电压显著提高到 3.2174V，充电电压降低到 3.2487V（过电位为 0.0331V），往返效率高达 99%。此外，热电子效应还选择性地激活目标产物转化，从而避免不良产物的产生，大大提高 Ag NP 的催化性能[38]。此外，银（Ag）修饰的钛纳米管阵列正极也被报道作为光热催化剂促进 CO_2 还原/释放反应。与只有光辅助作用的钛纳米管阵列催化剂相比，由于 Ag NP 的等离子体激发热电子增强的局部电场，催化剂具有更强的光电流响应，产生了更多的光生电荷载流子，增强电场强度至 10 倍。此外，Ag NP 周围的局部增强电场可以对光生电子和空穴施加相反的力以促进它们的分离和转移，产生的电荷载流子快速转移。产生的光、热场辅助 Li-CO_2 电池实现了 2.86V 的超低充电电压，并在 100 次循环中保持了 86.9% 的高循环稳定性[17]。此外，等离子体金（Au）纳米粒子修饰的缺陷型氮化碳（Au/N_V-C_3N_4）异质结材料通过等离激元增强效应大幅提升了可见光的吸收，异质结界面处的空间电荷层延长了光生电子和空穴寿命，C_3N_4 的氮缺陷吸附并活化 O_2，光生电子有效注入氧分子反键轨道，提升 ORR 反应动力学，促进放电产物 Li_2O_2 的生成。改进后 Li-O_2 电池的放电电压提高到 3.16V，远超过无金纳米粒子修饰的对比组的平衡电压 200mV[39]。除此之外，基于热辅助的金属燃料电池还被报道能实现超低温下的工况运行。如图 8.9 所示，Zhou 等人[40] 报道了一种组装紧密堆积的单层等离子体钌（Ru）与碳复合的催化剂，可以有效地吸收广泛的太阳光（>95%，200~2500nm）并将其转化为热能，为空气阴极-固态电解质-锂阳极的界面处直接提供了热量。光照诱导阴极温度在 400s 内从 −73℃ 升高到 20℃，电阻从约 $10^5\,\Omega\cdot cm^2$ 减小到约 $10^3\,\Omega\cdot cm^2$，实现了有效的电荷存储和传输，克服了极低温工况下的容量和功率损失多的技术难题。此种热辅助的固态 Li-空气电池，在 −73℃ 的极冷温度和 $400mA\cdot g^{-1}$ 的电流密度下稳定运行 15 次，其容量极限值为 $1000mA\cdot h\cdot g^{-1}$（全放电/充电容量约 $3600mA\cdot h\cdot g^{-1}$）。

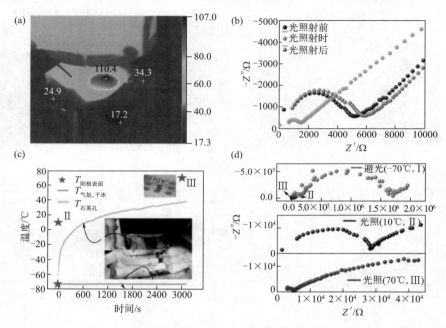

图 8.9　基于单层等离子体 Ru 与碳复合催化剂构建的光热辅助固态 Li-空气电池的工作状态[40]
(a) 光照下 Li-空气电池的室温红外图；(b) 在室温光照下的电池的阻抗（EIS）曲线；
(c) 电池在 −73℃ 下的温度变化曲线；(d) 在 −73℃ 下电池的 EIS 曲线

8.2.4　声场辅助金属燃料电池

2013 年，超声技术首次应用于碱性 $Zn-MnO_2$ 电池来增强电池性能[41]。通过将密封良好的电池放入超声波清洗机/超声波仪中，简易、快速地实现超声波辅助电池。超声波能量的强度和持续时间可以通过控制频率、占空比（超声波振动开启和关闭的时间之比）和超声波功率来调节，超声波清洗器/超声波仪的工作频率通常控制在 20~40kHz 范围内[26,41]。超声波在电化学中的应用可以诱导三种不同的机制，包括声流、声空化和微射流/冲击波的形成，以影响液体的流动[26,42]。2022 年，Tang 等人提出了采用 Co_3O_4 纳米化材料作为催化剂材料，研究了 $Li-O_2$ 电池的超声干预充电机理[43]。如图 8.10 所示，在外加超声作用

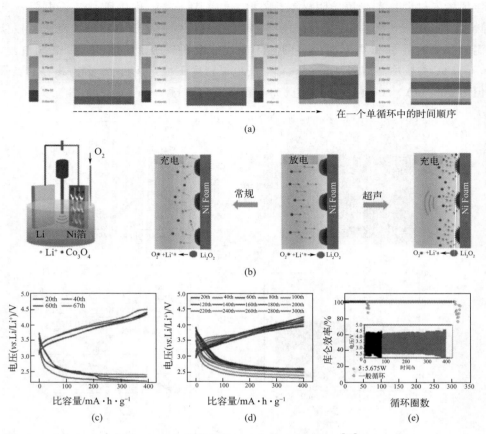

图 8.10　超声辅助的 Li-O$_2$ 电池的机制图[43]

（a）超声振动体模拟的分布图；（b）电极表面超声波充电机理示意图；（c）无超声时电池充放电曲线；

（d）超声场下电池充放电曲线；（e）正常充电和超声充电的相应库仑效率

下，Li-O$_2$ 电池充电电位明显降低，且抑制效果随超声波条件的变化而显著变化，证实超声波充电的引入有效改善了电极的电化学反应。同时，间歇性施加超声充电可以有效抑制 Li-O$_2$ 电池在循环过程中的过电位升高，使得电池在超声波充电过程中表现出较低的过电位。在 400mA·h·g^{-1} 的比容量和 800mA·g^{-1} 的电流密度下，Li-O$_2$ 电池的充电电位仅为 4.15～4.2V，循环寿命可达 321h。在非超声环境下，电池的充电电位保持在 4.25V 左右，循环寿命仅为 64h。通过非原位 SEM 和理论模拟结果阐明，超声波充电处理有助于电池内部的均匀传质，从而降低电极表面 Li$^+$ 和 O$_2$ 的浓差极化，使催化剂的活性位点得到有效暴露，改善反应动力学，促进 Li-O$_2$ 电池放电产物的快速分解。即使对于一些不可逆的副产物，超声波充电亦有助于减少它们的积累并保护催化剂的活性。此外，声场的加入也被证明可作为激活催化剂本征活性的有效手段。2023 年，研究人员发现在超声波存在的条件下压电材料将产生极化电场和内置电场，内置电场产生的压电势会导致能带偏移，压电材料的肖特基势垒降低，从而促进电子和空穴的转移，可在 Li-CO$_2$ 电池的充电和放电过程中加速中间产物的形成和分解[44]。虽然利用超声波能量为提高电池性能提供了新的方向，然而，该技术存在一个明显的缺点，即高输入超声波功率增加了能源消耗，降低了声场辅助金属燃料电池中的实际可行性。其次，短时间的超声波振动可能无法有效地促进电池中的扩散，但长时间的高输入功率超声波可能会导致电池温度升高和强烈声波搅动引起的电解质侵蚀。为了使这种声场辅助的潜力发挥并使其更具竞争力，研究人员需要调查和了解电池的温度变化和材料兼容性。

8.2.5　其他类型杂化电池

由于 ORR 和 OER 在碱性条件下严苛的使用条件和缓慢的动力学，研究人员提出了构建新型的氧化还原耦合电对去取代传统的 ORR/OER 反应驱动的金属燃料电池。与传统的金属燃料电池相比，这种多种氧化还原耦合电对驱动的电池可用于各种环境，包括厌氧、中性或者微酸条件。而且，催化剂材料不仅存在高活性双功能 ORR/OER 活性位点，而且通过互补效应显著提高了电池的能源效率和循环寿命[45]。Fu 等人利用泡沫铜集流体产生的 Cu$^+$/Cu^{2+} 电对构建了一种基于多电对耦合的 Zn-Cu/Ni/空气杂化电池体系提高混合动力电池的能量效率和稳定性。Cu 泡沫集流体原位生成 Cu$^+$/Cu^{2+} 氧化还原对，在表面构建 NiFe-LDH 纳米片，最大限度地保留集流体的导电性，不仅可以提高电池效率，还可以增强电池的防潮性和稳定性，确保电池在恶劣环境下持续运行。图 8.11（a）为恒流充放电-电压分布图，新型电池具有更低的充电平台和更小的电压间隙。在 10mA·cm^{-2} 下初始充放电电压差约为 0.68V，可以明显观察到后续电池运行的两个电压平台。值得注意的是，混合动力电池的两段放电平台和两段充电平台，大大地提高了能效。Zn-Cu/Ni/空气杂化电池运行过程如下：如图 8.11（c）所示，过程 I 为杂化电池的首次放电过程，平台电压为 1.27V，对应 Co-N-C 位点的 ORR 反应。过程 II 是从 Cu-O-Co 到 Cu-O 和 Ni-O 到 Ni-O-O-H 的转化过程，得到 1.8～1.9V 的充电平台。过程 III 的充电平台电压约为 1.95V，归因于 Cu$_x$O@NiFe-LDH 优异的 OER 性能。过程 IV 是 II 的可逆反应，经历了从 Cu-O 到 Cu-O-Cu 和 Ni-O-O-H 到 Ni-O 的转变，最终可以观察到约 1.7V 的放电平台。此外，从图 8.11（b）的 CV 曲线可以看出，Cu$_x$O@NiFe-LDH 电池的氧化还原峰位于 CC@NiFe-LDH 和 Cu@CuO 之间。这表明，此种新型杂化材料通过降低 II 过程的平台电压，提高 IV 过程的平台电压，从而提高电池整体能量效率。Ⅴ过程的第二次放电是 Co-N-C 引起的 ORR 过程，与过程Ⅰ一样，Ⅱ～Ⅴ反应过程在随后的充放电循环中无限重复。如图 8.11（d）所示，传统 Zn-空气电池的放电和充电是由 ORR 和 OER 反应控制。相比之下，此类混合动力电池多了一个源自 Zn-Cu/Ni 电池的充放电平台，因此 OER/ORR 产生的充放电平台更短。低充电平台减少了不良反应，提高了电极的稳定性。与传统 Zn-空气电池（1.21V、1.98V 和 61.2%）相比，混合电池的平均放电电压提高了 1.46V，平均充电电压降低了 1.88V，能效提高了 79.2%[46]。在 2022 年，Wang 等人[47]基于乙醇氧化（EOR）替代 OER 的创新策略，提出了一种"锌醇空气电池"的全新体系，在较小的充放电窗口内实现了超长时间的稳定工作。相较于传统 OER 过程，乙醇氧化反应进行的电势低得多。因此，混合的系统能够通过释放乙醇的化学能补偿水分解的能量消耗，进而全面提升电池的效率与效益。此外，乙醇不仅具有安全无毒、来源广泛、廉价易得的特性，而且通过在碱性介质中乙醇的选择性氧化，还可以生产乙酸酯、乙酸盐等精细化工产物，达到增值的目的。首次报道的"锌醇空气电池"创新体系，实现超过 300mV 的充电电压降低，且稳定循环工作时间延长至 100h 以上。

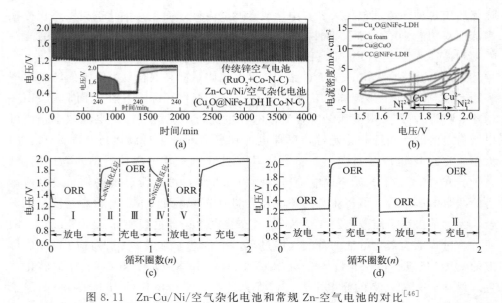

图 8.11　Zn-Cu/Ni/空气杂化电池和常规 Zn-空气电池的对比[46]

（a）恒流充放电-电压图；（b）不同空气正极组成的 Zn-空气电池的 CV 曲线；（c）Zn-Cu/Ni/空气杂化电池的恒流充放电-电压分布图；（d）传统型 Zn-空气电池的恒流充放电-电压分布图

　　此外，利用压电材料的压电效应产生的电子和空穴用于加速氧还原和氧析出反应动力学，近年来也略有研究。徐吉静教授团队[48]将典型的压电材料钛酸钡

（BaTiO$_3$，BTO）引入到 Li-O$_2$ 电池空气阴极中，将 Li-O$_2$ 电池固体放电产物 Li$_2$O$_2$ 的生长和分解过程中产生的电池内应力作为微观压力源，诱导空气正极中压电材料的压电效应以促进电极反应动力学，构筑了具有高能量转化效率和长寿命的力场辅助 Li-O$_2$ 电池新体系。类似地，Bi$_{0.5}$Na$_{0.5}$TiO$_3$ 纳米棒压电材料也被报道能作为压电效应辅助的 Li-CO$_2$ 电池正极催化剂。压电正极在超声力作用下产生的高能电子和空穴可以有效增强二氧化碳还原反应（CDRR）和二氧化碳析出反应（CDER）动力学，从而降低充放电过程中的过电位。此外，通过压电阴极密集的表面电子可以修饰放电产物（Li$_2$CO$_3$）的形貌，从而促进 Li$_2$CO$_3$ 在充电过程中的分解动力学。此种压电辅助 Li-CO$_2$ 电池提供了 3.52V 的超低充电平台，并具有优异的循环稳定性（循环 100h 后充电平台为 3.42V)[44]。

8.3
流体辅助金属燃料电池

　　传统的金属燃料电池通常由金属阳极、浸泡在电解质中的隔膜和用于催化氧还原和析出反应（ORR/OER）的空气正极组成。由于传统的静态金属燃料电池采用有限的电解质，因此当电池连续工作时，不可能完全克服金属阳极和空气阴极表面的不溶性副产物沉积，从而将导致电极孔的不规则阻塞并限制空气扩散。除了致力于开发双功能电催化剂以促进缓慢的 ORR 和 OER 反应外，另一个主要挑战是金属阳极在循环过程中的不均匀电化学溶解和沉积，这是诱导枝晶形成和形状变化的主要因素。阳极在金属燃料静态电池中固有的析氢、枝晶生长、形状变化、钝化和自放电等问题阻碍了其在一次电池和二次电池中的商业应用。将高比能金属燃料电池与循环性流体电池的概念结合，不仅可以发挥金属燃料电池的内在优势，还能解决以上实用难题，被认为大规模储能技术的探索路线之一。这主要可以通过两种途径实现：一种是以金属和金属离子的形式循环流动正极氧化还原活性材料 [图 8.12 (a)]；另一种是循环流动电解质溶液 [图 8.12 (b)]。在前者中，气体扩散电极代替传统液流电池中的正极电解质，单个电解质罐的总体积减小了一半，提升了储能体系的能量密度。在后者中，流动电解质不仅可以提高金属阳极的利用率，还可以消除其中产生的副反应和副产物，表现出高能量/功率输出和长循环寿命的电化学特性。

　　具体来说，在循环电解质的 Li-空气液流电池中，放电产物集中储存在循环电解质中，而不是沉积在催化剂表面。此种电池，由电化学反应单元和电解质罐单元组成。通过解耦阴极的多种功能，将电化学反应和放电产物的储存分开，从

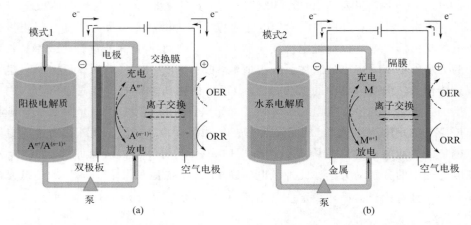

图 8.12　具有两种不同设计的流体辅助金属燃料电池的对比[49]

（a）循环活性材料；（b）循环电解质

而防止正极表面的孔隙堵塞和钝化。南京大学周豪慎教授团队[50]在 2010 年发明了一种在阳极侧为有机电解质，在阴极侧为流动水系电解质的混合 Li-空气电池，其中包含两个亚单元：一个能量转换单元和一个产品回收单元。在能量转换单元中，有机电解质中使用锂阳极作为燃料，多孔催化空气阴极的催化层与水接触，其气体扩散层面向空气。有机电解质和水电解质用陶瓷锂超离子导体 LISI-CON 板 $[Li_{1+x+y}(Al,Y)_x(Ti,Ge)_{2-x}Si_y P_{3-y}O_{12}]$ 分离。多孔空气电极以 Mn_3O_4/C 复合材料作为催化层和气体扩散层。然而，虽然水性电解质可以渗透到空气电极的孔隙中，以提供足够的锂离子和溶解氧，但水分的蒸发和 CO_2 在大气中长期运行会严重损害性能。此外，LISICON 板的化学和机械不稳定性仍然是此种混合 Li-空气电池的固有缺点。因此，非水系的 Li-空气电池因为其具有高沸点的非质子有机电解质和相对简单的电池结构而受到广泛关注。非质子有机电解质的成分通常包括有机溶剂、锂盐和添加剂。然而，碳酸盐基电解质容易受到氧自由基物种的攻击将导致有机溶剂的分解。不溶性 Li_2O_2 中间产物的生成将堵塞空气电极，在大规模使用上仍然存在一些障碍。2016 年，Soavi 等人[51]提出全新的概念——非水体系的半固态 TEGDME-Li[TFSI]电解质流动 Li-O_2电池。所提出的此种半固态流动 Li-O_2 电池具有以下优点：①反应体系中不需要昂贵的催化剂或介质；②半固态正极电解质中的碳渗流网络增加了催化活性位点和面积，有利于高实际功率密度；③ORR 发生在分散碳材料上，有利于高能量输出，并可以进行电化学再氧化，从而减少用于回收排放产品的任何外部罐的体积。

除半固态金属燃料电池之外，以可溶解在电解质的氧化还原介质（redox

mediators，RM）作为流体辅助 Li-空气氧化还原液流电池的催化剂辅助介质也被报道。如图 8.13 所示，在电解质中存在一对氧化还原介质的情况下，此种直接储存在气体扩散槽（GDT）中的可溶性媒介物质可以加速 ORR 和 OER 催化过程。在放电过程中，氧化还原介质（RM1）在阴极侧被还原，无须附着在催化剂表面，然后在气体扩散槽中被 O_2 氧化。该过程形成不溶性 Li_2O_2 中间沉积在气体扩散槽的多孔基质中，而不是正极表面，从而消除了 Li_2O_2 产物生成引起的表面钝化和孔堵塞。在充电过程中，另一种氧化还原介质（RM2）被 Li_2O_2 氧化还原。本质上，氧化还原介质的使用将电化学沉积/分解 Li_2O_2 转化为化学反应，氧化还原介质的电化学还原/氧化电位更接近理论电位 2.96V，而不是生成 Li_2O_2 的电位。这不仅实现了低过电位，还减轻了 ORR/OER 反应的不稳定性。综上所述，一种高效的催化氧化还原介质应满足以下要求：①在电解质/溶剂中可溶且具有足够的扩散系数，以确保其能够在短时间内到达更多的反应区域，并实现快速的氧化还原反应动力学；②具有高稳定性，能承受 O_2^-、LiO_2、Li_2O_2 等活性还原氧物质的攻击，并与电池内其他组分兼容；③其氧化还原反应必须完全可逆；④其氧化还原对电位必须介于电化学反应的理论电位和实际电位之间。至今，已被报道的氧化还原介质可分为三类：有机类、金属基络合物类、无机类。

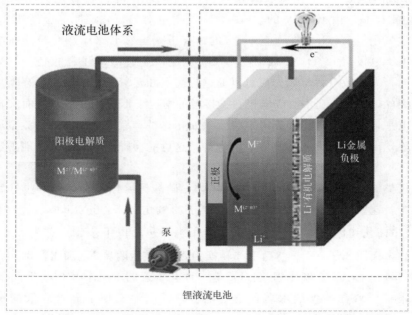

图 8.13　氧化还原介质参与的金属燃料液流电池示意图[52]

有机类氧化还原介质，如四硫富瓦烯（TTF）、2,2,6,6-四甲基哌啶氧基（TEMPO）、10-甲基-10H-吩噻嗪（MPT）、三[4-(二乙氨基)苯基]胺（TDPA）和二甲基吩嗪（DMPZ）是一类具有双键和/或芳香性的分子，它们通过在非共价结构上交换电子来进行氧化还原反应，显示出相对较低的充电过电位和较长的寿命。尽管大多数有机氧化还原介质在非质子电解质中具有良好的溶解度，但一些大尺寸的氧化还原介质具有低迁移率，导致其动力学缓慢。通过分子结构设计，将长烃链和支链烃链灵活取代来调节分子的溶解度，或者通过官能团替换操纵氧化还原介质的最高占据分子轨道和最低未占据分子轨道，从而影响其氧化电位，是最大限度提高 Li-O$_2$ 电池能量效率的改进方式[53]。同时，此类有机类氧化还原介质在水系的 Zn-空气液流电池中也有报道。2021 年，研究报道了蒽醌-2,7-二磺酸二钠（AQDS）作为 RM 促进可充电 Zn-空气液流电池放电过程中的 2e$^-$ ORR 反应，使得其在高 pH 值条件下具有快的反应动力学[54]。

有机金属氧化还原介质，是由芳香族有机配体和稳定的中心过渡金属离子（M）组成，其中 M 通常分别代表 Co、Zn、Mn、Cu 或 Fe，有机配体分别代表双（三联吡啶）、四苯基卟啉（TPP）或酞菁（Pc）。由于快速的电子转移和有机配体赋予的增溶/稳定特性，过渡金属络合物被认为是合适的 OER 氧化还原介质。运行中，通过改变活性金属阳离子的价态来进行氧化还原反应。2014 年初，Goodenough 等人[55] 首次将酞菁铁（FePc）作为有机金属氧化还原介质引入 Li-O$_2$ 电池体系。由于 FePc 的 "Fe^{3+}/Fe^{2+}" 电对的氧化还原电位高达 3.65V，直接化学氧化了 Li$_2$O$_2$。在没有 FePc 的情况下，虽然 Li$_2$O$_2$ 颗粒悬浮在电解质中，但由于电极与 Li$_2$O$_2$ 接触不良，没有电流产生。值得注意的是，与有机类介质不同，大多数有机金属介质可以通过提高氧和锂氧化物的溶解度来增加放电容量。因此，Li$_2$O$_2$ 在不与碳电极直接接触的情况下形成和分解，从而实现了平坦的放电平台和相对稳定的充电电位。然而，这种具有大环配体的过渡金属配合物通常表现出扩散稍慢和溶解性差的劣势，这可能会降低电池的倍率能力和功率密度。

无机类氧化还原介质一般包括卤化物、硝酸锂（LiNO$_3$）和一些过渡金属盐。通常，这些试剂通过改变活性中心离子的氧化态来促进 Li$_2$O$_2$ 的分解。Li-O$_2$ 电池中卤化物作为氧化还原介质的操作机理包括以下步骤。首先，X$^-$ 被氧化成一种多卤阴离子 X$_3^-$。然后 X$_3^-$ 转换为 X$_2$，最后两者 X$_2$ 和 X$_3^-$ 都从正极表面扩散，氧化 Li$_2$O$_2$。碘化锂（LiI）是一种有争议的 RM，由 Lim 等人于 2014 年首次报道。结合多级纳米多孔空气电极，该电池实现了显著降低的过电位（0.25V）和高循环稳定性（>900 次循环）。值得注意的是，即使电流密度高出 30 倍，电流极化也没有急剧增加[56]。尽管 LiI 在许多报道中确实促进了电池性能，但其催化机理仍存在争议，主要集中在放电产物和特定的催化活性物种上。与 LiI 相比，溴化锂（LiBr）具有相似的操作机理，但氧化还原电位高达 3.5V，可以在高电位下抑制充电副反应。由于不易受到 ORR 中间体的亲核攻击，LiBr 比 LiI 更稳定[57]。此外，$LiNO_3$ 作为阳极的固体电解质界面（SEI）稳定剂，也已被证明可以介导 Li_2O_2 氧化。与卤化物不同，$LiNO_3$ 中的氧化还原对是阴离子基团 NO_2^-/NO_2，由 Li 负极还原的 $LiNO_3$ 产生[58]。

在所有金属燃料电池中，Zn-空气电池是最受欢迎的商业化技术之一，它主要源于锌金属的优势，包括高容量、低成本、地球丰富、环保和不易燃。尽管 Zn-空气液流电池非常有前途，但目前仍然存在一些问题。首先，水稳定电压窗口较窄，Zn-空气液流电池表现出 1.2V 的较低放电电压，这进一步导致低功率密度。除此之外，充电过程中阴极缓慢的四电子析氧反应将导致大约 2V 的较高充电电压，这进一步导致电池能量效率仅约 60%。充电过程中（尤其是快速充电）严重的枝晶生长，将导致电池短路。这些问题阻碍了 Zn-空气液流电池在规模储能中的应用推广。与静态的锌-空气电池相比，使用带金属锌的流动浆料和锌离子电解质溶液具有突出的优势，比如可以有效抑制枝晶生长、减轻表面钝化、增强阳极反应动力学以及为可能的副产物沉积留有较大的空间。2009 年，Pan 等人[59] 提出了一种锌空气碱性 $Zn-K_2[Zn(OH)_4]-O_2$ 液流电池。其中以电沉积锌为负极，氧为高容量正极活性物质，电池的工作过程只依赖于单一电解质溶液在单一泵辅助下的循环，不需要阳离子膜。新设计的复合氧电极双催化层分别以纳米结构 $Ni(OH)_2$ 和掺杂 $NaBiO_3$ 的电解 MnO_2 分别作为高效的析氧和还原催化剂。电池测试结果表明，150 次循环平均库仑效率为 97.4%，能量效率为 72.2%，达到了较高的效率。虽然循环电解质缓解了锌电极的枝晶生长和阳极钝化，但在充电过程中，流动的碱性锌酸盐溶液还原形成了不致密的海绵状或苔藓状的锌，导致了容量损失和短路。研究表明，在流动的碱性锌酸盐溶液中加入 Pb^{2+} 和 WO_3^- 等添加剂将诱导形成更均匀和致密的 Zn 沉积层，从而提升电池实际使用寿命[60]。此外，Shao 和 Ni 等人[61] 从工程设计的角度出发，为规模储能的 Zn-空气液流电池设计了一款新型耦合串联结构。相比于传统的 Zn-空气液流电池，新结构由锌阳极、双极膜、两个独立的空气正极（一个用于充电反应，另一个用于放电反应）、两个电解质罐（一个用于碱性电解质，另一个用于酸性电解质）和三个腔室（室 1 和 2 用于碱性电解质，室 3 用于酸性电解质）组成（如图 8.14 所示）。其中，双极膜将两个腔室（室 2 和 3）隔开并避免反应过程中的酸碱中和。在运行期间有两个工作模式，即高压放电模式和低压快充模式。在高压放电过程中，碱性液从负极液罐泵送到室 2，酸性液从正极液泵送到室 3。由于空气电极放置在酸性环境中，因此电池可以提供更高的电压。在低压充电过程中，带有反应改性剂的 KI 碱性电解质通过阀门切换到腔室 1，而酸性阴极液则从室 3 中卸载。由于 IOR（碘氧化反应）的电位较低，动力学较快，降低了电池充电电压。在电池运行期间，泵只在模式改变时重新启动。放充电模式可快速切换，保障电网稳定运行。其中解耦的酸碱电解质将放电电压提高到约 1.8V，反应改性剂 KI 将充电电压降低到约 1.8V。该新型电池的放电持续时间超过 4h，功率密度高达 $178mW \cdot cm^{-2}$（比传统锌-空气液流电池高出约 76%），能量效率接近 100%。此外，由于其具有出色的快速充电能力，减缓了锌枝晶的生长和寄生析氢，使得此种解耦储能体系具有良好的抗环境干扰能力。

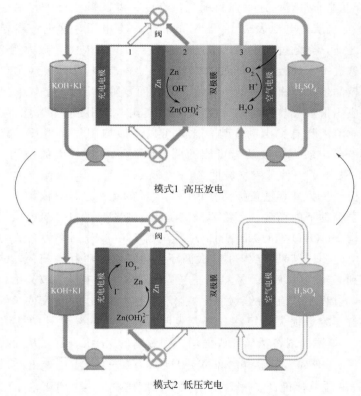

图 8.14　新型 Zn-空气液流电池示意图[61]

　　然而，尽管此类流体辅助的金属燃料电池在实验室层面取得了初步努力和成就，但迫切需要鼓励基础和应用研究，以广泛实施和行业接受这种潜在的储能应用技术。幸运的是，目前已有公司聚焦对于 Zn-空气液流电池的大规模商业范围研发和应用，如加拿大 Zinc8 公司和美国 EOS 公司具有代表性。以加拿大 Zinc8 公司的技术为例，如图 8.15 所示，设计了一种解耦充放电系统。在此系统中，锌金属微颗粒储存在中间储液罐的氢氧化钾溶液里。放电时，将其泵入到右边的氧化装置里，与空气发生反应产生电流生成的氧化锌回到中间液罐进行储存。当充电时，泵入到左侧的还原装置内，将氧化锌电解成氧气与锌金属微颗粒，如此反复进行充放电。其中，增加储液罐的尺寸和补充锌燃料的数量即可调整整个锌-空气电池储能器件性能，能提供 20kW～50MW 范围内的电力。Zinc8 对外宣称，其锌空气液流电池的循环寿命可达 20000 次以上，能量效率为 65%，EOS 则宣称其产品循环寿命可达 5000 次，能量效率可达 65%～75%。据 Zinc8 官网和 EOS 公司最近签订的合同数据，其 4h 长时储能的成本分别约为 2000 元/(kW·h) 和 1100 元/(kW·h)。

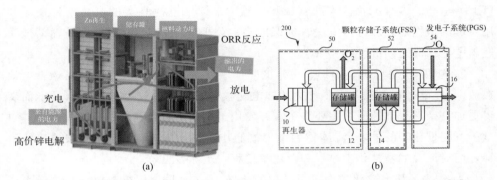

图 8.15　ZINC 8 公司设计的锌-空气杂化流体电池（图片来自 Zinc8 公司官网）[62]

(a) 电池示意图；(b) 内部解耦充放电系统

8.4
总结与展望

　　尽管外加能量场对金属燃料电池性能改善的研究已在理论和实验中得到证实，但目前在金属燃料电池中的应用仍面临诸多挑战，需要进一步努力实现高能效和长期耐用性。辅助金属燃料电池的设计仍然是一项具有挑战性的任务，需要解决的一些主要问题包括稳定性、耐久性、高效电子传输、利用效率和成本控制等，特别是以下几方面：

　　① 外场辅助金属燃料电池仍处于概念阶段，需要付出巨大的努力才能满足实际性能要求。首先，大多数报告的电池器件的倍率性能差和使用寿命短。以光辅助金属燃料电池为例，由于光催化剂的光吸收有限，载流子复合严重，电催化活性差，而光催化剂与集流体之间的巨大界面电阻进一步加剧了这一问题。合理的催化剂结构（例如，光催化剂的形貌和能带结构，光催化剂与集流体之间的界

面）对于有效的电荷转移和分离至关重要。其次，大多数电池仅表现出明显的充电或放电过电位降低，但对另一种过程的增强有限，必须开发催化剂以同时促进放电和充电过程或将两种催化剂合理地集成到一个空气阴极接触界面中。必须开发相应的催化剂以同时促进放电和充电过程，但这将导致复杂的配置和操作。

② 由于缺乏标准化的测量条件和方法，很难比较各类杂化电池性能，因此亟须建立统一和公平的评估标准，比如使用标准化光源、磁源、热源等。在外场辅助金属燃料电池测试期间测量并记录环境温度和湿度，因为这些参数可能会影响电池的性能。采用标准的电性能测试方法，如极化曲线、电化学阻抗谱（EIS）分析、线性扫描伏安法（LSV）等，来评估电池真实的电化学性能。利用统一的数据处理和分析方法，确保准确、公平地比较不同外场/流体辅助金属燃料电池样品之间的性能。

③ 外场/流体辅助金属燃料电池的工作原理尚未明确。可充电金属燃料电池在放电/充电过程中涉及多步骤化学和电化学过程，这些过程随着外部环境而变得更加复杂。目前的研究主要集中在开发用于金属燃料电池的新型催化剂，并对基于不同催化剂的外场/流体辅助金属燃料电池的放电/充电过程提供类似的解释，但对涉及的基本化学过程和电化学过程缺乏深入见解。

④ 未来的研究应该致力于更实用的外场/流体辅助金属燃料电池。降低生产成本对于实际应用至关重要，通过利用可持续的试剂/材料、优化电池配置和简化制造过程来实现，同时仍需保持良好的电池性能。为了满足可穿戴电子产品的要求，未来的电池除了具有良好的电化学性能外，还应具有安全、轻便、灵活和便宜的特点。准固体或全固体电解质优于液体电解质，因为后者在开放式金属燃料电池中容易挥发和泄漏。

目前，构建高效可充电外场/流体辅助金属燃料电池已被证明具有巨大潜力。总的来说，尽管各类外场杂化的高效可充电外场/流体辅助金属燃料电池的研究仍处于早期阶段，但相信随着技术的不断发展和完善，以及各个领域科研人员的共同努力，这种新型电池技术在未来将有更广泛的应用和进一步发展。

参考文献

[1] Li J，Zhang K，Wang B，et al. Light-assisted Metal-air Batteries：Progress，Challenges，and Perspectives [J]. Angewandte Chemie International Edition，2022，61（51）：e202213026.

[2] Yu M，Ren X，Ma L，et al. Integrating a Redox-coupled Dye-sensitized Photoelectrode into a Lithium-oxygen Battery for Photoassisted Charging [J]. Nature Communications，2014，5（1）：5111.

[3] Liu X，Yuan Y，Liu J，et al. Utilizing Solar Energy to Improve the Oxygen Evolution

Reaction Kinetics in Zinc-air Battery [J]. Nature Communications，2019，10 (1)：4767.

[4] Qiao Y，Liu Y，Jiang K，et al. Boosting The Cycle Life of Aprotic Li-O_2 Batteries Via a Photo-assisted Hybrid Li_2O_2-scavenging Strategy [J]. Small Methods，2018，2 (2)：1700284.

[5] Guan D H，Wang X X，Li M L，et al. Light/Electricity Energy Conversion and Storage for a Hierarchical Porous In_2S_3@cnt/ss Cathode towards a Flexible Li-CO_2 Battery [J]. Angewandte Chemie International Edition，2020，59 (44)：19518-19524.

[6] Kong L，Ruan Q，Qiao J，et al. Realizing Unassisted Photo-Charging of Zinc-Air Batteries by Anisotropic Charge Separation in Photoelectrodes [J]. Advanced Materials，2023，35 (46)：2304669.

[7] Qiao G Y，Guan D，Yuan S，et al. Perovskite Quantum Dots Encapsulated in a Mesoporous Metal-organic Framework as Synergistic Photocathode Materials [J]. Journal of the American Chemical Society，2021，143 (35)：14253-14260.

[8] Li M，Wang X，Li F，et al. A Bifunctional Photo-Assisted Li-O_2 Battery Based on a Hierarchical Heterostructured Cathode [J]. Advanced Materials，2020，32 (34)：1907098.

[9] Lv Q，Zhu Z，Zhao S，et al. Semiconducting Metal-organic Polymer Nanosheets for a Photoinvolved Li-O_2 Battery Under Visible Light [J]. Journal of the American Chemical Society，2021，143 (4)：1941-1947.

[10] Zhu D，Zhao Q，Fan G，et al. Photoinduced Oxygen Reduction Reaction Boosts the Output Voltage of a Zinc-Air Battery [J]. Angewandte Chemie International Edition，2019，58 (36)：12460-12464.

[11] Du D，Zhao S，Zhu Z，et al. Photo-excited Oxygen Reduction and Oxygen Evolution Reactions Enable a High-Performance Zn-air Battery [J]. Angewandte Chemie International Edition，2020，59 (41)：18140-18144.

[12] Gong H，Wang T，Xue H，et al. Photo-enhanced Lithium Oxygen Batteries with Defective Titanium Oxide as Both Photo-Anode and Air Electrode [J]. Energy Storage Materials，2018，13：49-56.

[13] Gong H，Xue H，Gao B，et al. Solar-enhanced hybrid lithium-oxygen batteries with a low voltage and superior long-life stability [J]. Chemical Communications，2020，56 (88)：13642-13645.

[14] Li D，Lang X，Guo Y，et al. A photo-assisted electrocatalyst coupled with superoxide suppression for high performance Li-O_2 batteries [J]. Nano Energy，2021，85：105966.

[15] Zhu Z，Shi X，Fan G，et al. Photo-energy Conversion and Storage in an Aprotic Li-O_2 Battery [J]. Angewandte Chemie International Edition，2019，58 (52)：19021-19026.

[16] Liu Y，Yi J，Qiao Y，et al. Solar-driven Efficient Li_2O_2 Oxidation in Solid-state Li-ion O_2 Batteries [J]. Energy Storage Materials，2018，11：170-175.

[17] Zhang K，Li J，Zhai W，et al. Boosting Cycling Stability and Rate Capability of Li-CO_2 Batteries via Synergistic Photoelectric Effect and Plasmonic Interaction [J]. Angewandte Chemie International Edition，2022，61 (17)：e202201718.

[18] Li J，Zhang K，Zhao Y，et al. High-efficiency and Stable Li-CO_2 Battery Enabled by

Carbon Nanotube/Carbon Nitride Heterostructured Photocathode [J]. Angewandte Chemie International Edition, 2022, 61 (4): e202114612.

[19] Lv J, Abbas S C, Huang Y, et al. A Photo-responsive Bifunctional Electrocatalyst for Oxygen Reduction and Evolution Reactions [J]. Nano Energy, 2018, 43: 130-137.

[20] Feng H, Zhang C, Liu Z, et al. A Light-activated $TiO_2@In_2Se_3@Ag_3PO_4$ Cathode for High-performance Zn-air Batteries [J]. Chemical Engineering Journal, 2022, 434: 134650.

[21] Hou X, Zhang Y, Cui C, et al. Photo-assisted Al-air Batteries Based on Gel-state Electrolyte [J]. Journal of Power Sources, 2022, 533: 231377.

[22] Liu X, Tao S, Zhang J, et al. Ultrathin P-N Type Cu_2O/Cucocr-layered Double Hydroxide Heterojunction Nanosheets for Photo-Assisted Aqueous $Zn-CO_2$ Batteries [J]. Journal of Materials Chemistry A, 2021, 9 (46): 26061-26068.

[23] Wang H, Wang K, Zuo Y, et al. Magnetoelectric Coupling for Metal-Air Batteries [J]. Advanced Functional Materials, 2023, 33 (5): 2210127.

[24] Liang P, Li Q, Chen L, et al. The Magnetohydrodynamic Effect Enables a Dendrite-free Zn Anode in Alkaline Electrolytes [J]. Journal of Materials Chemistry A, 2022, 10 (22): 11971-11979.

[25] Shen K, Wang Z, Bi X, et al. Magnetic Field-suppressed Lithium Dendrite Growth for Stable Lithium-metal Batteries [J]. Advanced Energy Materials, 2019, 9 (20): 1900260.

[26] Wang W, Lu Y C. External Field-assisted Batteries Toward Performance Improvement [J]. SusMat, 2023, 3 (2): 146-159.

[27] Okada T, Wakayama N I, Wang L, et al. The Effect of Magnetic Field on the Oxygen Reduction Reaction and Its Application in Polymer Electrolyte Fuel Cells [J]. Electrochimica Acta, 2003, 48 (5): 531-539.

[28] Kaya M F, Demir N, Rees N V, et al. Magnetically Modified Electrocatalysts for Oxygen Evolution Reaction in Proton Exchange Membrane (PEM) Water Electrolyzers [J]. International Journal of Hydrogen Energy, 2021, 46 (40): 20825-20834.

[29] Wang K, Liu X, Pei P, et al. Guiding Bubble Motion of Rechargeable Zinc-air Battery with Electromagnetic Force [J]. Chemical Engineering Journal, 2018, 352: 182-187.

[30] Tong Y, Guo Y, Chen P, et al. Spin-state Regulation of Perovskite Cobaltite to Realize Enhanced Oxygen Evolution Activity [J]. Chem, 2017, 3 (5): 812-821.

[31] Yan J, Wang Y, Zhang Y, et al. Direct Magnetic Reinforcement of Electrocatalytic ORR/OER with Electromagnetic Induction oof Magnetic Catalysts [J]. Advanced Materials, 2021, 33 (5): 2007525.

[32] Wang X X, Guan D H, Li F, et al. Magnetic and Optical Field Multi-Assisted $Li-O_2$ Batteries With Ultrahigh Energy Efficiency And Cycle Stability [J]. Advanced Materials, 2022, 34 (2): 2104792.

[33] Ren X, Wu T, Sun Y, et al. Spin-polarized Oxygen Evolution Reaction Under Magnetic Field [J]. Nature Communications, 2021, 12 (1): 2608.

[34] Wang Y, Meng P, Yang Z, et al. Regulation of Atomic Fe-spin State By Crystal Field

and Magnetic Field for Enhanced Oxygen Electrocatalysis in Rechargeable Zinc-air Batteries [J]. Angewandte Chemie-International Edition, 2023, 62 (28): e202304229.

[35] Zheng X, Cao Y, Wang H, et al. Designing Breathing Air-electrode and Enhancing the Oxygen Electrocatalysis by Thermoelectric Effect for Efficient Zn-air Batteries [J]. Angewandte Chemie-International Edition, 2023, 62 (24): e202302689.

[36] Jiang N, Zhuo X, Wang J. Active Plasmonics: Principles, structures, and Applications [J]. Chemical Reviews, 2018, 118 (6): 3054-3099.

[37] Brongersma M, Halas N, Nordlander P. Plasmon-induced Hot Carrier Science and Technology [J]. Nature Nanotechnology, 2015, 10 (1): 25-34.

[38] Zheng L J, Li F, Song L N, et al. Localized Surface Plasmon Resonance Enhanced Electrochemical Kinetics and Product Selectivity in Aprotic $Li-O_2$ Batteries [J]. Energy Storage Materials, 2021, 42: 618-627.

[39] Zhu Z, Ni Y, Lv Q, et al. Surface Plasmon Mediates the Visible Light-Responsive Lithium-oxygen Battery with Au Nanoparticles on Defective Carbon Nitride [J]. Proceedings of the National Academy of Sciences, 2021, 118 (17): e2024619118.

[40] Song H, Wang S, Song X, et al. Solar-driven All-solid-state Lithium-air Batteries Operating at Extreme Low Temperatures [J]. Energy & Environmental Science, 2020, 13 (4): 1205-1211.

[41] Hilton R, Dornbusch D, Branson K, et al. Ultrasonic Enhancement of Battery Diffusion [J]. Ultrasonics Sonochemistry, 2014, 21 (2): 901-907.

[42] Klima J. Application of Ultrasound in Electrochemistry. An Overview of Mechanisms and Design of Experimental Arrangement [J]. Ultrasonics, 2011, 51 (2): 202-209.

[43] Zhang J, Zhou Z, Wang Y, et al. Ultrasonic-assisted Enhancement of Lithium-oxygen Battery [J]. Nano Energy, 2022, 102: 107655.

[44] Tian S L, Li M L, Chang L M, et al. A highly Reversible Force-assisted $Li-CO_2$ Battery Based on Piezoelectric Effect of $Bi_{0.5}Na_{0.5}TiO_3$ Nanorods [J]. Journal of Colloid and Interface Science, 2024, 656: 146-154.

[45] Wang Q, Kaushik S, Xiao X, et al. Sustainable Zinc-air Battery Chemistry: Advances, Challenges and Prospects [J]. Chemical Society Reviews, 2023, 52 (17): 6139-6190.

[46] Zhang G, Liu X, Wang L, et al. Copper Collector Generated Cu^+/Cu^{2+} Redox Pair for Enhanced Efficiency and Lifetime of Zn-Ni/air Hybrid Battery [J]. ACS Nano, 2022, 16 (10): 17139-17148.

[47] Li Z, Ning S, Xu J, et al. In Situ Electrochemical Activation of Co $(OH)_2$@Ni $(OH)_2$ Heterostructures for Efficient Ethanol Electrooxidation Reforming and Innovative Zinc-ethanol-air Batteries [J]. Energy & Environmental Science, 2022, 15 (12): 5300-5312.

[48] Zheng L J, Song L N, Wang X X, et al. Intrinsic Stress-strain in Barium Titanate Piezocatalysts Enabling Lithium-oxygen Batteries with Low Overpotential and Long Life [J]. Angewandte Chemie International Edition, 2023, 62 (44): e202311739.

[49] Han X, Li X, White J, et al. Metal-air Batteries: From Static to Flow System [J]. Advanced Energy Materials, 2018, 8 (27): 1801396.

[50] He P，Wang Y，Zhou H. A Li-air Fuel Cell with Recycle Aqueous Electrolyte for Improved Stability [J]. Electrochemistry Communications，2010，12（12）：1686-1689.

[51] Ruggeri I，Arbizzani C，Soavi F A. Novel Concept of Semi-solid，Li Redox Flow Air（O_2）Battery：A Breakthrough towards High Energy and Power Batteries [J]. Electrochimica Acta，2016，206：291-300.

[52] Wang Y，He P，Zhou H. Li-redox Flow Batteries Based on Hybrid Electrolytes：At the Cross Road Between Li-ion and Redox Flow Batteries [J]. Advanced Energy Materials，2012，2（7）：770-779.

[53] Dou Y，Xie Z，Wei Y，et al. Redox Mediators for High-performance Lithium-oxygen Batteries [J]. National Science Review，2022，9（4）：nwac040.

[54] Huang S，Zhang H，Zhuang J，et al. Redox-mediated Two-electron Oxygen Reduction Reaction with Ultrafast Kinetics for Zn-air Flow Battery [J]. Advanced Energy Materials，2022，12（10）：2103622.

[55] Sun D，Shen Y，Zhang W，et al. A Solution-phase Bifunctional Catalyst for Lithium-oxygen Batteries [J]. Journal of the American Chemical Society，2014，136（25）：8941-8946.

[56] Lim H D，Song H，Kim J，et al. Superior Rechargeability and Efficiency of Lithium-Oxygen Batteries：Hierarchical Air Electrode Architecture Combined with a Soluble Catalyst [J]. Angewandte Chemie International Edition，2014，53（15）：3926-3931.

[57] Kwak W J，Hirshberg D，Sharon D，et al. Li-O_2 Cells with Libr as an Electrolyte and a Redox Mediator [J]. Energy & Environmental Science，2016，9（7）：2334-2345.

[58] Ahn S M，Kim D Y，Suk J，et al. Mechanism for Preserving Volatile Nitrogen Dioxide and Sustainable Redox Mediation in the Nonaqueous Lithium-oxygen Battery [J]. ACS Applied Materials & Interfaces，2021，13（7）：8159-8168.

[59] Pan J，Ji L，Sun Y，et al. Preliminary Study of Alkaline Single Flowing Zn-O_2 Battery [J]. Electrochemistry Communications，2009，11（11）：2191-2194.

[60] Wen Y H，Cheng J，Zhang L，et al. The Inhibition of the Spongy Electrocrystallization of Zinc from Doped Flowing Alkaline Zincate Solutions [J]. Journal of Power Sources，2009，193（2）：890-894.

[61] Zhao S，Liu T，Zuo Y，et al. High-power-density and High-energy-efficiency Zinc-air Flow Battery System for Long-Duration Energy Storage [J]. Chemical Engineering Journal，2023，470：144091.

[62] Zinc8 Energy Solutions Inc. Systems and Methods for Fuel Cells Energy Storage and Recovery：US11133520B2 [P/OL].（2017-07-25）[2021-09-28] http：//www. innojoy. com/patent/patent. html?docno＝US11133520B2&pnmno＝US11133520 B2&trsdb＝uspat&showList＝true.

索　引